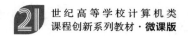世纪高等学校计算机类
课程创新系列教材·微课版

算法设计与分析

微课视频版

张德富 曾华琳 沈思淇 / 编著

清华大学出版社

北京

内 容 简 介

本书主要取材于算法设计与分析领域经典和发展潮流方面的内容,包括非常经典的算法设计技术,例如,递归、分治算法、动态规划、贪心算法、图算法、分支限界、回溯;也包括一些高级的算法设计,例如,网络流和匹配、线性规划、启发式搜索。在算法分析方面,本书介绍了概率分析、分摊分析和实验分析方法。在算法理论方面,本书介绍了问题的下界、算法的正确性证明,以及 NP 完全理论等内容。

本书还包括大量的问题实例,给出了相应的设计与分析方法,并精选了一些习题,供读者练习,以巩固所学的算法。在工业应用领域,许多实际问题和疑难问题都需要有效的求解算法,因此,本书提供了设计有效算法的基础,以及大量可供选择的解决途径。

本书可作为计算机科学与技术系、数学系、软件学院等专业和学院的本科生及研究生的教材,也可作为有志参加程序设计竞赛的学生进行学习和训练的参考书。

图书在版编目(CIP)数据

算法设计与分析:微课视频版/张德富,曾华琳,沈思淇编著.—北京:清华大学出版社,2024.1
21 世纪高等学校计算机类课程创新系列教材:微课版
ISBN 978-7-302-63276-4

Ⅰ.①算… Ⅱ.①张… ②曾… ③沈… Ⅲ.①算法设计—高等学校—教材 ②算法分析—高等学校—教材 Ⅳ.①TP301.6

中国国家版本馆 CIP 数据核字(2023)第 059717 号

责任编辑:赵　凯
封面设计:刘　键
责任校对:韩天竹
责任印制:杨　艳

出版发行:清华大学出版社
　　　　网　　址:https://www.tup.com.cn, https://www.wqxuetang.com
　　　　地　　址:北京清华大学学研大厦 A 座　　　邮　编:100084
　　　　社 总 机:010-83470000　　　　邮　购:010-62786544
　　　　投稿与读者服务:010-62776969, c-service@tup.tsinghua.edu.cn
　　　　质量反馈:010-62772015, zhiliang@tup.tsinghua.edu.cn
　　　　课件下载:https://www.tup.com.cn,010-83470236
印 装 者:大厂回族自治县彩虹印刷有限公司
经　　销:全国新华书店
开　　本:185mm×260mm　　印　张:17　　　　　字　　数:411 千字
版　　次:2024 年 1 月第 1 版　　　　　　　　印　　次:2024 年 1 月第 1 次印刷
印　　数:1～1500
定　　价:65.00 元

产品编号:080712-01

算法是计算机科学的灵魂,图灵奖(A. M Turing Award)的获得者,算法大师高德纳(Donald E. Knuth)说过:"计算机科学的研究就是算法的研究。"的确,计算机科学的每个领域——不管是软件、硬件,还是具体的应用,如集成电路的设计、操作系统的内存调度、计算机网络中的路由问题等——与算法密不可分。某个领域关键算法的改进直接关系到该领域的突破和进展。迄今为止,在72位图灵奖获得者中,因算法方面的贡献而获奖的就有40多位,可见算法的研究对推动计算机科学的发展起着至关重要的作用。

在厦门大学"算法设计与分析"课程的教学过程中,作者曾选用《算法导论》(*Introduction to algorithms*)和《算法设计技巧与分析》(*Algorithms design techniques and analysis*)这两本经典且权威的英文教材作为该课程的教材。在此基础上,作者还吸取了其他算法类教材的优点,最终确定本书的内容和风格。本书将目前计算机科学领域出现的一些经典及新颖的算法设计和分析技术合理地组织起来,并进行全面介绍,旨在帮助读者掌握基本的算法理论知识,提高解决和分析问题的能力,进而使读者对实际问题能够设计出简单有效的算法。

本书的主要内容如下。

第1章从问题入手,介绍了算法的基本概念及性质,计算模型的概念,以及算法时间复杂度的分析方法及算法正确性的证明方法。本章还介绍了问题下界的概念,以及如何衡量算法的效率,以便读者能够明白:算法能否继续改进,何时才能达到最优。

第2章介绍了算法复杂度分析所需要用到的渐近符号及其含义。

第3章介绍了算法分析方法中常用的概率分析、分摊分析和实验分析方法。

第4章介绍了递归算法的设计及其证明方法,以及递归算法时间复杂度的求解方法。

第5章介绍了分治算法及其在排序、大整数乘法、矩阵乘法、残缺棋盘和快速傅里叶变换问题中的应用。

第6章介绍了动态规划算法的基本过程及性质,动态规划算法在装配线调度问题、矩阵链乘法问题、最长公共子序列问题、0/1背包问题、最优二叉搜索树问题中的应用。其中,最优子结构性质是能够用动态规划算法求解问题的必要条件,重叠子问题是提高动态规划算法效率的关键。

第7章通过活动选择问题引入贪心算法,介绍了贪心算法的过程,以及贪心选择性质的分析方法及证明,贪心算法在背包问题、哈夫曼编码问题、缓存维护问题中的应用。

第8章介绍了图算法的基本知识,重点强调了分摊分析在图算法时间复杂度分析中的应用及图算法正确性的证明方法,它们是网络流和匹配算法的基础。本章还进一步介绍了贪心算法和动态规划算法的应用。

第9章是图算法的扩展,介绍了网络流的最大流问题、最小费用流问题及匹配问题的求解算法。

第 10 章介绍了计算机、经济及管理领域中经常用到的线性规划问题，并介绍了这些问题的单纯型求解算法。

第 11 章介绍了 NP 完全理论，具体介绍了 P、NP 和 NPC 的定义及其分类，以及 NP 完全问题的证明方法。

第 12 章介绍了求解 NP 困难问题（NP-hard problem）的回溯算法。通过回溯算法在装载问题、0/1 背包问题、着色问题、n 皇后问题、旅行商问题、流水作业调度问题、零件切割问题中的应用，介绍约束函数、限界函数的设计思路和方法，分析了提高回溯算法效率的关键因素。

第 13 章介绍了基于宽度优先，同时吸取了回溯算法优点的分支限界算法，特别介绍了两种分支限界算法在不同问题求解中的应用及剪支函数的设计。

第 14 章介绍了启发式搜索算法的设计，特别详细介绍了 A^* 搜索算法和博弈搜索算法。

本书具有如下特色。

（1）本书基本上涵盖了常用算法设计的主要内容。

（2）算法的正确性是软件可靠性的保证，本书为不同类型的算法提供了算法正确性的证明思路。目前，已出版的大多数算法书是没有这部分内容的。

（3）本书精选了大量的习题，使读者可以有选择性地练习。同时，精选了一些实际的工程项目作为实验题。书中的一些算法实现，读者可以访问算法课程实验网站进行练习。

（4）本书不仅注重算法的应用设计，而且注重算法时间复杂度的分析。书中大部分算法都提供了具体案例，并进行了详尽分析，使读者加深对算法的理解。

（5）本书还提供英文课件，便于双语教学。

特别感谢厦门大学现代教育技术与实践训练中心的罗淀老师，她对本书的文字和体例进行了校对，并建议不要写得太复杂，这奠定了本书的风格。没有她的帮助，本书不可能顺利出版。本书还作为中国大学 MOOC（慕课）"算法设计与分析"课程的配套教材，我的同事林文水和卢杨两位老师也为慕课课程的建设付出了很多努力。

此外，本书的完成还受到"厦门大学第二批双语教学项目""算法设计与分析课程""厦门大学优秀教材出版项目""福建省一流本科建设项目""中国大学 MOOC 项目"的支持。

限于我们的水平和经验，书中难免有不妥之处，还望广大读者指正，在此先表感谢！

谨以此书献给所有关心、鼓励和帮助过我们的人们。

编　者

厦门大学计算机科学与技术系

2023 年 12 月 10 日

目 录

教学大纲　　　　　　教学课件　　　　　　程序源码

第1章

概 念 入 门

1.1　问题模型

人们在日常生活中会遇到各种各样的问题,从众所周知的职业选择、投资决策、排序等问题到人类基因工程、网络安全、电子商务、军事等领域出现的各种比较复杂的问题,大都涉及如何选取一个目标,在满足一定约束条件下,使该目标达到最优。为了便于研究,通常把这些问题形式化描述为

$$f(x), \quad x \in S$$

其中,$f(x)$是目标函数,表示解决问题的目的;S表示解空间或搜索空间;$x \in S$表示约束条件。如果目标是使问题达到某种最优,则称$f(x)$为最优化问题,例如,最大化问题的目标是求目标函数的最大值。满足问题约束条件的解称为可行解,使目标函数达到最优值的可行解称为最优解。有些问题需要找出最优解,而有些问题找到一个可行解即可。

当然,在实际生活中,要解决的问题是具体的,而上述问题模型是抽象的。如何为一个实际问题建立一个数学模型,以方便求解,是一个算法爱好者必须具备的基本素质。

一个具体的问题常包括解决该问题所需要的所有已知条件,因此,这个具体问题常用问题实例来进行描述。问题实例有大有小,其大小称为问题的规模,可用于描述解决该问题实例的复杂程度。例如,对n个数进行排序,则问题的规模为n;有关图$G = (V, E)$的问题,其问题的规模为图的大小,即$|V|$和$|E|$的大小。

求解一个问题,通常根据问题的已知条件(输入实例),求出问题的解(输出),因此,求解问题的算法可以看作是输入实例与输出之间的函数。有些问题的求解很难,而有些问题很容易。即使是同样的问题,问题的规模不一样,求解的难易程度也是有区别的。例如,5个整数和10 000个整数相乘,这两个问题求解的难易程度就不同。此外,有些问题可解,有些问题不可解。关于计算复杂性的概念,本书将在后面讨论。

1.2　算法的概念

给定一个问题,如何解决它是至关重要的,因此必须设计一种求解方法,这就是算法(Algorithm)。算法是解决问题的一种方法或一个过程,是一个由若干操作或指令组成的有

穷序列，一般具有下列特点。

（1）有穷性：算法是有限的操作或指令序列。

（2）可行性：每个操作是可执行的。

（3）确定性：每个操作有确定的含义，无二义性。

（4）输入：0 个或多个输入，以描述操作对象的初始情况。

（5）输出：1 个或多个输出，以描述对输入进行处理后的结果。

这里介绍的算法是确定性算法，即对于同一个输入，不管算法运行多少次，得到的输出都是一样的。如果算法的输出可能不一样，则称为非确定性算法（或称随机算法）。对于给定的某个问题，设计一种求解算法，如果对该问题的所有实例，算法都能得到正确的输出，则认为该算法是正确的。对于一个问题而言，设计一种正确的算法才有意义。当然，偶尔输出错误结果的算法也是有用的。例如，信息安全中测试一个大整数是否为素数的随机算法，对于一个问题实例，该算法可能输出错误的结果。关于随机算法的概念，请见文献[5]。下面给出一个算法设计实例。

排序问题，即给定 n 个元素序列 $\langle a_1, a_2, \cdots, a_n \rangle$，问题的目标是输出一个重新排序的序列 $\langle a'_1, a'_2, \cdots, a'_n \rangle$，序列值满足 $a'_1 \leqslant a'_2 \leqslant \cdots \leqslant a'_n$。

图 1.1　扑克牌排序结果

排序问题是一个经典问题，在日常生活中随处可见，例如，扑克游戏，俗称打扑克牌。假设左手握牌，右手从桌上取牌，插牌的目的是使左手的牌按从左到右、由小到大的顺序排列。初始时，左手为空，每当从桌上取一张牌，该牌会与左手中的牌依次进行比较，直到找到一个位置，使插入的牌比左边的牌大，不比右边的牌大即可。扑克牌排序结果如图 1.1 所示。

从打扑克牌中得到启发，计算机科学家设计了一种自然而简单的插入排序（Insert Sort）算法：Insert Sort(A)，具体如下。

```
InsertSort(A)
1      for j←2 to n do
2          key ← A[j]
3          i← j-1
4          while i > 0 and A[i] > key do
5              A[i + 1]← A[i]
6              i ← i-1
7          A[i + 1] ← key
8      return A
```

在 InsertSort(A)中，A 是一个数组 $A[1..n]$，表示给定的输入实例；n 表示输入实例的大小。InsertSort(A)用伪代码描述，其中一些关键词，如**"for""to""do""while""repeat""if""then""else"**等用粗体表示。伪代码的每个块结构用嵌套结构表示，以方便地表示某个块结构内执行的语句。例如，行 1 的块结构 **for** 循环，要执行行 2～行 4 和行 7 的语句；行 4 的块结构 **while** 循环，要执行行 5 和行 6 的语句。

在上述的扑克牌排序中，InsertSort(A)的行 1 对放在桌上的牌逐个取出，key 表示当前要插入的牌，其目的是要将 $A[j]$ 插入有序序列 $A[1..(j-1)]$ 中。行 4 **while** 循环的目的是要在有序序列 $A[1..(j-1)]$ 中找到一个位置，使 key 能够插入。key 从右至左逐个与 $A[i]$

进行比较,如果 $A[i] >$ key,则表示 key 要插到 $A[i]$ 的前面,因此 $A[i]$ 往右移动一个位置,i 往左移一个位置。重复这个过程,直到找到一个位置,使 $A[i] \leqslant$ key 或 $i = 0$ 时停止循环。最后,在行 7 将 key 插入 $A[i+1]$。

插入排序算法示例的运行过程如图 1.2 所示,其中,阴影部分 $A[j]$ 表示当前要插入的数组元素。在图 1.2(a) 中,要插入的元素为 2,比 $A[i] = 5$ 小,因此元素 5 往右移动一格,i 减 1,此时 $A[i]$ 为空,停止执行 InsertSort(A) 行 4 的 **while** 循环,将 2 插入 $A[i+1]$。继续执行 **for** 循环,此时 i 和 j 均加 1,得到图 1.2(b)。图 1.2(b) 要插入的元素为 4,比 $A[i] = 5$ 小,因此元素 5 往右移动一格,i 减 1。此时 $A[i] = 2$,比 4 小,因此将 4 插入到 $A[i+1]$ 位置。继续执行 **for** 循环,此时 i 和 j 均加 1,得到图 1.2(c)。图 1.2(c) 要插入的元素为 6,比 $A[i]$ 大,不移动,因而得到图 1.2(d)。图 1.2(d) 要插入的元素为 1,比 $A[i]$ 小,因此元素 6 往右移动一格,元素 5 往右移动一格,元素 4 和元素 2 依次往右移动一格,元素 1 插入 $A[1]$,得到图 1.2(e)。图 1.2(e) 要插入的元素为 3,比 $A[i]$ 小,因此元素 6、元素 5 和元素 4 往右移动一格,元素 3 插入 $A[3]$,得到图 1.2(f)。由于所有元素已经插入,因此算法终止。

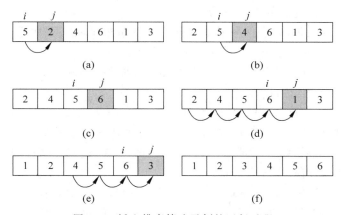

图 1.2　插入排序算法示例的运行过程

1.3　算法的正确性

从算法正确性(Correctness)的定义可以看出,要证明算法的正确性,只需证明对任意一个输入,算法能得到一个正确的输出。下面证明 InsertSort(A) 的正确性。

图 1.2 给出了一个 InsertSort(A) 执行实例的过程。$A[j]$ 表示当前要插入的元素。在 **for** 循环的每个迭代执行前,$A[1..(j-1)]$ 表示当前已经排好序的元素。$A[(j+1)..n]$ 表示待插入的元素。事实上,$A[1..(j-1)]$ 的元素最初在位置 $1 \sim (j-1)$,不过现在这些位置的元素是有序的,即在 **for** 循环第 j 个迭代执行前,子数组 $A[1..(j-1)]$ 由最初 $A[1..(j-1)]$ 中的元素构成,不过现在的 $A[1..(j-1)]$ 是有序的。

$A[1..(j-1)]$ 中元素的有序性称为循环不变量(Loop Invariants)。因此可知,循环不变量与程序变量(如 $A[1..(j-1)]$)有关,在循环刚开始前,以及在循环的每个迭代执行后均为真。特别是在循环结束后,循环不变量仍然为真。下面利用循环不变量来证明算法的正确性。

令与循环的第 j 个迭代有关的循环不变量为 L_j，目标是证明在循环的每个迭代 j 执行后，L_j 为真。例如，对于 InsertSort(A)，L_j 为：在 **for** 循环的第 j 个迭代执行前，子数组 $A[1..(j-1)]$ 由最初的 $A[1..(j-1)]$ 中的元素构成，不过现在的 $A[1..(j-1)]$ 是有序的。在执行循环的第 $n+1$ 个迭代前，如果 L_n 为真，便能够证明插入排序算法的正确性。

利用循环不变量证明算法正确性的关键是寻找到循环不变量，即某个特性 L_j，然后证明循环不变量 $L_j(1 \leqslant j \leqslant n)$ 为真。这显然可以利用类似数学归纳法的证明方法。下面介绍利用循环不变量证明一个算法是正确的，包括 3 个步骤，具体如下。

（1）初始：在循环的迭代开始前，L_1 为真。

（2）归纳：如果在循环的第 j 个迭代执行前，L_{j-1} 为真，则在第 $j+1$ 个迭代执行前，L_j 为真，也就是证明循环的每个迭代 j，L_j 为真。

（3）终止：当循环终止时，L_n 为真。根据这个结论，就能够证明算法的正确性。

上述 3 个步骤类似于数学归纳法，第（1）步证明初始情况（如 $k=1$）成立；第（2）步假设某个迭代（如 $k=j$）成立，然后证明下一个迭代（$k=j+1$）成立，与数学归纳法不同的是，多了第（3）步终止步，而且这里的 k 是有穷的。

本书在证明算法的正确性时，一般采用循环不变量来证明。下面用循环不变量来证明 InsertSort(A) 的正确性。对任意的一个输入实例 $A[1..n]$：

（1）初始：在执行 **for** 循环的第 2 个迭代前，此时 $j=2$，$A[1..(j-1)]$ 只有一个元素 $A[1]$。它显然是有序的，因此 L_1 为真。

（2）归纳：在执行 **for** 循环的第 k 个迭代前，此时 $j=k$，假设 L_{k-1} 为真，即 $A[1..(k-1)]$ 是有序的。当执行迭代 $j=k$ 时，当前要插入的元素为 $\text{key}=A[j]$，反复执行 **while** 循环，直到循环停止。最后，将 key 插入 $A[i+1]$。此时 $A[1..k]$ 有序，因此，在下一个迭代 $j=k+1$ 执行前，L_k 为真。

（3）终止：当算法终止时，$j=n+1$，由于第（2）步，$A[1..n]$ 有序，$A[1..n]$ 由最初的 $A[1..n]$ 中的元素构成，即 L_n 为真。此时，数组 A 的所有元素已经有序，这意味着对任意的输入数组，InsertSort(A) 都得到一个正确的输出，因此算法是正确的。

1.4　算法的效率

对于给定的问题，起初只是考虑找到一种解决算法，而不考虑该算法花多长时间或者占用多大的存储空间。随着计算机技术的发展，人们发现，求解同一个问题的不同算法所需要的运行时间是不同的。例如，对于排序问题，除了上面介绍的插入排序算法，还有选择排序、合并排序及快速排序算法。读者自然会问，哪种排序算法好呢？如何评价一种算法的好坏？这就涉及算法在占用空间和时间资源方面的分析，即算法效率。

算法效率（Efficiency）指算法求解一个问题所需要的空间和时间。分析一种算法，意味着预测该算法求解一个问题时，需要消耗多少空间和时间资源。空间资源一般指解决一个问题时，存储输入/输出数据所需要的内存或硬盘空间。时间资源一般指解决一个问题所需要的时间。一般地，一个问题存在不同的求解算法，可以根据空间和时间资源来确定有效的算法。随着计算机硬件技术的发展，计算机的内存和硬盘空间现在基本上能满足求解问题的需要,空间资源已不再是瓶颈。因此,算法的分析主要考虑算法的运行时间即时间资源。本书也主要从时间资源方面对算法的效率进行分析,即分析算法有多快。

在分析一种算法前,我们需要知道如何实现一种算法,这就涉及计算模型。对于一个问题,如果利用计算模型能够设计一种算法,则该问题是可解的,否则是不可解的。排序问题是一个可解的问题,因为已经设计了许多排序算法。对于不可解的问题,由于无法找到求解算法,对其进行算法研究也就没必要了。本书探讨的是可解问题的算法设计与分析。

计算模型是一种实现算法的设备,比如,古老且简单的算盘、现在的计算机等。图灵模型是著名的抽象计算模型,该模型形式化了什么是算法的问题。但图灵模型并不是唯一的计算模型,λ演算、递归函数、随机存取机(Random Access Machine,RAM)等也是计算模型。它们在计算能力上都是与图灵模型等价的。不存在比图灵模型计算能力更强的计算模型,也就是说,如果一个问题在其中的一种计算模型上是可解的,那么在其他模型上也是可解的。下面以计算模型 RAM 作为实现算法的设备。在 RAM 中,指令的执行是串行的,没有并发操作。同时,RAM 包含一些通常在计算机都具有的基本指令,如算术操作、数据移动及控制指令。执行这种基本指令每条指令花常数时间。虽然算法一样,但是,如果计算模型不一样,那么求解问题所花费的空间和时间资源也是大不相同的。一台 CPU 频率为2GHz 的计算机和一台 CPU 频率为 7GHz 的计算机用同样的算法求解同一个问题实例,显然后者求解速度会更快。因此,不同算法的分析和比较必须在同样的计算模型下进行,这样才有意义。

在一种计算模型上分析一种算法,是一件非常困难的事情。它所需要的数学知识包括组合数学、概率理论、代数技巧及在数学公式中确定主要项的能力。由于对每个输入实例,算法的运行行为可能都不同,因此需要一种办法来度量算法的运行行为,这就是算法运行时间的估算。

一种算法关于一个给定问题实例的运行时间是该算法执行基本操作(或步骤数)的数目。其中,基本操作应尽可能地依赖给定的计算模型,并采用如下约定:在算法伪代码中,执行一行代码相当于执行一条指令仅花常数时间。当然,不同行所花的常数时间可能不同。假设执行第 i 行所花的常数时间为 c_i。这种假设与 RAM 一致,也反映了伪代码是如何在大多数计算机上实现的。

有了上面的假设,便可以分析一种算法的运行时间与问题规模之间的关系。一般地,度量一种算法的运行时间,有 3 种方式,具体如下。

(1)最好情形时间复杂度。对任何问题规模为 n 的问题实例,算法在理想情况下所需要的最少基本操作次数。它表示存在某个问题实例,算法求解它所需要的基本操作次数最少。

(2)最坏情形时间复杂度。对任何问题规模为 n 的问题实例,算法在最坏情况下所需要的最多基本操作次数。它表示存在某个问题实例,算法求解它所需要的基本操作次数最多。

(3)平均情形时间复杂度。对任何问题规模为 n 的问题实例,算法求解所有问题实例所需要的基本操作次数之和的平均值。它表示对任何一个问题实例,算法求解它平均需要多少基本操作次数。一般都是通过将所有问题实例的计算时间求出来,然后取平均值,从而得到求解某个问题实例所需要的平均基本操作次数。

下面分析 InsertSort(A) 的时间复杂度。InsertSort(A) 执行每一行代码所花的时间具体如下。

InsertSort(A)	Cost	Times
1 **for** $j \leftarrow 2$ **to** n **do**	c_1	n
2 key $\leftarrow A[j]$	c_2	$n-1$
3 $i \leftarrow j-1$	c_3	$n-1$
4 **while** $i > 0$ **and** $A[i] > $ key **do**	c_4	$\sum_{j=2}^{n} t_j$
5 $A[i+1] \leftarrow A[i]$	c_5	$\sum_{j=2}^{n} (t_j-1)$
6 $i \leftarrow i-1$	c_6	$\sum_{j=2}^{n} (t_j-1)$
7 $A[i+1] \leftarrow$ key	c_7	$n-1$
8 **return** A	c_8	1

其中，t_j 表示在 **for** 循环的迭代 j 中，**while** 循环执行的次数。只要把 InsertSort(A) 执行每行的次数与执行每行所需的时间相乘，然后对乘积进行求和，便可以得到算法实际运行的时间，如式(1.1)所示。

$$T(n) = c_1 n + c_2(n-1) + c_3(n-1) + c_4 \sum_{j=2}^{n} t_j + c_5 \sum_{j=2}^{n} (t_j-1)$$

$$+ c_6 \sum_{j=2}^{n} (t_j-1) + c_7(n-1) + c_8 \tag{1.1}$$

由上述分析可知，对于插入排序算法，5 个数排序和 10 000 个数排序的运行时间是不一样的。一般地，算法运行的时间 $T(n)$ 随着问题规模 n 的增大而增加，因此算法的运行时间 $T(n)$ 很自然地描述成关于问题规模 n 的函数。

对于排序问题，即使对于同样规模的两个输入实例，如果一个实例已经排序好，而另一个没有排序好，InsertSort(A) 的运行时间也有可能不同。考虑一个由小到大已经排好序的问题实例，由于已经排好序，行 4 **while** 循环在 **for** 循环的每次迭代中只执行一次，即 $t_j = 1$，行 5 和行 6 根本不执行。将 $t_j = 1$ 代入式(1.1)，可得

$$T(n) = c_1 n + c_2(n-1) + c_3(n-1) + c_4(n-1) + c_7(n-1) + c_8$$

$$= (c_1 + c_2 + c_3 + c_4 + c_7)n - (c_2 + c_3 + c_4 + c_7 - c_8) \tag{1.2}$$

由于 c_i 为常数，因此 InsertSort(A) 的运行时间 $T(n)$ 可以表示为关于问题规模 n 的线性函数 $an+b$（a、b 为常数），这是算法表现最好的情形。

如果给定的输入实例是逆序，即数组元素从大到小排列。这时，待插入的元素 $A[j]$ 不得不与已经排好序的子数组 $A[1..(j-1)]$ 中的每个元素进行比较。对于给定的 j，**while** 循环执行的次数为 j，即 $t_j = j$（$j=2,\cdots,n$），将 $t_j = j$ 代入式(1.1)，可得

$$T(n) = c_1 n + c_2(n-1) + c_3(n-1) + c_4 \sum_{j=2}^{n} j + c_5 \sum_{j=2}^{n} (j-1)$$

$$+ c_6 \sum_{j=2}^{n} (j-1) + c_7(n-1) + c_8 \tag{1.3}$$

整理可得

$$T(n) = \left(\frac{c_4}{2} + \frac{c_5}{2} + \frac{c_6}{2}\right)n^2 + \left(c_1 + c_2 + c_3 + \frac{c_4}{2} - \frac{c_5}{2} - \frac{c_6}{2} + c_7\right)n - (c_2 + c_3 + c_4 + c_7 - c_8)$$

$$(1.4)$$

因此 InsertSort(A) 的运行时间 $T(n)$ 可以表示为关于问题规模 n 的二次函数 $an^2 + bn + c$（a、b、c 为常数），这是算法表现最坏的情形。

上面分析了插入排序算法 InsertSort(A) 的最好和最坏两种情形的运行时间，在某些算法分析中，如随机算法，还将有平均（或者期望）情形分析，但是一般的分析算法的时间复杂度以最坏情形分析为主，即对任何问题规模为 n 的实例，算法运行时间最长的情形。主要有以下几点原因。

（1）最坏情形是任何问题规模为 n 的问题实例运行时间的上界，即任何问题规模为 n 的实例，其运行时间都不会超过最坏情形的运行时间。知道最坏情形运行时间，便能知道算法最差到什么程度。

（2）对于某些算法而言，最坏情形经常发生。例如，在数据库中查询不存在的某条数据就是查询算法的最坏情形。

（3）平均情形有时跟最坏情形差不多。例如，对于插入排序算法，随机选择 n 个数进行排序，在迭代 j，**while** 循环平均执行 $j/2$ 次，即 $t_j = j/2$，将其代入式（1.1），仍然可以得出 InsertSort(A) 的平均运行时间 $T(n)$ 可以表示为关于问题规模 n 的二次函数，这与最坏情形差不多。

从上面的分析可以看出，分析一种算法的运行时间是非常复杂的。要比较两种算法的运行时间，需要把每种算法的运行时间都具体表示出来这种方式显然很复杂。那么是否有更简单的表示方式以方便进行算法的比较呢？考虑插入排序算法的最好情形 $T(n) = an + b$，由于 $a = c_1 + c_2 + c_3 + c_4 + c_7$，$b = -(c_2 + c_3 + c_4 + c_7 - c_8)$，都是固定的常数，因此，算法运行时间随着问题规模 n 的增大而呈线性增长。随着问题规模 n 的增大，算法的运行时间主要由问题规模 n 决定，而与常数项没有什么多大关系。

现在比较两种排序算法的效率。假设求解排序问题的插入排序算法的运行时间为 $T(n) = c_1 n^2$，合并排序算法的运行时间为 $T(n) = c_2 n \lg n$，其中合并排序算法将会在分治算法这一章进行介绍。与数学符号表示不同，本书中 $\lg n$ 表示以 2 为底的对数。现在考虑两台计算机，计算机 A 每秒执行 10^9 次操作，计算机 B 每秒执行 10^7 次操作，可见计算机 A 的执行速度比计算机 B 快 100 倍。令 $c_1 = 5$，$c_2 = 50$。考虑问题规模 $n = 10^6$ 的问题实例 I，用速度快的计算机 A 来执行插入排序算法。对于排序实例 I，计算机 A 执行插入排序算法需要

$$\frac{5 \times (10^6)^2 \text{ 次}}{10^9 \text{ 次}/s} = 5000s$$

对同样的问题实例，计算机 B 执行合并排序算法需要

$$\frac{50 \times 10^6 \lg 10^6 \text{ 次}}{10^7 \text{ 次}/s} \approx 100s$$

这表明用速度快的计算机执行插入排序算法仍然比速度慢的计算机执行合并排序算法慢，后者是前者的 50 倍。当排序问题的问题规模为 10^8 时，插入排序算法需要约 13 888.89h 才能得到答案，而合并排序算法则只需约 3.69h，这是因为，随着问题规模的增大，插入排序

算法运行时间的增长速度比合并排序算法快很多。由此可见，插入排序算法的运行时间取决于 n^2，合并排序算法的运行时间取决于 $n\lg n$。常数 c_1 和 c_2 对算法运行时间的影响，与问题规模相比是微不足道的。不管 c_1 比 c_2 小多少，总存在某个自然数 n_0，当 $n > n_0$ 时，$c_1 n^2$ 比 $c_2 n\lg n$ 大，这表明求解排序问题的合并排序算法比插入排序算法的效率更高。对于更复杂的算法运行时间表达式，除了高阶项外，还涉及许多常数项和低阶项。高阶项可以看作运行时间表达式的主要项，其他项可看作低阶项，例如，$T(n) = c_1 n^2 \lg n + c_2 n^2$，高阶项 $n^2 \lg n$ 可以看作是主要项，n^2 是低阶项。由此可见，算法的时间复杂度取决于主要项。

上面的例子表明，算法的效率主要取决于算法本身，与计算模型（如计算机）无关，这样可以通过分析算法的运行时间，从而比较出算法之间的快慢。但是实际上，许多算法是很难得出时间复杂度的。因此，有一种比较简单的方法是实验比较，也就是将算法写成程序，然后在程序的前后调用时间函数，通过程序在计算机上的实现，算出得到计算结果所花的时间，然后根据算法所需时间的长短，来确定算法的快慢。当然，还有比较高级的随机算法与近似算法，这两种算法不仅需要考虑算法的效率，还要关心解的质量，即分析算法的性能。算法性能的比较会更复杂，请读者参考文献[1]。

1.5 问题的下界

有些问题，例如著名的停机问题（对任意的输入，判断任意的算法是否会在某个时间停止），根本无法用计算机来解决，这表明计算机算法并不是无所不能的，因此本书讨论的都是能在计算机上得到解决的问题，即可计算的问题。即使是可计算的问题，不同的问题的难易程度也是不一样的。即使是同一个问题，在很多情况下，也可以设计出具有不同效率的算法。这些都是计算复杂性所关心的问题。计算复杂性理论就是用于研究算法有效性和问题难度的一种工具，是最优化问题的基础，涉及如何判断一个问题的难易程度。事先了解一个问题是否为难解问题自然会有很多好处，因为只有了解所研究问题的复杂性，才能更好地有针对性地设计有关算法，提高计算的效率。

直观地，如果一个问题，具有多项式时间求解算法，即该问题的时间复杂度可以表示为关于问题规模的一个多项式函数，则该问题属于简单问题（如 P 类问题），否则该问题属于困难问题（如 NP-hard 问题）。P 和 NP 的定义将在第 11 章给出，本章就不再详细叙述。

前面介绍过，一个问题，有许多不同的求解算法。在一个问题的任意求解算法中，怎样确定一种算法是最有效的？要回答这问题，先必须了解问题的下界（Lower Bound），即任何一种算法解决一个问题所必需的最小运行时间。例如，求 n 个元素最大值的问题，其下界为 cn；求两个矩阵相乘的问题，其下界为 cn^2。当然，下界是不唯一的，例如，排序问题的下界可以是常数时间 c，也可以是线性时间 cn。研究算法最有效的目的是找到有意义的下界。例如，排序问题的下界 $cn\lg n$ 就是有意义的下界；而 cn^2 就不是排序问题的下界，因为存在堆排序算法，其最坏情形时间为 $cn\lg n$。

了解了问题的下界，就可以方便地知道求解该问题的一种算法是否是最优算法，是否还有必要继续研究，以便寻求更优的算法。假设一个问题的下界为 $F(n)$，当前解决该问题最好的算法为 B。B 的最坏情形时间复杂度为 $W(n)$，如果 $F(n) = W(n)$，则认为 B 已经是最优算法，没有必要对其进行改进，否则继续进行研究，例如，问题的下界是否可以提高？B

能否继续改进,使 $W(n)$ 更小？因此,如果所解问题的下界比解决该问题的当前最好算法的时间复杂度低,那么可以通过提高问题的下界或者改进算法降低时间复杂度,或者在两方面同时进行改进。如果问题的下界等于当前算法的最坏情形时间复杂度,那么下界和算法都不能再改进了,算法已经是一个最有效算法,下界也已经是最大下界。

例如,在数组 A 中找最大元素的算法 FindMax(A),其伪代码如下。

```
FindMax(A)
1    max←A[1]
2    for j←2 to n do
3        if A[j]>max then
4            max←A[j]
5    return max
```

FindMax(A)在最坏情形下至多需要比较 $n-1$ 次,即 $W(n)=n-1$。假设数组 A 的元素两两不同,找出最大元素,至少需要比较 $n-1$ 次,即 $F(n)=n-1$,因此 FindMax(A)是最有效算法,没必要进行改进。

从问题下界的描述可知,要想找出所有的算法以确定问题的下界,通常比找出有效的算法更难。

1.6 小结

本章介绍了插入排序算法的设计与分析。如果将插入排序算法用具体的程序设计语言实现,就得到了程序,因而程序与算法是有区别的。程序是用某种程序设计语言实现的算法,而算法是抽象的,不依赖于具体的程序设计语言和硬件。也就是说,无论算法是用 C 语言编写在 586 处理器上运行,还是用 Basic 语言编写在笔记本电脑上运行,算法的思想都是一样的。图灵奖获得者,Pascal 语言之父尼古拉斯·沃斯(Niklaus Wirth)曾说过"程序=数据结构+算法"。算法是程序背后的思想,是程序的核心。可以看出,程序的本质是算法,程序是算法的具体体现,因此,描述一个算法,不用具体的程序,而用伪代码,这是因为伪代码描述的算法非常清楚。而且伪代码这种表示可以方便地转化为各种语言编写的具体程序,例如 C 语言、Java 语言等,因此,本书描述算法的时候,除非特别说明,一般采用伪代码。

本章部分内容取材于《算法导论》文献[2],关于下界的内容参考了文献[3]。关于如何寻找问题的下界,读者可以参考文献[3,4],这里就不再详细介绍。关于算法更高级的主题,如随机算法、近似算法,有兴趣的读者可以参考文献[4]。

习题

1-1 给出一个现实生活中的例子,该例子需要最优解才能满足问题的需要。另外给出一个近似最优解就足够满足问题需要的例子。

1-2 给定一种算法,其输入是整数集 S 和整数 m,输出是元素之和为 m 的所有 S 的子集。算法的具体步骤如下。

步骤 1 列出 S 的全部子集,并求这些子集的元素之和。

步骤 2 逐个查看步骤 1 列出的子集,输出每个和为 m 的子集。

上述算法是否满足算法的特点？请说明理由。

1-3　给定数组 $A = \{15, 12, 1, 3, 7, 19, 12, 15\}$,给出 InsertSort($A$) 的执行过程,类似图 1.2。

1-4　修改 InsertSort(A),使之能对于输入的任意序列,可以输出一个降序的排列。

1-5　参考插入排序算法运行时间的分析方法,分析 n 个数中找出最大值的算法 FindMax(A) 的时间复杂度。

1-6　证明 FindMax(A) 的正确性。

1-7　给出一种算法,使之输出数组 $A[1], A[2], \cdots, A[n]$ 中最后出现的最大元素的下标。

1-8　利用循环不变量证明计算 a^n 的算法 Exp(a, n) 的正确性。

```
Exp(a, n)
1   i←1
2   pow←1
3   while i≤n do
4       pow←pow × a
5       i←i + 1
6   return pow
```

1-9　给定 n 个数,请设计一种找出指定数 x 的算法,分析其时间复杂度,并证明算法的正确性。所设计的算法是最有效算法吗？

1-10　设两种在同一台机器上实现的算法,它们的运行时间分别为 $100n^2$ 和 2^n。当 n 取何值时前者的计算速度比后者快？

1-11　假设在同一台计算机上比较插入排序算法和合并排序算法的效率。对于问题规模为 n 的输入,插入排序需要运行 $8n^2$ 个步骤,合并排序要运行 $64n\lg n$ 个步骤。当 n 取何值时插入排序算法的效率要优于合并排序算法？

实验题

1-12　完成微信红包算法。

第2章

渐 近 符 号

前面一章已经介绍了如何计算一种算法的运行时间,从简单的插入排序算法的分析可以看出,算法运行时间的计算是非常困难的,即使能分析出来,运行时间的表达式也是关于问题规模的函数,包括了高阶项、低阶项、常数项,非常复杂。由此可见,一种算法的运行时间主要取决于问题规模,高阶项、低阶项和常数项。当问题规模足够大时,算法的运行时间主要由高阶项决定,其他低阶项、常数项,甚至高阶项的常数系数,都可忽略不计。为了表示算法的渐近有效性,需要引入新的符号,即渐近符号(Asymptotic Notation),以表示算法的运行时间与输入实例规模之间的主要关系,即渐近时间复杂性,以便直观衡量算法的好坏。

由于输入实例的规模是整数,因此用来刻画算法运行时间渐近复杂度的符号是定义在自然数集上的一个函数。

2.1 Θ 符号

为了表示算法平均时间复杂度的概念,引入 Θ 符号。

定义 2.1 对于给定的函数 $g(n)$,记 $\Theta(g(n))$ 为 $\Theta(g(n))=\{f(n)$:存在 3 个正常数 c_1、c_2 和 n_0,对于任意的 $n \geqslant n_0$,满足 $0 \leqslant c_1 g(n) \leqslant f(n) \leqslant c_2 g(n)\}$,其中,$\Theta(g(n))$ 表示函数集。记 $f(n)=\Theta(g(n))$,表示函数 $f(n)$ 是集合 $\Theta(g(n))$ 的一个元素,这里的符号"="表示属于,接下来的定义均用到这个符号。

定义 2.1 给出了两个函数 $f(n)$ 和 $g(n)$ 属于同一个数量级或者同阶的概念,即高阶项的增长次数相同。例如,$f(n)=\dfrac{1}{2}n^2-3n$,$g(n)=1\,000n^2+50n-500$,它们的高阶项均为 n^2,高阶项的增长次数均为 2,因此有 $f(n)=\Theta(g(n))$。要证明 $f(n)=\Theta(g(n))$,除了用定义证明外,还可以使用数学中极限的概念来证明,即如果 $\lim\limits_{n\to\infty}\dfrac{f(n)}{g(n)}$ 存在,且 $\lim\limits_{n\to\infty}\dfrac{f(n)}{g(n)}=c(0<c<\infty)$,则有 $f(n)=\Theta(g(n))$。

图 2.1 给出了用 Θ 符号表示的两个函数关系的直观含义。虽然当问题规模比较小时,即 $n \leqslant n_0$,很难界定 $f(n)$ 和 $g(n)$ 之间的关系,但是随着问题规模的增大,当 $n>n_0$ 时,$f(n)$ 总是落入 $c_1 g(n)$ 和 $c_2 g(n)$ 之间,即 $c_1 g(n) \leqslant f(n) \leqslant c_2 g(n)$。$g(n)$ 被称为 $f(n)$ 的渐近紧界,它既给出了算法时间复杂度的上界,也给出了下界。

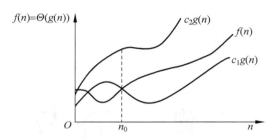

图 2.1　$\Theta(g(n))$ 表示的两个函数关系的直观含义

值得注意的是 $\Theta(g(n))$ 的定义要求任意 $f(n)=\Theta(g(n))$ 都是渐近非负的，即当 n 足够大的时候 $f(n)$ 非负，因此，函数 $g(n)$ 本身也必须是非负的，否则集合 $\Theta(g(n))$ 为空。本书假设所讨论的函数是渐近非负的。

例 2.1　已知 $f(n)=3n+3$，证明 $f(n)=\Theta(n)$。

证明：由于当 $n\geqslant3$ 时，有 $3n+3\leqslant3n+n=4n$；且当 $n\geqslant0$ 时，有 $3n+3\geqslant3n$，因此存在正常数 $c_1=3,c_2=4$ 及 $n_0=3$，对于任意的 $n\geqslant3$，满足 $3n\leqslant3n+3\leqslant4n$，由此可证 $f(n)=\Theta(n)$。证毕。

例 2.1 也可以利用极限来证明。由于 $\lim\limits_{n\to\infty}\dfrac{3n+3}{n}$ 存在，且 $\lim\limits_{n\to\infty}\dfrac{3n+3}{n}=3$，因此 $f(n)=\Theta(n)$。

例 2.2　已知 $f(n)=\dfrac{1}{2}n^2-3n$，证明 $f(n)=\Theta(n^2)$。

证明：必须找到 3 个正常数 c_1、c_2 和 n_0，对于任意 $n\geqslant n_0$，使 $c_1n^2\leqslant\dfrac{1}{2}n^2-3n\leqslant c_2n^2$。

通过估计可知，只需要取 $c_1=\dfrac{1}{14},c_2=\dfrac{1}{2},n_0=7$ 即可。证毕。

例 2.2 同样可以利用极限来证明，读者可尝试证明。

例 2.3　已知 $f(n)=6n^3$，证明 $f(n)\neq\Theta(n^2)$。

证明：利用反证法证明。假设 $f(n)=\Theta(n^2)$，即存在 c_2 及 n_0，对于任意 $n\geqslant n_0$，满足 $6n^3\leqslant c_2n^2$。由假设可以得到 $n\leqslant\dfrac{c_2}{6}$，由于 c_2 是常数，当 n 任意大时，该式不成立，故假设不成立。由此可证 $f(n)\neq\Theta(n^2)$。证毕。

直观上，渐近正函数的低阶项在估计其渐近紧界的时候可以被忽略，这是因为对于足够大的 n，它们显得无关紧要。高阶项的微小变化足够抵消低阶项的变化，因此，对于 Θ 符号定义中涉及的两个常数 c_1 和 c_2，选取 c_1 等于一个比高阶项系数稍小的数，再选取 c_2 等于一个比高阶项系数稍大的数，就可以满足 Θ 符号定义中的不等式。高阶项常数系数同样可以忽略，因为它的改变只会使高阶项的值发生常数系数倍的改变。

例如，考虑二次函数 $f(n)=an^2+bn+c$，其中，a、b 和 c 为常数，且 $a>0$。舍去低阶项 $bn+c$，再忽略高阶项系数，就得到 $f(n)=\Theta(n^2)$。按照上文的方法，选取一个比高阶项系数 a 稍小一点的常数 c_1，再选取一个比高阶项系数 a 稍大一点的常数 c_2，例如选取 $c_1=\dfrac{a}{4}$，

$c_2 = \dfrac{7a}{4}$，然后读者可以进行验证；对任意的 $n \geqslant n_0$，有 $0 \leqslant c_1 n^2 \leqslant an^2 + bn + c \leqslant c_2 n^2$，其中，

$n_0 = 2\max\left(\dfrac{|b|}{a}, \sqrt{\dfrac{|c|}{a}}\right)$。证明见习题 2-4。

本书用 $\Theta(1)$ 表示常数时间。

2.2　O 符号

Θ 符号描述了平均时间复杂度，并把一个函数限界在一个范围之内。为了描述算法的最坏情形时间复杂度及上界，本书引入 O 符号。

定义 2.2　对于给定的函数 $g(n)$，记 $O(g(n))$ 为 $O(g(n)) = \{f(n)$：存在正常数 c 和 n_0，对于任意 $n \geqslant n_0$，满足 $0 \leqslant f(n) \leqslant cg(n)\}$，表示一个函数集。记 $f(n) = O(g(n))$，表示 $f(n)$ 是函数集 $O(g(n))$ 的一个元素。

同样利用极限证明：如果 $\lim\limits_{n \to \infty} \dfrac{f(n)}{g(n)}$ 存在，且 $\lim\limits_{n \to \infty} \dfrac{f(n)}{g(n)} \neq \infty$，则 $f(n) = O(g(n))$。

O 符号的直观含义如图 2.2 所示。当 $n > n_0$ 时，$f(n)$ 的值总是落在曲线 $cg(n)$ 的下面。即 $f(n) \leqslant cg(n)$，这时称 $g(n)$ 是 $f(n)$ 的渐近上界，表示算法时间复杂度的上界，即运行时间不可能比 $cg(n)$ 更大。

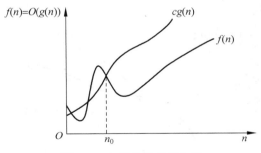

图 2.2　O 符号的直观含义

根据 Θ 符号和 O 符号的定义，如果 $f(n) = \Theta(g(n))$，则可以推出 $f(n) = O(g(n))$。

从前面的分析可知，插入排序算法的最坏运行时间为 $T(n) = \left(\dfrac{c_4}{2} + \dfrac{c_5}{2} + \dfrac{c_6}{2}\right)n^2 +$ $\left(c_1 + c_2 + c_3 + \dfrac{c_4}{2} - \dfrac{c_5}{2} - \dfrac{c_6}{2} + c_7\right)n - (c_2 + c_3 + c_4 + c_7 - c_8)$ 忽略常数项和低阶项，可得 $T(n) = \Theta(n^2)$，由此可得插入排序算法的最坏情形时间复杂度为 $T(n) = O(n^2)$。前面介绍过，O 符号描述给定算法在任意规模下运行时间的上界，即最坏情形时间复杂度，而从插入排序算法可以看出，其伪代码主要有两重循环，即 **for** 循环和 **while** 循环。这两个循环最多各执行 n 次，因而很快得到插入排序算法运行时间的上界 $T(n) = O(n^2)$。尽管对于任意输入而言，插入排序算法的运行时间并不总是 $\Theta(n^2)$，但可以用 $\Theta(n^2)$ 来刻画插入排序算法的最坏运行时间。$T(n) = \Theta(n^2)$ 虽然也可以限界最坏情形时间复杂度，但是并不限界任意规模为 n 的输入，其运行时间均为 $\Theta(n^2)$。事实上，对于已经排好序的序列而言，其排序所

需时间为 $\Theta(n)$。

从前面的分析可以看出，忽略掉常数项和低阶项，便得到了插入排序算法的平均情形时间复杂度 $T(n)=\Theta(n^2)$，以及最坏情形时间复杂度 $T(n)=O(n^2)$。特别的，按这种方式得到的最坏情形时间复杂度与分析算法的主要循环而得到的时间复杂度没有什么差别。由此可见，当一种算法的最坏情形时间复杂度用 O 符号表示时，其分析便容易许多，即没必要计算算法每一行的执行时间及其执行次数，求它们的乘积、和，而是只需要考虑算法中主要循环的执行次数。读者可类似地采用这种方法分析其他算法的最坏情形时间复杂度。

2.3 Ω 符号

为了描述算法的最好情形时间复杂度，本书引入 Ω 符号。

定义 2.3 对于给定的函数 $g(n)$，令 $\Omega(g(n))=\{f(n)$：存在正常数 c 和 n_0，对于任意 $n\geqslant n_0$，满足 $0\leqslant cg(n)\leqslant f(n)\}$，表示一个函数的集合。记 $f(n)=\Omega(g(n))$，表示 $f(n)$ 是集合 $\Omega(g(n))$ 的一个元素。

类似地，如果 $\lim\limits_{n\to\infty}\dfrac{f(m)}{g(m)}$ 存在，且 $\lim\limits_{n\to\infty}\dfrac{f(m)}{g(m)}\neq0$，则有 $f(n)=\Omega(g(n))$。

Ω 符号的直观含义如图 2.3 所示。当 $n>n_0$ 时，$f(n)$ 的值总是在曲线 $cg(n)$ 的上面，即 $f(n)\geqslant cg(n)$。这时称 $g(n)$ 是 $f(n)$ 的渐近下界，描述了算法时间复杂度的下界，即运行时间不可能比 $cg(n)$ 更小。

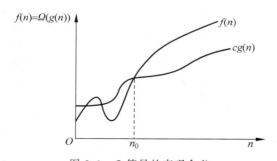

图 2.3　Ω 符号的直观含义

Ω 符号描述给定算法在任意输入规模下运行时间的下界，即最好情形时间复杂度。当一种算法的时间复杂度是 $\Omega(g(n))$ 时，这意味着当 n 足够大时，不管怎么取值，算法的时间复杂度至少是 $g(n)$ 的某常数倍。从插入排序算法运行时间复杂度的分析可知，其时间复杂度介于 $\Omega(n)$ 和 $O(n^2)$ 之间。插入排序算法的最好情形时间复杂度不是 $\Omega(n^2)$，这是因为存在一个实例使算法的时间复杂度为 $\Theta(n)$，因此，应该特别注意 Ω 符号所表达的是算法在任意输入规模下运行时间下界的含义。

2.4 渐近符号的性质

根据渐近符号的定义，可得如下定理。

定理 2.1 对于任意给定的函数 $f(n)$、$g(n)$，有 $f(n)=\Theta(g(n))$，当且仅当 $f(n)=$

$O(g(n))$ 且 $f(n)=\Omega(g(n))$。

证明见习题 2-9。

前文证明了对于任意的常数 a、b 和 c 且 $a>0$，有 $an^2+bn+c=\Theta(n^2)$，由定理 2.1 可以得出 $an^2+bn+c=\Omega(n^2)$ 和 $an^2+bn+c=O(n^2)$。

定理 2.2 对于任意给定的函数 $f_1(n)$、$f_2(n)$，如果 $f_1(n)=O(g_1(n))$ 且 $f_2(n)=O(g_2(n))$，则 $f_1(n)+f_2(n)=O(\max\{g_1(n),g_2(n)\})$。

证明：由于 $f_1(n)=O(g_1(n))$，存在正常数 c_1 和 n_1，对于任意 $n\geqslant n_1$，满足 $0\leqslant f_1(n)\leqslant c_1g_1(n)$。

由于 $f_2(n)=O(g_2(n))$，存在正常数 c_2 和 n_2，对于任意 $n\geqslant n_2$，满足 $0\leqslant f_2(n)\leqslant c_2g_2(n)$。

令 $c_3=\max\{c_1,c_2\}$，$n_0=\max\{n_1,n_2\}$，则

$$f_1(n)+f_2(n)\leqslant c_1g_1(n)+c_2g_2(n)$$
$$\leqslant c_3(g_1(n)+g_2(n))$$
$$\leqslant 2c_3\max\{g_1(n),g_2(n)\}$$

令 $c=2c_3$，则存在正常数 c 和 n_0，对于任意 $n\geqslant n_0$，满足 $0\leqslant f_1(n)+f_2(n)\leqslant c\max\{g_1(n),g_2(n)\}$。按照定义 2.2，即可得定理 2.2。证毕。

假设算法 A 由几个算法串行组合，如果其中每个算法的时间复杂度已经知道，则根据定理 2.2 很容易推出，算法 A 的时间复杂度取决于其中复杂度最高的算法。比如，一种算法的时间复杂度为 $O(n^2\lg n)$，另一种算法的时间复杂度为 $O(n^2)$，则两种算法串行后的时间复杂度为

$$O(n^2\lg n)+O(n^2)=O(n^2\lg n)$$

由定理 2.2 可以得到如下结论。

推论 2.1 对于任意给定的函数 $f(n)$、$g(n)$，如果 $f(n)\leqslant g(n)$，则 $f(n)+g(n)=O(g(n))$。

前面的例子表明，渐近符号可以很方便地表示插入排序算法的最好情形时间复杂度、平均情形时间复杂度及最坏情形时间复杂度。这表明用渐近符号来研究算法的时间复杂度，可以忽略在计算运行时间时所涉及的一些无关紧要的因素和复杂的细节，从而使时间复杂度的分析变得简单可行。

2.5 常用函数的直观含义

本书常提到的多项式时间算法指的是该算法具有多项式时间复杂度，即算法的最坏情形时间复杂度可以表示为 $O(n^c)$；指数级时间算法指的是算法具有指数级时间复杂度，即算法的最坏情形时间复杂度可以表示为 $O(c^n)$，其中，c 表示常数，n 表示问题的规模。当然，还有比 c^n 增长更快的时间函数，例如 $n!$。

常用的几种函数如图 2.4 所示，其中，2^n 和 $n!$ 为指数级函数，其余几种为多项式时间函数，其中横坐标表示问题的规模 n，纵坐标表示时间函数。从图 2.4 可以看出，当问题规模 n 比较小时，指数级函数跟多项式函数没有什么差别，但随着问题规模 n 的增大，指数级函数比多项式时间函数增长得快很多，即指数级函数会发生组合爆炸。假设有一台每秒可

以执行 100 万次计算的机器，考虑 $n=50$ 的情况，执行复杂度为 $O(\log n)$ 的算法，所用时间还不足十万分之一秒；执行复杂度为 $O(n^2)$ 的算法，大约需要千分之一秒；对于复杂度为 $O(2^n)$ 的算法，则需要 36 年；而执行复杂度为 $O(n!)$ 的算法，则需要 10^{57} 年！

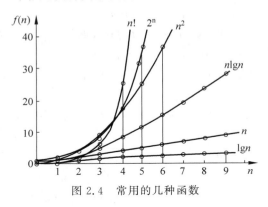

图 2.4　常用的几种函数

从算法设计的角度来看，多项式时间算法互相之间虽有差距，但一般都可以接受，而指数级时间算法对于较大规模的问题就没有什么实用价值。

2.6　小结

本章部分内容主要取材于《算法导论》一书，介绍了算法分析中常用的符号 Θ、O 和 Ω，然后介绍了几个重要的结论，最后介绍了几种常用函数。

有了算法运行时间的渐近表示，那么可以更方便地比较两种插入排序算法的性能。假设求解排序问题的插入排序算法的运行时间为 $T(n)=c_1 n^2$，可简写为 $T(n)=O(n^2)$。而求解排序问题的合并排序算法的运行时间为 $T(n)=c_2 n \lg n$，可简写为 $T(n)=O(n \lg n)$。随着问题规模 n 的增大，函数 n^2 花费的时间将比函数 $n \lg n$ 增长得更快，因而合并排序算法比插入排序算法更快，也就是说，合并排序算法比插入排序算法效率更高，或者说合并排序算法优于插入排序算法。

值得注意的是，由于忽略了高阶项的常数系数，算法运行时间的渐近表示可能缺乏应用价值，这在下一章将会介绍。例如一种算法的运行时间为 n^2，另一种算法的运行时间为 $2^{100} n$，当 $n>2^{100}$ 时，后一种算法的渐近效率显然比前一种算法高。但实际上，问题规模很少有超过 2^{100} 的，因为此时，计算机都无法表示这么大的数。本书后面介绍的矩阵乘法也会出现类似情况。这意味着，理论上渐近有效的算法，在实际应用中，有时表现得并不好。

此外，本书将在第四章介绍，使用渐近符号时可以忽略掉一些无关的次要项，例如主要项的常数系数、低阶项等，从而可以方便地求解递归方程，分析出递归算法的时间复杂度。

习题

2-1　设 $f(n)=3n^2+2n-3, g(n)=5n^2-n+2$，证明 $f(n)=\Theta(g(n))$。

2-2　设 $f(n)$ 和 $g(n)$ 都是渐近非负函数，利用 Θ 符号的基本定义来证明 $\max(f(n),$

$g(n))=\Theta(f(n)+g(n))$。

 2-3 证明对于任意给定的实常数 a 和 $b(b>0)$，有 $(n+a)^b=\Theta(n^b)$。

 2-4 设二次函数 $f(n)=an^2+bn+c$，其中，a、b 和 c 为常数且 $a>0$，证明 $f(n)=\Theta(n^2)$。

 2-5 设 $f(n)=n^2$，$g(n)=n^3$，证明 $f(n)=O(g(n))$。

 2-6 请问 $2^{n+1}=O(2^n)$ 成立吗？ $2^{2n}=O(2^n)$ 成立吗？

 2-7 证明若 $f(n)=O(g(n))$，则 $g(n)=\Omega(f(n))$。

 2-8 设 $g(n)=n^2$，$f(n)=3n^3$，证明 $n^3=\Omega(n^2)$。

 2-9 证明定理 2.1。

 2-10 证明如果 $f_1(n)=O(g(n))$ 且 $f_2(n)=O(g(n))$，则 $f_1(n)\times f_2(n)=O(g(n)\times g(n))$。

第3章

算法分析方法

前面已经分析了如何计算一种算法的时间复杂度,可以看出其计算是非常困难的,渐近符号的引入简化了时间复杂度的分析和计算。本章主要介绍一些常用的算法分析方法。

3.1　概率分析

第1章已经介绍过算法最好情形和最坏情形的分析,本节将介绍如何分析算法的平均时间复杂度。

平均时间复杂度可以通过计算所有问题实例的运算时间,然后取平均值,从而得到求解某个问题实例所需要的平均基本运算次数。然而,由于问题实例太多,想要通过这种方法计算出每个问题实例的时间显然不现实。这时候借助概率分析(Probabilistic Analysis),可以方便地分析算法的平均时间复杂度。但是,这种分析方法需要一个假设,即每个问题实例都有同样的概率作为算法的输入而被算法计算。由此可见,要分析算法的平均时间复杂度,必须掌握概率知识,特别是需要了解一些关于求解问题实例输入分布的先验知识。

下面给出一些利用概率知识来分析算法平均时间复杂度的例子。

第1章习题1-9已经介绍过线性搜索问题,即给定具有 n 个数的数组 A,回答是否存在一个指定的数 x,如果存在,则给出该数在数组中的位置;如果不存在,则回答不能找到。该问题的求解算法 LinearSearch(A, x) 的伪代码具体如下。

```
LinearSearch(A, x)
1    k ← 1
2    while k ≤ n and x ≠ A[k] do
3        k ← k + 1
4    if k > n then
         return 0
5    else
         return k
```

LinearSearch(A, x)从数组 A 的第一个位置开始寻找,如果找到 x 或者 $k > n$,则退出 while 循环。对于这个算法,其最好情形时间复杂度为 $\Omega(1)$,最坏情形时间复杂度为 $O(n)$。下面分析该算法的平均情形时间复杂度。为了便于分析,假设数组 A 的元素为 $1\sim$

n 的整数,而且两两互不相同。事实上,这种假设不失一般性,这是由于数组的下标是两两不同的。即使某些元素相同,但它们仍然处在数组的不同位置。下面,考虑数组 A 含有元素 x,即能成功搜索到 x 的情形。

数组 A 共有 n 个位置,要搜索的元素 x 有可能在任何一个位置出现。假设元素 x 在 n 个位置中任意一个位置出现的概率相同,那么在任意一个位置 k 上,元素 x 被找到的概率为 $\dfrac{1}{n}$,如果元素在位置 k 被找到,则算法执行比较运算的次数为 k。由此可见,LinearSearch(A,x) 的时间复杂度由比较的次数决定,找到元素 x 的平均比较次数为

$$T(n) = \sum_{k=1}^{n} k \ \frac{1}{n} = \frac{1}{n} \sum_{k=1}^{n} k = \frac{1}{n} \frac{n(n+1)}{2} = \frac{n+1}{2}$$

整个算法的平均时间复杂度由平均比较次数决定,因此 LinearSearch(A,x) 的平均情形时间复杂度为 $\Theta(n)$。

第 1 章介绍了插入排序算法,并分析了其最好情形时间复杂度和最坏情形时间复杂度,下面分析插入排序算法的平均情形时间复杂度。为了便于分析,仍然假设数组 A 中的元素为 $1\sim n$ 的整数,而且两两互不相同。

任意给定数组 A,其排列的数目为 $n!$。在 $n!$ 种排列中,任意一种排列具有同样的概率作为算法的输入。考虑当前迭代要插入的元素为 $A[j]$,插入排序算法的目的是将 $A[j]$ 插入 $A[1]\sim A[j]$ 共 j 个位置中的任何一个位置,因此 $A[j]$ 插入任何一个位置的概率为 $\dfrac{1}{j}$。插入排序算法只涉及比较和插入操作,因而算法的时间复杂度主要由比较次数决定。假设 $A[j]$ 插入 $A[k]$,那么算法需要比较的次数如下。如果 $k=1$,则算法需要比较的次数为 $j-1$;如果 $1<k\leqslant j$,则算法需要比较的次数为 $j-k+1$,因此 $A[j]$ 插入 $A[1]\sim A[j]$ 任何一个位置的平均比较次数为

$$\frac{j-1}{j} + \sum_{k=2}^{j} \frac{j-k+1}{j} = \frac{j-1}{j} + \sum_{k=1}^{j-1} \frac{k}{j} = \frac{j}{2} - \frac{1}{j} + \frac{1}{2}$$

由于共迭代 $n-1$ 次,因此,整个算法需要的平均比较次数为

$$\sum_{j=2}^{n} \left(\frac{j}{2} - \frac{1}{j} + \frac{1}{2} \right) = \frac{n(n+1)}{4} - \frac{1}{2} - \sum_{j=2}^{n} \frac{1}{j} + \frac{n-1}{2} = \frac{n^2}{4} + \frac{3n}{4} - \sum_{j=1}^{n} \frac{1}{j}$$

故插入排序算法的平均情形时间复杂度为 $\Theta(n^2)$。

考虑一个更实际的问题:假设你对目前聘用的秘书不满意,需要重新聘请一位秘书,并一直试图寻找更合适的人选。对当前的求职者进行面试之后,你做出决定:如果求职者的能力比现任秘书强,则解雇现任秘书,并聘用该求职者。当然前提是面试的成本很低,而聘用的成本是昂贵的。你愿意支付这种策略所产生的费用,但还是想预估一下全部费用。

为了解决这个问题,这种策略可以形式化为算法 HireAssistant(n),其伪代码具体如下。

```
HireAssistant(n)
1    best ← 0
2    for i ← 1 to n do
3        interview candidate i
4        if candidate i is better than candidate best then
```

```
5              best ← i
6              hire candidate i
```

其中,现任秘书从 0 开始,即原来没有秘书;best 表示当前最好的秘书。

令 C_i 表示面试成本,C_h 表示聘用成本,m 表示被聘用的人数,则 HireAssistant(n) 的总费用为 $O(nC_i+mC_h)$。当第一个求职者就是最好的秘书时,算法的最好情形时间复杂度为 $\Omega(nC_i+C_h)$;当应聘的求职者一个比一个好,即后面来的求职者比前面的求职者好时,算法的最坏情形时间复杂度为 $O(nC_i+nC_h)$。

对于聘用问题,它的平均费用有多大? 为了进行概率分析,假设求职者以随机顺序来应聘,并且两个求职者能够比较出哪一个更合格。对于当前求职者而言,如果能够获得其被聘用的概率,则可以估出整个聘用的费用。事实上,对于 i 个求职者而言,每一个人都有同样的概率被聘用,因此,第 i 个求职者被聘用的概率为 $\dfrac{1}{i}$。平均聘用的费用为

$$\sum_{i=1}^{n} \frac{C_h 1}{i} = C_h \ln n$$

对于聘任问题,算法平均情形复杂度为 $\Theta(nC_i+C_h\ln n)$。

从上面几个例子的分析可以看出,通过对输入的分布进行假设,便可以利用概率分析算法来分析平均情形时间复杂度,而且平均情形时间复杂度确实接近最坏情形时间复杂度。本书第 5 章还将介绍概率分析的应用,这里就不再赘述。

3.2　分摊分析

前面介绍了如何分析一种算法的平均情形时间复杂度,但在一些实际应用中,一种算法平均时间复杂度的分析比较复杂;或者按照前面的最坏情形分析方法,可能得到比较高的时间复杂度。此时,可以借助分摊分析(Amortized Analysis),得出合理的时间复杂度。分摊分析的思想来源于会计学,它为算法分析提供了一种直观的比喻。分摊分析通过研究执行一系列数据结构操作所需要的费用,来研究各个操作之间的关系。一个操作序列可能存在一两个费用比较高的操作,如果割裂了各个操作之间的相关性或忽视问题的具体条件,那么操作序列所需费用的分析结果就比较离谱。分摊分析能够证明:如果一系列操作的总费用是小的,则其中一个操作的分摊费用也是小的,即使一系列操作中某个操作的费用很高。分摊分析与平均情形分析的不同之处在于分摊分析不涉及复杂的概率分析,保证了在最坏情形下每个操作具有的平均性能。

此外,对于一系列操作而言,最坏情形分析是找出其中运行时间最长的操作,然后对每个操作都按照这个最坏情形来估计,从而得到一系列操作的最坏情形时间复杂度。这种估计可能导致比较高的时间复杂度。事实上,最坏情形并不总是频繁发生。比如,读大学的时候,父母每个月会给孩子一定金额的生活费。如果按照花钱最多的一个月去估算,那么父母一年里会给孩子很多钱。事实上,每个月的消费会有多有少,前面几个月如果有剩下的钱,那么在接下来的几个月会继续使用,也就是说,某个月的消费取决于前面几个月的钱是否有剩余。

利用分摊分析的思想,父母可以在第一个月多给一些钱。如果第一个月的实际花费少于父母给的生活费,则剩余的钱可以在第二个月继续使用。这也表明,一系列数据结构的操作之间是相互关联的,从而才能利用分摊分析的思想。

下面介绍分摊分析的 3 种方法。

3.2.1 合计方法

合计方法(Aggregate Method)分析由 n 个操作构成的序列在最坏情形下的运行时间总和 $T(n)$,因而在最坏情形下,每个操作的平均费用,或者分摊费用可定义为 $\dfrac{T(n)}{n}$。请注意:分摊费用的计算方法对每个操作都是适用的,即使当序列中存在几种类型的操作时也一样成立。

考虑进栈和出栈操作的例子,进栈操作(Push(S,x))和出栈操作(Pop(S))分别如下。

Push(S,x):将元素 x 压入栈 S。

Pop(S):弹出并返回 S 的顶端元素。

因为这两个操作的运行时间复杂度都为 $O(1)$,所以可以把每个操作的费用看作 1。这样的话,一个包含 n 个进栈和出栈操作的序列的总费用为 n,因而这 n 个操作的实际运行时间复杂度为 $O(n)$。

现在增加一个栈操作 MultiPop(S,k),其功能是弹出栈 S 顶部的 k 个元素;但如果栈 S 中元素的个数小于 k,则此操作将把栈清空。其伪代码如下。

```
MultiPop(S,k)
1    while StackEmpty(S) ≠ ∅ and k ≠ 0 do
2        Pop(S)
3        k ← k - 1
```

其中,行 1 表示当 StackEmpty(S)不为空($\varnothing$)且 $k \neq 0$ 时,元素出栈。现在分析一下元素个数为 s 的栈 S 执行 MultiPop(S,k)所需要的运行时间。如果 s 小于 k,则此操作将把栈清空,否则弹出栈 S 顶部的 k 个元素,因此其费用取决于 s 和 k,即 MultiPop(S,k)的费用为 $\min\{s,k\}$。

下面给出一个例子 MultiPop(S,k),如图 3.1 所示。

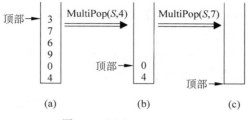

图 3.1 MultiPop(S,k)

图 3.1(a)所示的栈中有 6 个元素,执行 MultiPop($S,4$)操作后,得到图 3.1(b)。此时栈中有 2 个元素,执行 MultiPop($S,7$)操作后,得到空栈,如图 3.1(c)所示。

例如有一个初始为空的栈，执行一个由 n 个 $Push(S,x)$、$Pop(S)$ 和 $MultiPop(S,k)$ 构成的序列，现对其所花费的时间进行分析。

在 n 个操作组成的序列中，$MultiPop(S,k)$ 可能有 $O(n)$ 个，而堆栈的大小至多为 n。由于每个操作的费用为 $O(n)$，包含 n 个操作的序列最坏情形的总费用为 $O(n^2)$，则每个操作的平均费用为 $\dfrac{O(n^2)}{n}=O(n)$。虽然这个分析是正确的，但是上界太大。事实上，用分摊分析可以得到更好的上界。虽然某一次的 $MultiPop(S,k)$ 的费用可能较高，但是作用于本例的费用至多为 $O(n)$，这是因为一个元素在每次被压入栈后至多被弹出一次，即调用 $Pop(S)$（包括 $MultiPop(S,k)$ 中的 $Pop(S)$）的总次数至多等于调用 $Push(S,x)$ 的次数 n。因此，本例序列的最坏运行时间为 $O(n)$，每个操作的分摊费用为 $\dfrac{O(n)}{n}=O(1)$。

考虑实现一个由 0 开始向上计数的 k 位二元计数器。令大小为 k 的数组 $A[0..(k-1)]$ 表示一个 k 位的计数器，存储二进制数 x，其低位在 $A[0]$，高位在 $A[k-1]$，因此有

$$x = \sum_{i=0}^{k-1} A[i]2^i$$

对于初始状态为 $x=0,A[i]=0(i=0,1,\cdots,k-1)$。为了实现计数器的加法运算，定义加操作 $Increment(A)$，其伪代码具体如下。

```
Increment(A)
1    i ← 0
2    while i < k and A[i] = 1 do
3        A[i] ← 0
4        i ← i + 1
5    if i < k then
6        A[i] ← 1
```

$Increment(A)$ 总是从低位开始执行加操作。行 2 中当 $i<k$ 且 $A[i]=1,A[i]\leftarrow0$，然后前进一位。行 5 中如果 $i<k$，表明 $A[i]=0$，则 $A[i]\leftarrow1$。

对于 $Increment(A)$ 而言，其时间复杂度主要取决于位改变的次数。如果数组 A 的元素均为 1，则最坏情形时间复杂度为 $O(k)$，因此，对于初始为 0 的计数器而言，一个具有 n 个加操作的序列最坏情形时间复杂度为 $O(nk)$，平均每个加操作的分摊费用为 $\dfrac{O(nk)}{n}=O(k)$。这个上界太大，可以进一步进行缩小。如果分析得更精确些，则可得到执行 n 次 $Increment(A)$ 的序列的最坏情形时间复杂度为 $O(n)$，事实上每次调用 $Increment(A)$ 时，并不是所有的位都发生了变化。

一个 8 位二进制计算器从 0 开始执行 $Increment(A)$，连续执行 16 次操作的结果如表 3.1 所示，其中最后一列为位发生变化的次数。从表 3.1 可以看出，位 $A[0]$ 每次执行 $Increment(A)$ 翻转一次；位 $A[1]$ 每两次执行 $Increment(A)$ 翻转一次，即 $A[1]$ 翻转 $\left\lfloor\dfrac{n}{2}\right\rfloor$ 次；位 $A[2]$ 每四次执行 $Increment(A)$ 翻转一次，即 $A[2]$ 翻转 $\left\lfloor\dfrac{n}{2^2}\right\rfloor$ 次。一般地，对于初始为 0 的计数器而言，执行 n 次 $Increment(A)$，其位 $A[i]$ 翻转 $\left\lfloor\dfrac{n}{2^i}\right\rfloor$ 次，其中，$i=0,1,\cdots,\lfloor\lg n\rfloor$。

对于 $i > \lfloor \lg n \rfloor$，位 $A[i]$ 不翻转，因而执行 n 次 Increment(A)，位翻转的总次数为

$$\sum_{i=0}^{\lfloor \lg n \rfloor} \left\lfloor \frac{n}{2^i} \right\rfloor < n \sum_{i=0}^{\infty} \frac{1}{2^i} \approx 2n$$

因此，对一个初始为 0 的计数器，执行 n 个 Increment(A) 的最坏情形时间复杂度为 $O(n)$，每个操作的分摊费用为 $\dfrac{O(n)}{n} = O(1)$。

表 3.1　8 位二进制计数器连续执行 16 次 Increment(A) 的结果

计数器值	$A[7]$	$A[6]$	$A[5]$	$A[4]$	$A[3]$	$A[2]$	$A[1]$	$A[0]$	位翻转次数/次
0	0	0	0	0	0	0	0	0	0
1	0	0	0	0	0	0	0	1	1
2	0	0	0	0	0	0	1	0	3
3	0	0	0	0	0	0	1	1	4
4	0	0	0	0	0	1	0	0	7
5	0	0	0	0	0	1	0	1	8
6	0	0	0	0	0	1	1	0	10
7	0	0	0	0	0	1	1	1	11
8	0	0	0	0	1	0	0	0	15
9	0	0	0	0	1	0	0	1	16
10	0	0	0	0	1	0	1	0	18
11	0	0	0	0	1	0	1	1	19
12	0	0	0	0	1	1	0	0	22
13	0	0	0	0	1	1	0	1	23
14	0	0	0	0	1	1	1	0	25
15	0	0	0	0	1	1	1	1	26
16	0	0	0	1	0	0	0	0	31

3.2.2　记账方法

视频讲解

记账方法（Accounting Method）的思想是对不同的操作赋予不同的费用。某些操作赋予的费用可能比其实际费用（实际所需的费用）多，也有可能少。对某一操作赋予的费用，就记为该操作的分摊费用。当一个操作的分摊费用比其实际费用多时，多出来的费用（即余款）作为存款保存在数据结构的一些特定对象中。这笔存款用来支付给分摊费用比实际费用少的操作。这样，一个操作的分摊费用可以分成两部分：一部分用来支付实际费用；另一部分作为存款或者透支（分摊费用不够支付该操作的实际费用）保存在数据结构的某个特定对象中，以备后用。

在选择每个操作的分摊费用时，需要非常小心。如果利用分摊费用来证明在最坏情形下每个操作的平均费用是小的，那么操作序列的总分摊费用必须为操作序列总实际费用的上界，从而保证与该数据结构的总存款始终为非负值。令操作序列中操作 i 的实际费用为 c_i，分摊费用为 $\hat{c}_i$，则需满足

$$\sum_{i=1}^{n} c_i \leqslant \sum_{i=1}^{n} \hat{c}_i$$

从而使数据结构的总存款 $\sum_{i=1}^{n} \hat{c}_i - \sum_{i=1}^{n} c_i$ 始终为非负值。

为了描述记账方法的应用，再次考虑栈操作的例子。各个栈操作的实际费用如表 3.2 所示。

表 3.2　各个栈操作的实际费用

栈　操　作	实际费用
Push(S, x)	1
Pop(S)	1
MultiPop(S, k)	$\min\{s, k\}$

各个栈操作的分摊费用如表 3.3 所示。

表 3.3　各个栈操作的分摊费用

栈　操　作	分摊费用
Push(S, x)	2
Pop(S)	0
MultiPop(S, k)	0

假设用 1 元表示单位费用，开始时栈 S 为空，一个元素 x 压进栈的 Push(S, x) 的分摊费用为 2 元，其中，1 元支付实际费用，1 元作为存款保存在该元素中，因此，在任何时候，栈 S 的元素均有 1 元存款。当需要一个元素出栈时，出栈的实际费用就用该元素的存款来支付。这样，通过赋予 Push(S, x) 多一点的分摊费用，就不必赋予 Pop(S) 分摊费用。同样地，对于 MultiPop(S, k) 也一样，不管该操作弹出几个元素，其实际费用，均可以用弹出元素的存款来支付。由于栈 S 的元素均有 1 元存款，这就可以保证栈中存款总数为非负值，因而，对于任意包含 n 个 Push(S, x)、Pop(S) 和 MultiPop(S, k) 的序列，实际费用的和不会超出分摊费用的和，也就说总分摊费用就是总实际费用的上界。又因为总分摊费用为 $O(n)$，故总实际费用也不会超过 $O(n)$。

下面给出另一个例子。

前面已经分析了，二元计数器加操作 Increment(A) 的运行时间取决于位翻转的次数，而位翻转的次数的分析比较复杂。本例用 1 元表示单位费用。为进行分摊分析，规定为某一位设置为 1 的操作支付 2 元的分摊费用，其中，1 元用于支付将该位设置为 1 的实际费用，1 元作为存款存在该位上。若将该位复位为 0，则其实际费用用该位的存款来支付。

在 Increment(A) 伪代码的 **while** 循环中，复位的费用由该位的存款支付，行 6 至多有一位被置为 1，因此，Increment(A) 的分摊费用至多为 2 元。二元计数器中"1"的数目总是非负数，因此计数器中存款的数目总是非负数。因此，对于包含 n 个 Increment(A) 的操作序列，其总分摊费用为 $O(n)$。而总分摊费用是实际费用的上界，故总实际费用也为 $O(n)$。

3.2.3 势能方法

前面已经介绍了记账方法把余款作为存款存储在数据结构的某个特定对象中,而势能方法(Potential Method)把每个操作的余款表示成一种"势能",存储在整个数据结构中。这种势能在需要时可以用来支付后面操作所需要的费用。

势能方法的思想是从一个初始的数据结构 D_0 出发,执行 n 个操作序列。设 c_i 为操作 i 的实际费用,D_i 为对数据结构 D_{i-1} 执行操作 i 的结果,其中,$i=1,2,\cdots,n$。势能函数 Φ 将每个数据结构 D_i 映射为实数 $\Phi(D_i)$,即与数据结构 D_i 相关的势能。

视频讲解

定义操作 i 的分摊费用为

$$\hat{c}_i = c_i + \Phi(D_i) - \Phi(D_{i-1})$$

则 n 个操作的总分摊费用为

$$\sum_{i=1}^{n} \hat{c}_i = \sum_{i=1}^{n} (c_i + \Phi(D_i) - \Phi(D_{i-1})) = \sum_{i=1}^{n} c_i + \Phi(D_n) - \Phi(D_0)$$

如果势能函数 Φ 能使 $\Phi(D_n) \geqslant \Phi(D_0)$,则总分摊费用就是总实际费用的上界。如果能保证对所有操作,有 $\Phi(D_i) \geqslant \Phi(D_0)$,则如同记账方法一样,可以预先支付费用。通常定义 $\Phi(D_0)=0$,然后证明对所有操作,有 $\Phi(D_i) \geqslant 0$。直观地说,如果操作 i 的势能差 $\Phi(D_i) - \Phi(D_{i-1}) > 0$,意味着付给操作 i 的分摊费用除了支付掉实际费用外,还有剩余,则数据结构的总势能将增加。如果势能差 $\Phi(D_i) - \Phi(D_{i-1}) \leqslant 0$,则表示付给操作 i 的分摊费用过少,需要从总势能中提取一笔费用来支付实际费用,因而数据结构中的总势能将减少。值得注意的是,上述定义的分摊费用依赖于所选择的势能函数 Φ。不同的势能函数可能会产生不同的分摊费用,但这些分摊费用都是实际费用的上界。因此,在选择势能函数时,常要做一些权衡,最佳势能函数的选择取决于想要得到的上界。下面给出势能方法的应用。

对于前面介绍的栈操作,定义栈上的势能函数 Φ 为栈中元素的个数。开始时要处理的是空栈 D_0,因此 $\Phi(D_0)=0$。因为栈中的元素个数始终是非负的,所以在操作 i 之后的栈 D_i 就具有非负的势能,即 $\Phi(D_i) \geqslant \Phi(D_0)=0$,又因为 $\sum_{i=1}^{h} \hat{c}_i = \sum_{i=1}^{h} c_i + \Phi(D_n) - \Phi(D_0) \geqslant \sum_{i=1}^{h} c_i$,因此势能函数为 n 个操作的总实际费用的上界为分摊费用的总和。

现在计算各个栈操作的分摊费用。如果作用于一个包含 s 个元素的栈上的操作 i 是 Push(S,x) 操作,则其势能差为

$$\Phi(D_i) - \Phi(D_{i-1}) = (s+1) - s = 1$$

分摊费用为

$$
\begin{aligned}
\hat{c}_i &= c_i + \Phi(D_i) - \Phi(D_{i-1}) \\
&= 1 + 1 \\
&= 2
\end{aligned}
$$

假设操作 i 是 MultiPop(S,k),且弹出了 $k' = \min(S,k)$ 个元素,该操作的实际费用为 k',其势能差为

$$\Phi(D_i) - \Phi(D_{i-1}) = -k'$$

因此，MultiPop(S,k)的分摊费用为

$$\hat{c}_i = c_i + \Phi(D_i) - \Phi(D_{i-1}) = k' - k'$$
$$= 0$$

类似地，Pop(S)的分摊费用为0。上述计算表示每个操作的分摊费用均为$O(1)$。对于任意包含n个Push(S,x)、Pop(S)和MultiPop(S,k)的操作序列，其总实际费用的上界为分摊费用的总和，因此该序列的最坏情形的费用为$O(n)$。

对于前面介绍的二元计数器加操作Increment(A)的例子，定义在第i次操作后计数器的势能为b_i，其中，b_i为第i次操作后二元计数器中"1"的个数。

现在计算Increment(A)的分摊费用。假设第i次操作对t_i位进行了复位，即置0，那么该操作的实际费用至多为t_i+1，这是因为除了将t_i位复位外，Increment(A)至多将一位设置为1。若$b_i=0$，则第i个操作将所有k位复位，因此有$b_{i-1}=t_i=k$。若$b_i>0$，则有$b_i=b_{i-1}-t_i+1$。对上述任一情形，均有$b_i\leqslant b_{i-1}-t_i+1$。

第i次操作后，Increment(A)的势能差为

$$\Phi(D_i) - \Phi(D_{i-1}) = b_i - b_{i-1} \leqslant (b_{i-1} - t_i + 1) - b_{i-1}$$
$$= 1 - t_i$$

分摊费用为

$$\hat{c}_i = c_i + \Phi(D_i) - \Phi(D_{i-1})$$
$$\leqslant (t_i + 1) + (1 - t_i)$$
$$= 2$$

二元计数器从0开始，因而$\Phi(D_0)=0$。因为二元计数器中"1"的个数始终是非负的，所以第i个操作之后，二元计数器的势能非负，即$\Phi(D_i)\geqslant\Phi(D_0)=0$。这意味着$n$个操作的总实际费用的上界为分摊费用的总和，故该序列的最坏情形复杂度为$O(n)$。

势能方法提供了一种方便分析二元计数器加操作序列的时间复杂度的方法。即使二元计数器不从0开始，也可以通过这种方法类似地分析，这里就不再详述，具体练习见习题3-10。

前面介绍的3种分摊分析方法是分析算法的不同的、新的工具。分摊分析在许多算法的分析及优化设计中都得到了直接地应用，例如，图算法时间复杂度的分析（见第8章）。近似算法的应用，有兴趣的读者可参考文献[1]。

3.3   实验分析

前面介绍的几种分析都是基于渐近符号来分析算法的渐近复杂性，然而渐近复杂性也有不合理之处。渐近复杂性考虑的是随着问题规模的无限增大时，算法的效率表现，而实际问题的规模总有一个范围，因而渐近复杂度低的算法在求解规模较小的问题时，并不一定优于一个渐近复杂度高的算法。还有一些问题非常复杂，无法对输入做某种假设，因而很难对算法进行理论分析。此外，一些非常难的问题很难找到最优解，其算法的分析不仅要考虑计算速度，而且要考虑解的质量，即算法的性能（Performance），这时就需要借助实验分析。

实验分析（Empirical Analysis）的目的是借助计算机对算法进行大量的实验测试，通过

分析实验结果,来比较不同算法的性能,具有简单、实用的优点。其基本过程是:首先选择一些具体的问题实例,然后利用算法对这些问题实例进行测试,最后记录解的质量及计算所需要的时间。通过对计算结果进行统计分析,来分析比较算法的性能。通过分析算法的实际运行结果,可以知道在现有的计算资源下算法可以求解多大的问题,解的质量如何,所需要的计算时间等。实验分析可以在完全真实的条件下进行,不需要像概率分析那样做各种假设,因此,实验分析倍受工程应用领域的青睐,成为算法分析的有力工具之一。

实验分析的缺点是容易受所选问题实例、计算模型、算法参数等因素的影响。例如,对于一些随机算法,即使是同一问题实例,如果多次运行算法,其运行结果可能也不一样。实验分析的主要步骤有数据的选择与生成、实现算法、计算结果分析,具体如下。

(1) 数据的选择与生成

由于实验分析容易受所选问题实例的影响,因此实验数据的选择必须保证具有足够多。这些数据既要包括规模小的问题实例,又要包括规模大的问题实例;既有容易的问题实例,又有困难的问题实例。只有这样,选择的数据才会具有代表性,相应的实验分析才有说服力,也才能得到统计意义上的重要结果。

对于一些困难的问题,网上都有一些公开的测试实例(Benchmark),例如,文献[19]给出了一些经典 NP 问题的测试实例,因此,通常测试这些公开的实例,就可以比较算法的性能,满足研究的需要。如果没有公开的测试实例,也可以随机生成一些测试数据,然后通过测试这些数据,进行算法比较分析,来验证算法的可行性和有效性。

(2) 实现算法

由于算法实现与具体的程序设计技巧有关,当用实验分析比较不同算法的性能时,必须假设实现不同算法的程序设计技巧相同,代码优化方法也相似。算法的实现还要注意尽量保证使用相同的计算机(计算模型),如果使用的计算机不同,则需要考虑 CPU 频率、内存等情况。只有这样,不同的算法才能进行公平比较,所得到的计算结果也才更有说服力。

(3) 计算结果分析

计算结果通常借助图表进行可视化,这样可以非常直观地比较不同算法的性能,发现算法的未知特性。此外,计算结果分析也可以帮助分析算法的时间复杂度。例如,比值测试,分析方法是先估计算法的时间复杂度函数 $t(n)$,然后对问题规模 n 从小到大的各种实例进行测试,计算算法所需要的时间与 $t(n)$ 的比值。如果该比值趋向一个常数,那么可以认为 $t(n)$ 与实际运行时间相吻合,是一个好的估计。这种估计建立在实验的基础上,因而比纯粹的理论分析给人一种更为真实的感觉。

此外,实验分析也有助于研究算法的最好情形、平均情形和最坏情形的性能,其方法是选择各种问题实例,例如,容易的问题实例、特别困难的问题实例及随机的问题实例。在这些实例上测试算法的性能,可以估计出算法最好情形、平均情形和最坏情形的性能,以及分析算法对问题实例的敏感性。对于随机算法,针对 Benchmark 数据或者随机生成的测试例子,进行若干次计算,然后统计出最好的性能,平均性能,以及最坏的性能,以分析不同算法的表现。

综上所述,实验分析不仅可以按理论分析的一些模式来分析算法,而且可以发现理论分析无法发现的结果和现象。特别是有些算法,如模拟退火算法、遗传算法,常常依赖一些参数的设计,利用实验分析不仅可以测试算法性能,还可以确定较好的参数设置,从而设计出更有效的算法。

3.4　小结

　　本章的内容主要取材于《算法导论》[2]，其他内容参考了文献[5,6]。主要介绍如何利用概率分析来研究算法的平均时间复杂度，然后介绍了目前算法分析里比较新的分析工具，即分摊分析。关于分摊分析的一些应用，感兴趣的读者可以阅读《算法导论》[2]。最后，本章介绍了目前流行的实验分析方法。由于目前元启发式（Meta-heuristics）算法，如遗传算法、模拟退火、蚁群算法，以及一些机器学习方法，很难从理论上分析算法的时间复杂度，因此经常采用实验分析的方法。本书后面介绍算法的时候，也会涉及实验分析的应用。

习题

　　3-1　在 HireAssistant(n) 中，假设应聘者以随机的顺序出现，正好被雇用一次的概率是多少？正好被雇用两次的概率是多少？正好被雇用 n 次的概率又是多少？

　　3-2　请分析习题 1-5，找出 n 个数中最大值的算法平均时间复杂度。

　　3-3　如果一组栈操作中包括一次 MultiPush(S,k)，一次性地把 k 个元素压入栈内，那么栈操作分摊费用的界 $O(1)$ 是否还能保持？

　　3-4　对某个数据结构执行一个具有 n 个操作的序列，如果 i 为 2 的整数幂，则第 i 个操作的费用为 i，否则为 1。请利用合计方法确定每次操作的分摊费用。

　　3-5　对一个元素数量从不超过 k 的栈执行一系列栈操作，并在每 k 个操作后，复制整个栈的内容以作备份。证明对各种栈操作分配合适的分摊费用后，n 个栈操作（包括复制栈的操作）的费用为 $O(n)$。

　　3-6　利用记账方法分析习题 3-4。

　　3-7　假设存在势函数 Φ，对所有 i 有 $\Phi(D_i) \geqslant \Phi(D_0)$，但是 $\Phi(D_0) \neq 0$。证明存在一个势函数 Φ'，对所有 $i \geqslant 1$，$\Phi'(D_0) = 0$，$\Phi'(D_i) \geqslant 0$，且用 Φ' 表示的分摊费用与用 Φ 表示的分摊费用相同。

　　3-8　用势能方法分析习题 3-4。

　　3-9　假设某个栈在执行 n 个栈操作 Push(S,x)、Pop(S) 和 MultiPop(S,k) 之前包含 S_0 个对象，结束后包含 S_n 个对象，试求 n 个栈操作的总费用。

　　3-10　对于一个二元计数器执行加操作序列，如果计数器不从 0 开始，用势能方法分析该序列的时间复杂度。

第4章

递 归 算 法

4.1 算法思想

递归(Recurrence)算法是计算机、数学、运筹等领域经常使用的解决问题的方法之一。它用一种简单的方式来解决那些用其他方法解起来可能很复杂的问题,也就是说,有些问题如果用递归算法来求解,则变得简单,而且容易理解;用其他方法,则变得复杂,甚至很难设计。递归算法的基本思想是先把一个问题划分为一个或多个规模更小的子问题,然后用同样的方法求解这些子问题。值得注意的是,这些规模更小的子问题应该与原问题保持同一类型,这样才能用同样的方法进行求解。

递归算法的设计步骤如下。

步骤1:找到问题的初始条件(递归出口),即当问题规模 n 小到某个值时,该问题变得很简单,能够直接求解。

步骤2:设计一种策略,用于将一个问题划分为一个或多个逐步接近递归出口的相似的规模更小的子问题。

步骤3:将各个子问题的解组合起来,即得到原问题的解。

设计递归算法时需注意以下几个问题。

(1)如何使定义的问题规模逐步缩小,而且始终保持与原问题类型相同。

(2)每个递归求解的问题其规模如何缩小。

(3)多大问题规模的问题可作为递归出口。

(4)随着问题规模的缩小,问题能到达递归出口吗?

一种递归算法被设计好后,如何证明其正确性呢? 这个问题可以利用循环不变量,采用归纳法来证明,其基本思路如下。

(1)检验作为递归出口的子问题,采用递归算法是否能够正确解决,即在初始情况下,循环不变量为真。

(2)证明每次递归调用能够一步步地接近递归出口,即证明如果子问题的循环不变量为真,原问题也为真。

(3)证明如果所有的子问题能够正确解决,那么原问题也能够被正确地解决。当递归调用结束,循环不变量为真。

递归算法的时间复杂度的分析通常将递归算法的求解过程构造成一棵递归树。借助递归树,可以方便地将一个问题的求解时间用该问题的子问题的求解时间来表示,即列出问题求解时间的递归方程,然后利用求解递归方程的方法,求出递归算法的时间复杂度。

4.1.1 递归算法的应用

1. 计算 2 的 n 次幂

计算 2 的 n 次幂,即计算问题 $f(n)=2^n$。当 $n=1$ 时,问题 $f(1)=2^1=2$ 很简单,可以做递归出口。当 $n>1$ 时,问题 $f(n)$ 可以分解为 $f(n)=2^n=2\times 2^{n-1}=2\times f(n-1)$,因此,$f(n)$ 的求解可以转化为问题规模更小的子问题 $f(n-1)$ 的求解,其中,$f(n-1)$ 和 $f(n)$ 属于同一问题类型,只是前者的问题规模更小。那么,问题 $f(n)$ 可以用递归方程表示为

$$f(n)=\begin{cases}2, & n=1\\2\times f(n-1), & n>1\end{cases}$$

根据这个递归方程设计递归算法 $f(n)$ 的伪代码如下。

```
f (n)
1    if n = 1 then return 2
2    else return 2 × f (n-1)
```

在 $f(n)$ 中,行 1 为递归出口,行 2 涉及对算法自身的调用,只不过传递的参数为 $n-1$,比原问题规模小 1。当然问题 $f(n)$ 也有别的划分方法,例如二分,本章不详细介绍,读者可以进行思考。

$f(3)$ 的递归计算过程如图 4.1 所示,可以看出,沿着箭头的方向,问题规模越来越小。当传递的参数为 1 时,需要计算 $f(1)$,则到了递归出口,递归调用结束。以后就是逐步把计算出来的子问题的值传递回去,以便得到原问题的解。

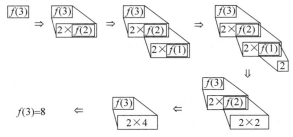

图 4.1 $f(3)$ 的递归计算过程

$f(n)$ 的循环不变量为 $f(k)=2^k$,证明如下。

(1) 递归出口。当 $n=1$ 时,根据 $f(n)$,算法将返回 2。根据递归出口条件,当 $n=1$ 时,$f(1)=2$,这表明算法正确地计算了 $f(1)$。

(2) 归纳假设。假设当 $n=k$ 时,$f(k)=2^k$ 成立。先证明对于 $n=k+1$ 时 $f(k+1)=2^{k+1}$ 成立。根据 $f(n)$,当 $n=k+1$ 时,算法将返回 $2\times f(k)$,由 $f(k)=2^k$ 可得,$f(k+1)=2\times f(k)=2\times 2^k=2^{k+1}$,故所证成立。证毕。

可以看出,$f(n)=2\times f(n-1)$ 是一个递归函数,它是根据自身性质来定义的。从

$f(n)$的伪代码可以看出,如果没有递归出口 $f(1)=2$,那么程序就会永远递归下去,因此,递归出口作为结束条件,可以用来阻止程序陷入死循环。

令 $T(n)$表示递归算法求解 2^n 所需要的计算时间,则递归方程为

$$T(n) = \begin{cases} \Theta(1), & n=1 \\ T(n-1) + \Theta(1), & n>1 \end{cases}$$

这个递归方程比较简单,很容易求得其解为 $T(n)=O(n)$。

2. Hanoi 问题

从前有座庙,庙里住着一群和尚。和尚们天天念经,颇感枯燥无味。有一天,一个和尚望着门前的 3 根柱子,发现其中有一根金字塔形的柱子。该金字塔形柱子由一些圆盘按从大到小的顺序叠放而成,如图 4.2(a)所示。他突发奇想,如果能够将柱子 A 上的所有圆盘借助柱子 B,一个接一个地搬到空柱子 C 上,那将是一件十分有趣的事情。

(a) 柱子A　　　　　(b) 柱子B　　　　(c) 柱子C

图 4.2　Hanoi 塔

和尚搬圆盘的游戏规则如下。

(1) 一次只能搬一个圆盘。

(2) 不能将大圆盘放在小圆盘的上方。

和尚天天玩这个游戏,但是很少成功。在玩的过程中,和尚发现,当圆盘个数比较少的时候,很容易完成游戏;当圆盘个数超过 5 时,便难完成游戏了。在经历了多次失败后,他产生了非常悲观的想法:当解决了柱子上圆盘的个数为 64 的问题时,世界末日就到来了!

现在分析一下该问题的特点。假设有 n 个圆盘,如果能把柱子 A 上的 $n-1$ 个圆盘搬到柱子 B 上,把柱子 A 上剩下的圆盘搬到柱子 C 上,由于该圆盘是最大的,在以后的搬动过程中,它保持不动。这样,搬动 n 个圆盘的问题就变为搬动 $n-1$ 个圆盘的问题。当圆盘数量(问题规模)为 1 时,搬动变得很简单,可以直接搬(求解),因此,可以利用递归算法来求解和尚搬圆盘的问题,算法如下。

(1) 将前 $n-1$ 个圆盘从柱子 A 借助柱子 C 搬到柱子 B。

(2) 将最后一个圆盘直接从柱子 A 搬到柱子 C。

(3) 将 $n-1$ 个圆盘从柱子 B 借助柱子 A 搬到柱子 C。

根据上述过程,设计递归算法 Hanoi(n,A,B,C),其伪代码如下。

```
Hanoi(n, A, B, C)
1    if n = 1 then move(1, A, C)
2    else
3        Hanoi(n-1, A, C, B)
4        move(n, A, C)
5        Hanoi(n-1, B, A, C)
```

下面给出 3 个圆盘的递归算法执行过程，如图 4.3 所示。

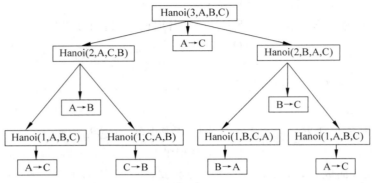

图 4.3　3 个盘子的递归算法执行过程

图 4.3 为前文提到的递归树。事实上，对于递归算法而言，其执行过程都可以构造出一棵递归树。借助递归树，递归算法的执行过程变得清晰，而且其时间复杂度也便于分析。

根据 Hanoi(n,A,B,C)，移动圆盘所花费的时间 T 表示为

$$T(n) = \begin{cases} \Theta(1), & n=1 \\ 2T(n-1)+\Theta(1), & n>1 \end{cases}$$

这个递归方程的求解后面给出。

3. 选择排序问题

前面介绍了解决排序问题的插入排序算法，现在介绍选择排序算法。选择排序算法对排列规模比较小的元素序列非常有效，其基本思想就像排列你手中的扑克牌，具体步骤如下。

步骤 1：把所有牌摊开，放在桌上。伸出你的左手，开始时左手为空，准备拿牌。

步骤 2：将桌上最小的牌拾起，并把它插到左手所握牌的最右边。

步骤 3：重复步骤 2，直到桌上所有的牌在你的左手上。此时左手所握的牌便是排好序的牌。

从上面的步骤看出，递归的思想可以实现选择排序算法。假设对 n 个元素排序，这里 n 个元素用数组 A 表示，其中，元素与牌相对应。因为最终输出的是一个元素由小到大排列的数组，所以假设左手已有的牌为 $A[1]$,…,$A[i-1]$($i \leqslant n$)，其顺序由小到大已经排好，因而只需对桌上的牌 $A[i]$,…,$A[n]$ 进行排序。为了解决该问题，可以从牌 $A[i]$,…,$A[n]$ 中确定最小的一张牌 $A[k]$，如果 $k \neq i$，则将两张牌 $A[k]$ 和牌 $A[i]$ 交换。此时 $A[i]$ 为桌上最小的牌，被插到左手的最右边。这时，手上的牌为 $A[1]$,…,$A[i]$。接下来只需对子问题 $A[i+1]$,…,$A[n]$ 进行排序，当桌上只剩下一张牌 $A[n]$ 时，直接拿到左手上即可。因此，选择排序算法 SelectionSort(i) 的伪代码如下。

```
SelectionSort(i)
1    if i≥n then return success
2    else
3        k ← i
4        for j ← i+1 to n do
5            if A[j] < A[k] then
```

```
6                   k ← j
7           if k ≠ i then A[i] ↔ A[k]
8           SelectionSort(i + 1)
```

其中,符号↔表示交换,也就是将数组中两个元素的值进行交换。后面用到这个符号的时候,本书就不再说明。从 SelectionSort(i)可知,当递归调用到 SelectionSort(n)时,程序停止,不再进行值的回传,该求解过程是一种比较简单的递归。要求解原问题,只需要调用 SelectionSort(1)即可。选择排序的一个运行实例如图 4.4 所示,其中,k 指向当前桌子上最小的一张牌。图 4.4(a)表示当前 i 指向 5,j 从 i 指向元素的后一个数出发,直到找到当前 k,此时 $k \neq i$,因此 i 和 k 指向的元素进行交换,其他过程略。

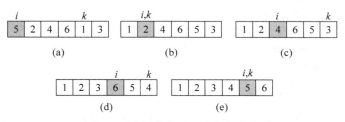

图 4.4 选择排序的一个运行实例

令 $T(n)$ 表示 n 个数排序所需要的时间,在 n 个数中,最小的数的选择需要比较 $n-1$ 次,即 $\Theta(n)$,因而选择算法 SelectionSort(1)运行时间的递归方程为

$$T(n) = \begin{cases} \Theta(1), & n = 1 \\ T(n-1) + (n-1), & n > 1 \end{cases}$$

上述递归方程的求解后面给出。

4. 排列问题

给定由 n 个元素 $\langle 1, 2, \cdots, n \rangle$ 组成的序列,目标是要生成该序列的所有排列(Permutation)。对于 n 个元素而言,其排列一共有 $n!$ 种,那么如何设计这个排列问题的求解算法呢? 本章介绍两种方法,分别是固定位置放元素和固定元素找位置。

1) 固定位置放元素

假设固定位置放元素能够生成 $n-1$ 个元素的所有排列,那么可以得到如下过程。

(1) 生成元素 $2, 3, \cdots, n$ 的所有排列,并且将元素 1 放到每个排列的开头。

(2) 然后,生成元素 $1, 3, \cdots, n$ 的所有排列,并将元素 2 放到每个排列的开头。

(3) 重复上述过程,直至元素 $1, 2, \cdots, n-1$ 的所有排列产生,并将元素 n 放到每个排列的开头。

为了便于实现及分析,用数组 $P[1..n]$ 表示 n 个元素 $\langle 1, 2, \cdots, n \rangle$ 的一个序列。对一般情形,要求 $P[m], P[m+1], \cdots, P[n]$ 的全排列,对于数组 P 的固定位置 m 上的元素,排列中每个元素都有可能在位置 m,需要先考虑 $P[m]$。如果能够求出剩余元素 $P[m+1]$,$P[m+2], \cdots, P[n]$ 的所有排列,那么只需将 $P[m]$ 放到每个排列的开头。其次考虑 $P[m+1]$,通过交换 $P[m]$ 和 $P[m+1]$,这样仍然只需考虑求剩余元素 $P[m+1], P[m+2], \cdots$,$P[n]$ 的所有排列。求出全排列后,只需将 $P[m]$(此时,其值为 $P[m+1]$)放到每个排列的开头。再次考虑 $P[m+2]$,通过交换 $P[m]$ 和 $P[m+2]$,此时仍然只需考虑求剩余元素

$P[m+1]$，$P[m+2]$，$\cdots$，$P[n]$ 的所有排列。求出全排列后，只需将 $P[m]$（此时，其值为 $P[m+2]$）放到每个排列的开头。依此类推，依次考虑 $P[m+3]$，$\cdots$，$P[n]$。当问题规模降为求一个元素 $P[m]$ 的全排列时，问题就变得极为简单，可作为递归出口。

值得注意的是，将元素 $P[m]$ 和某个元素 $P[k]$（$m<k\leqslant n$）进行交换，求出剩余元素的所有排列后，为避免重复和发生混乱，必须将元素 $P[m]$ 和元素 $P[k]$ 交换回去，然后才能继续元素 $P[m]$ 和元素 $P[k+1]$ 的交换。

按照上面的分析，求 $P[m]$，$P[m+1]$，$\cdots$，$P[n]$ 的全排列算法 Perm1(m) 的伪代码如下。

```
Perm1(m)
1    if m = n then output P[1..n]
2    else
3        for j←m to n do
4            P[j] ↔ P[m]
5            Perm1(m + 1)
6            P[j] ↔ P[m]
```

为了求出 $P[1]$，$P[2]$，$\cdots$，$P[n]$ 的全排列，只需要调用算法 GeneratingPerm1()，具体如下。

```
GeneratingPerm1()
1    for j←1 to n do
2        P[j] ←j
3    Perm1(1)
```

考虑求元素 $P[1]$，$P[2]$，$P[3]$ 的全排列，固定位置放元素的递归求解过程可用图 4.5 表示。从图 4.5 所示的递归树可以看出，求 n 个数的全排列，需要求解 n 个规模为 $n-1$ 的子问题，而且 n 个元素都可以放第 1 个位置，一旦一个元素放固定位置，问题便转化为求 $n-1$ 个元素的全排列。因此全排列算法 GeneratingPerm1() 的时间复杂度的递归方程表示为

$$T(n) = \begin{cases} \Theta(1), & n=1 \\ nT(n-1)+n, & n>1 \end{cases}$$

上述递归方程的解也将在后面给出。

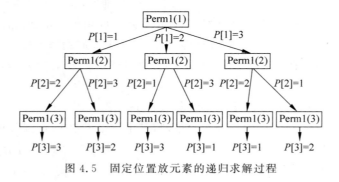

图 4.5　固定位置放元素的递归求解过程

2）固定元素找位置

如果假设能够生成 $n-1$ 个元素的所有排列，那么通过交换数组的顺序，就能得到生成

n 个元素所有排列的算法。下面给出另外一种找全排列的方法——固定元素找位置,其具体过程如下。

(1) 首先,把 n 放在 $P[1]$ 的位置,并且用子数组 $P[2..n]$ 来产生前 $n-1$ 个数的排列。

(2) 其次,将 n 放在 $P[2]$ 的位置,并且用子数组 $P[1]$ 和 $P[3..n]$ 来产生前 $n-1$ 个数的排列。

(3) 再次,将 n 放在 $P[3]$ 的位置,并且用子数组 $P[1,2]$ 和 $P[4..n]$ 来产生前 $n-1$ 个数的排列。

(4) 重复上述过程,直至将 n 放在 $P[n]$ 的位置,并且用子数组 $P[1..(n-1)]$ 来产生前 $n-1$ 个数的排列。

为了实现上述过程,初始化数组 $P[1..n]$ 的值为 0。对于元素 n,可以依次把它放到数组元素 $P[1]$,$P[2]$,$\cdots$,$P[n]$ 的位置。将 n 放在一个位置 $P[k]$ 后,剩下的 $n-1$ 个元素可以放在那些值为 0 的数组元素 $P[1..(k-1)]$ 和 $P[(k+1)..n]$ 上。依次递归,直到数组没有为 0 的元素为止。值得注意的是,在找 n 的下一个可放置位置,即把 n 放在元素 $P[k+1]$ 的位置前,原来 n 所在元素 $P[k]$ 的位置一定要置为 0,否则,将出现某些元素找不到位置的情况。令 m 表示当前可放的位置数,即数组 P 中值为 0 的数量。上述算法 Perm2(m) 的伪代码如下。

```
Perm2(m)
1      if m = 0 then output P[1..n]
2      else
3          for j←1 to n do
4              if P[j] = 0 then
5                  P[j] ←m
6                  Perm2(m - 1)
7                  P[j] ←0
```

类似地,要求 n 个数的全排列,只需要调用算法 GeneratingPerm2(),具体如下。

```
GeneratingPerm2()
1      for j←1 to n do
2          P[j] ←0
3      Perm2(n)
```

考虑求元素 $P[1]$,$P[2]$,$P[3]$ 的全排列,固定元素找位置的递归求解过程可用图 4.6 表示。

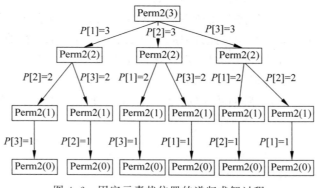

图 4.6　固定元素找位置的递归求解过程

上述求全排列算法 GeneratingPerm2() 的时间复杂度的递归方程表示为

$$T(n) = \begin{cases} \Theta(1), & n=1 \\ nT(n-1)+n, & n \geqslant 1 \end{cases}$$

通过对比可知，上述递归方程与全排列算法 GeneratingPerm1() 的递归方程类似。

5. 多项式求值

假设多项式为 $p(x)=a_0+a_1x+a_2x^2+\cdots+a_{n-1}x^{n-1}$，要计算多项式 $p(x)$ 在点 x_0 处的值，可以使用 Horner 法则，即将多项式改写为 $p(x)=a_0+x(a_1+x(a_2+\cdots+x(a_{n-2}+xa_{n-1}))$。令

$$S_i = \begin{cases} a_{n-1}, & i=1 \\ S_{i-1}x+a_{n-i}, & i>1 \end{cases}$$

其中，S_i 表示 $p(x)$ 在点 x 处的值。令 A 表示多项式系数的一个数组 $\langle a_0,a_1,\cdots,a_{n-1}\rangle$，根据 Horner 法则，则可得递归算法 Evalploy(A,x,i)，其伪代码如下。

```
Evalploy(A,x,i)
1    if i = 1 then return a_{n-1}
2    else
3        return a_{n-i} + x × Evalploy(A,x,(i-1))
```

要计算 $p(x)$ 在点 x_0 处的值，只需调用 Evalploy(A,x_0,n)。这种算法的时间复杂度为 $O(n)$，比直接计算 $p(x)$ 在点 x 处的值有效。两种算法的实验分析见 4.3 节。

4.1.2 递归与迭代

前面介绍了递归算法的基本思想及其应用，可以看出递归算法有 3 条设计规则，具体如下。

（1）递归出口：必须有一个递归出口（即结束条件），不用递归即可解决的情形。递归出口通常是一个可以直接求解的简单问题；

（2）递归地发展：对于所有的递归情形，每一次新的调用，必须保证不断地接近递归出口。

（3）设计规则：假设所有的递归调用都能起作用。

从上面的递归算法设计实例也可以看出，递归算法比较简单，而且对很难求解的问题能够给出非常直观的解法。其缺点是由于不断地调用函数，需要保存中间结果及参数的传递，因而需要更多的存储空间和时间。此外，递归算法的设计需要不一样的思维方式。

虽然递归算法是一种非常强大且简单优美的求解技术，但是需要更多的存储空间和时间，因此，能够避免用递归算法的时候，尽量避免，或者用相应的迭代算法（Iterated Algorithm）来实现。例如，求解问题 $f(n)=2^n$ 的递归算法可改写为下列迭代算法。

```
f(n)
1    total←1
2    for i←1 to n do
3        total←total × 2
4    return total
```

前面介绍的选择排序算法 SelectionSort(i)虽然简单,但仍然涉及函数的递归调用,做了一些无用功。事实上,SelectionSort(i)可以转化为更简单更有效的迭代算法 IterativedSelectionSort(A),其伪代码具体如下。

```
IterativedSelectionSort(A)
1    for i ← 1 to n − 1 do
2        k ← i
3        for j ← i + 1 to n do
4            if A[j] < A[k] then
5                k ← j
6        A[i] ↔ A[k]
```

从上面的例子可以看出,递归算法的计算过程是由复杂到简单再到复杂,而迭代算法的计算过程是由简单到复杂,因此迭代算法的效率更高,在实际的求解过程中更常用。

4.2 递归方程的求解

前面已经介绍了递归算法的设计,从递归算法的时间复杂度分析可以看出,要确定递归算法的运行时间,需要求解递归方程。第1章已经介绍过,算法运行时间复杂度主要由关于问题规模的高阶项决定,因此,当描述并求解一个递归方程时,可以忽略递归出口、顶、底等技术细节。例如,对于递归方程

$$T(n) = \begin{cases} \Theta(1), & n=1 \quad \text{递归出口} \\ T(\lfloor n/2 \rfloor) + T(\lceil n/2 \rceil) + \Theta(n), & n \geq 2 \quad \begin{matrix}\text{顶}\\\text{底}\end{matrix} \end{cases}$$

忽略递归出口、顶和底后,得到简化的递归方程为

$$T(n) = 2T\left(\frac{n}{2}\right) + \Theta(n)$$

这样就便于求解。下面介绍递归方程的求解方法。

4.2.1 替换法

替换法(Substitution Method)的主要思想是猜测递归方程的解,然后将该解代入递归方程,看看是否存在满足的条件。替换法虽然比较有效,但只应用于比较容易猜出递归解的情形。

替换法求解递归方程的步骤如下。

步骤1:先猜测递归解的形式。

步骤2:再用数学归纳法来找出使解真正有效的常数。

例4.1 求解 $T(n) = 2T(\lfloor n/2 \rfloor) + n$。

解:首先猜测解为 $T(n) = O(n \lg n)$,其目的是证明存在某个常数 c,使 $T(n) \leq cn \lg n$。假设这个解对 $\lfloor n/2 \rfloor$ 成立,即 $T(\lfloor n/2 \rfloor) \leq c\lfloor n/2 \rfloor \lg(\lfloor n/2 \rfloor)$,将其代入递归方程,得

$$T(n) = 2T(\lfloor n/2 \rfloor) + n \leq 2(c\lfloor n/2 \rfloor)\lg(\lfloor n/2 \rfloor) + n$$
$$\leq cn \lg(n/2) + n$$

$$\leqslant cn\lg n - cn\lg 2 + n$$
$$= cn\lg n - cn + n$$
$$\leqslant cn\lg n$$

当 $c \geqslant 1$ 时，最后一步显然是成立的，按照符号 O 的定义，可证明猜测是正确的。

例 4.2 求解选择排序算法运行时间的递归方程 $T(n) = T(n-1) + (n-1)$

解：猜测解为 $T(n) = O(n^2)$。假设 $T(n-1) \leqslant c(n-1)^2$，则有

$$T(n) = T(n-1) + n - 1$$
$$\leqslant c(n-1)^2 + n - 1$$
$$= cn^2 - 2cn + c + n - 1$$
$$\leqslant cn^2 - 2cn + 2c + n - 1$$
$$= cn^2 - (2c-1)(n-1)$$
$$\leqslant cn^2$$

当 $c \geqslant 1$ 时，最后一步显然是成立的，这就证明了猜测解是正确的。

从上面可以看出，要想利用替换方法来求解递归方程，需要做一个好的猜测。要得到一个好的猜测，可以利用启发式方法，也可以使用递归树来帮助猜测。如果一个递归方程与解过的递归方程类似，那么有可能猜出一个类似的解，然后加以证明即可。例如

$$T(n) = 2T(\lfloor n/2 \rfloor + 17) + n$$

虽然该方程多了一个 17，但与前面解过的方程 $T(n) = 2T(\lfloor n/2 \rfloor) + n$ 类似，因而可以类似地猜测其解为 $T(n) = O(n\lg n)$，其证明见习题 4-9。

另外也可以先证明递归解较松的上下界，然后再逐步缩小解的范围。对于任何一个递归方程而言，都可以逐步降低其上界，提高其下界，直到达到正确的渐近界为止。

值得注意的是，渐近符号定义的运用很容易错。例如，对递归方程 $T(n) = 2T(\lfloor n/2 \rfloor) + n$，可以猜测其解为 $T(n) = O(n)$。如果渐近符号使用不当，可能会错误地证明 $T(n) = O(n)$。事实上，假设 $T(n/2) \leqslant c\lfloor n/2 \rfloor$，有

$$T(n) \leqslant 2(c\lfloor n/2 \rfloor) + n$$
$$\leqslant cn + n$$

但是，由 $T(n) \leqslant (c+1)n$ 并不一定得出 $T(n) \leqslant cn$，因而不能说明 $T(n) = O(n)$ 成立。由于 c 是一个常数，所犯错误就在于没有证明归纳假设的正确形式，即证明 $T(n) \leqslant cn$。

再次考虑解决 Hanoi 问题算法运行时间的递归方程

$$T(n) = 2T(n-1) + 1$$

并猜测其解为 $O(2^n)$，即需要证明 $T(n) \leqslant c2^n$。事实上，选择一个合适的常数 c，该不等式是成立的。将猜测解代入递归方程，可得

$$T(n) \leqslant 2c2^{n-1} + 1$$
$$= c2^n + 1$$

上述推导并不能证明 $T(n) = O(2^n)$，那怎么办呢？此时可以考虑缩小 $T(n)$ 的上界，即证明 $T(n) \leqslant c2^n - 1$ 成立，上述问题便得以解决。

有些递归方程看起来有点复杂，但通过变量代换，可以变为简单的递归方程，从而能利用替换方法来求解。

例 4.3 考虑递归方程

$$T(n) = 2T(\lfloor \sqrt{n} \rfloor) + \lg n$$

解：对其去掉底，并设 $m = \lg n$，可得

$$T(2^m) = 2T(2^{m/2}) + m$$

再设 $S(m) = T(2^m)$，即得新的递归方程

$$S(m) = 2S(m/2) + m$$

利用例 4.1 的结果，有 $S(m) = O(m \lg m)$，因而可以得到

$$T(n) = T(2^m) = S(m) = O(m \lg m) = O(\lg n \lg(\lg n))$$

4.2.2 递归树法

虽然替换法能够简洁地证明递归方程的解，但是，有时很难猜测递归方程的解。而递归树可以方便地估计一个好的猜测解，在描述分治算法的时间复杂度时特别有用。用递归树法（Recusion Tree Method）来求解递归方程的解时，通常先利用递归树估计一个好的猜测解，然后利用替换法进行证明。当然在利用递归树估计猜测解时，如果估计得比较准确，那么也没有必要利用替换法证明。

构造递归树的方法就是展开递归方程，其展开形式通常用一棵树来表示。递归树法把每一层的运行时间进行求和，得到时间复杂度的估计。

例 4.4 求解递归方程 $T(n) = 3T(\lfloor n/4 \rfloor) + cn^2$。

解：构造递归树如图 4.7 所示。当递归树展开时，子问题的问题规模逐步缩小。当到达递归出口时，即当子问题的问题规模为 1 时，递归树不再展开。现在可以计算一下递归树共有多少层。当递归树展开一层，其问题规模为 $n/4$；当递归树展开两层时，其问题规模为 $n/16 = n/4^2$，依次类推，当展开 k 层时，其问题规模 $n/4^k = 1$ 时，不再展开，由此可求得递归树的层数 $k = \log_4 n$。现在来计算一下递归树有多少个叶子节点。第 1 层有 3 个叶子节点，第 2 层有 3^2 个叶子节点，依次类推，第 k 层有 3^k 个节点。当 $k = \log_4 n$ 时，第 k 层的节点为叶节点，因此叶子节点的个数 $3^{\log_4 n} = n^{\log_4 3}$。而每个叶子节点需要的运行时间为 $T(1)$，因此，第 k 层叶子节点的运行时间为 $n^{\log_4 3} T(1)$。将递归树每一层的时间加起来，可得

$$T(n) = cn^2 + (3/16)cn^2 + (3/16)^2 cn^2 + \cdots + (3/16)^{\log_4 n - 1} cn^2 + \Theta(n^{\log_4 3})$$

$$= \sum_{i=0}^{\log_4 n - 1} (3/16)^i cn^2 + \Theta(n^{\log_4 3})$$

上式最后一步看起来很复杂，因而很难估计 $T(n)$ 的界。事实上，利用无穷几何级数，可以得到

$$T(n) = \sum_{i=0}^{\log_4 n - 1} (3/16)^i cn^2 + \Theta(n^{\log_4 3}) < \sum_{i=0}^{\infty} (3/16)^i cn^2 + \Theta(n^{\log_4 3})$$

$$= \frac{1}{1 - (3/16)} cn^2 + \Theta(n^{\log_4 3})$$

即 $T(n) < (16/13)cn^2 + \Theta(n^{\log_4 3}) = O(n^2)$。

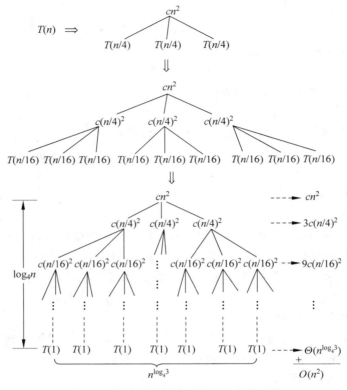

图 4.7 构造递归树求时间复杂度的过程

由递归树得到了一个好的估计解，即 $T(n)=O(n^2)$，现在可以用替换法来验证估计解的正确性，即证明 $T(n)=O(n^2)$ 是递归方程 $T(n)=3T(\lfloor n/4 \rfloor)+\Theta(n^2)$ 的一个上界，即只需证明 $T(n)\leqslant dn^2$，对于某个常数 $d>0$ 成立即可。

对于前面使用的同一个常数 $c>0$，有

$$T(n) \leqslant 3T(\lfloor n/4 \rfloor)+cn^2 \leqslant 3d\lfloor n/4 \rfloor^2+cn^2$$

$$\leqslant 3d(n/4)^2+cn^2 = (3/16)dn^2+cn^2$$

要证明 $T(n)\leqslant dn^2$，只需证明 $(3/16)dn^2+cn^2\leqslant dn^2$ 即可。当 $d\geqslant(16/13)c$ 时，显然有 $(3/16)dn^2+cn^2\leqslant dn^2$ 成立，故所证成立。证毕。

下面给出一个更复杂的例子。

例 4.5 求解递归方程 $T(n)=T(n/3)+T(2n/3)+O(n)$。

解：构造的递归树如图 4.8 所示。从递归树的根到叶子节点的最长的一条路径为 $\langle n,(2/3)^2n,\cdots,1\rangle$ 第 k 层节点的值 $(2/3)^kn=1$，因此递归树的层数为 $\log_{3/2}n$。故整个算法的时间复杂度为 $O(cn\log_{3/2}n)=O(n\lg n)$。类似地，可以用替换法来证明所估计解的正确性，具体练习见习题 4-14。

例 4.6 对于生成全排列的递归方程

$$T(n)=\begin{cases}\Theta(1), & n=1 \\ nT(n-1)+n, & n\geqslant 1\end{cases}$$

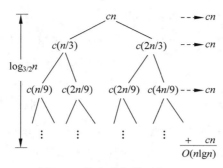

图 4.8 构造递归树(例 4.5)

解：令 $T(n)=n!h(n)$(注意：$h(1)=0$),则 $n!h(n)=n(n-1)!h(n-1)+n$,进一步整理可得

$$h(n)=h(n-1)+n/n!=h(n-1)+1/(n-1)!$$

按照递归树展开,上式可以估计为

$$h(n)=h(1)+\sum_{j=2}^{n}\frac{1}{(j-1)!}=\sum_{j=1}^{n-1}\frac{1}{j!}\leqslant\sum_{j=1}^{\infty}\frac{1}{j!}=(e-1)$$

$$T(n)=n!h(n)\leqslant n!(e-1)\leqslant 2n!$$

因此可猜测 $T(n)=O(nn!)$。

在猜测递归方程的解后,可以采用前面类似的方法予以证明。

4.2.3 公式法

前面讲的两种方法,需要先估计一个好的解,然后加以证明,因此使用起来,不是很方便。事实上,对于下列形式的递归方程

$$T(n)=aT(n/b)+f(n) \tag{4.1}$$

其中,$a\geqslant 1$ 和 $b>1$ 是常数,且 $f(n)$ 是一个渐近正函数,可以使用公式法(Master Method),从而更加方便快捷地求解。

式(4.1)所示的递归方程描述了如下算法的运行时间。将一个规模为 n 的问题划分为 a 个规模为 n/b 的子问题,其中 a 和 b 为正常数;分别递归地解决 a 个子问题,每个子问题所需要的求解时间为 $T(n/b)$。划分原问题和合并子问题的解所需要的时间由 $f(n)$ 决定。上述算法正是下一章要介绍的分治算法。当然,n/b 可能不是整数。前面说过,忽略底或者顶,并不影响算法运行时间复杂度的分析。而在实际情形中,$T(n/b)$ 可能为 $T(\lfloor n/b \rfloor)$ 或者 $T(\lceil n/b \rceil)$。

定理 4.1 设 $a\geqslant 1$,$b>1$ 且 a、b 均为常数,设 $f(n)$ 为一个函数,并且假设 $T(n)$ 满足 $T(n)=aT(n/b)+f(n)$,其中,n/b 表示 $\lfloor n/b \rfloor$ 或者 $\lceil n/b \rceil$,那么 $T(n)$ 有如下 3 种情形的渐近界。

(1) 对某个常数 $\varepsilon>0$,如果 $f(n)=O(n^{\log_b(a-\varepsilon)})$,则 $T(n)=\Theta(n^{\log_b a})$。

(2) 如果 $f(n)=\Theta(n^{\log_b a})$,则 $T(n)=\Theta(n^{\log_b a}\lg n)$。

(3) 对某个常数 $\varepsilon>0$,如果 $f(n)=\Omega(n^{\log_b(a+\varepsilon)})$ 且对某个常数 $c<1$ 及任意足够大的

n，有 $af(n/b) \leqslant cf(n)$，则 $T(n) = \Theta(f(n))$。

在以上每一种情形中，函数 $f(n)$ 与 $n^{\log_b a}$ 都进行比较。直观地，递归解是由两个函数中数量级较大的一个决定的。

在情形（1）中，函数 $n^{\log_b a}$ 的数量级比较大，那么解为 $T(n) = \Theta(n^{\log_b a})$，而在情形（3）中，函数 $f(n)$ 数量级比较大，则解为 $T(n) = \Theta(f(n))$。对于情形（2），两个函数属于同一个数量级，因而乘上一个对数因子，得到解 $T(n) = \Theta(n^{\log_b a} \lg n)$。除此之外，还有一些技术性问题需要加以理解。在情形（1）中，$f(n)$ 的数量级不仅小于 $n^{\log_b a}$，还必须是多项式形式的小。也就是说，对于某个常数 $\varepsilon > 0$，$f(n)$ 必须渐近地比 $n^{\log_b a}$ 小 n^ε 倍。在情形（3）中，$f(n)$ 不仅数量级上大于 $n^{\log_b a}$，而且必须比 $n^{\log_b a}$ 大多项式 n^ε 倍，且条件 $af(n/b) \leqslant cf(n)$ 满足。值得注意的是，本书后面的大多数多项式有界函数都满足条件 $af(n/b) \leqslant cf(n)$。

从定理 4.1 可以看出，设计一种更有效的分治算法，可以通过尽量减少子问题的个数或者减少 $f(n)$ 的数量级来实现。对于如何设计更有效的分治算法，下一章将会介绍。

从定理 4.1 也可以看出，使用公式法时只要记住 3 种情形，就可以很容易地确定许多递归方程的解，通常不需要纸和笔的帮助。下面给出一些应用的例子。

例 4.7 求解递归方程 $T(n) = 9T(n/3) + n$。

解：由上式可得 $a = 9, b = 3, f(n) = n$，且 $n^{\log_b a} = n^{\log_3 9} = n^2 = \Theta(n^2)$。又因为对于 $\varepsilon = 1$，有 $f(n) = O(n^{\log_3(9-\varepsilon)})$，满足定理 4.1 的情形（1），因此 $T(n) = \Theta(n^2)$。

例 4.8 求解递归方程 $T(n) = T(2n/3) + 1$。

解：由上式可得 $a = 1, b = 3/2, f(n) = 1$，且 $n^{\log_b a} = n^{\log_{\frac{3}{2}} 1} = n^0 = 1$。

又因为 $f(n) = \Theta(n^{\log_b a}) = \Theta(1)$，满足定理 4.1 的情形（2），因此 $T(n) = \Theta(\lg n)$。

例 4.9 求解递归方程 $T(n) = 3T(n/4) + n\lg n$。

解：由上式可得 $a = 3, b = 4, f(n) = n\lg n$，且 $n^{\log_b a} = n^{\log_4 3} = O(n^{0.793})$。因为 $f(n) = \Omega(n^{\log_4(3+\varepsilon)})$，其中 $\varepsilon \approx 0.2$。如果能够证明 $af(n/b) \leqslant cf(n)$ 对 $f(n)$ 成立，则满足定理 4.1 的情形（3）。事实上，对于足够大的 n，当 $c = 3/4$ 时，有 $af(n/b) = 3(n/4)\lg(n/4) \leqslant (3/4)n\lg n = cf(n)$，满足定理 4.1 的情形（3），因此递归方程的解为 $T(n) = \Theta(n\lg n)$。

4.3 多项式求值实验

前文的多项式求值已经给出了利用 Horner 法则计算多项式 $p(x)$ 在某点 x_0 处的值。为了显示递归算法的效率，首先给出计算多项式 $p(x)$ 在某点 x 处值的直接法，然后利用实验分析法，最后对两个算法进行比较。

下面介绍直接法 DirectPloy(A, x)，其伪代码如下。

```
DirectPloy(A, x)
1    total←a_0
2    for i←1 to n-1 do
3        total←total + a_i × multiply(x, i)
```

```
4    return total
```

其中,multiply(x,i)是计算$(x)^i$的函数。要求解$p(x_0)$,只需调用 DirectPloy(A,x_0)。

两种算法使用编程语言 C++ 来实现,并在 CPU 为 2.4GHz,内存为 512MB 的计算机上测试问题规模 n 分别为 600、800、1 000、2 000、4 000、6 000、8 000、10 000 的相同的实例。两种算法的运行时间如表 4.1 和图 4.9 所示,其中,时间单位为秒(s)。图 4.9 清楚直观地展示了随着问题规模 n 的增大,运行时间的增长趋势。两种算法都得到同样的值 $p(x_0)$,但是从表 4.1 和图 4.9 可以看出,Horner 法则的速度更快,因此效率更高。

表 4.1   直接法和 Horner 法则运行时间

算法 \ n	$n=600$/s	$n=800$/s	$n=1\,000$/s	$n=2\,000$/s	$n=4\,000$/s	$n=6\,000$/s	$n=8\,000$/s	$n=10\,000$/s
直接法	0.000	0.015	0.018	0.046	0.141	0.312	0.515	0.785
Horner 法则	0.000	0.000	0.000	0.000	0.000	0.000	0.000	0.000

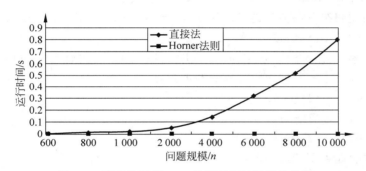

图 4.9   直接法和 Horner 法则运行时间增长趋势

4.4   小结

本章中递归方程的求解主要取材于《算法导论》[2],其他内容参考了文献[5]。递归算法是问题求解基本技术之一。本章不仅介绍了递归算法的设计及时间复杂度的分析方法,也介绍了如何证明递归算法的正确性。最后,本章介绍了求解递归方程的 3 种方法。公式法的理论证明主要基于递归树的方法,有兴趣的读者可以阅读《算法导论》[2]。

习题

4-1   设计一种递归算法,在有 n 个元素的集合 A 搜索元素 x。

4-2   给定含有 n 个元素的集合 A,请设计一种算法找出集合 A 中出现次数最多的元素,并输出该元素出现的次数。例如,$A=1,2,2,2,3,5$,出现次数最多的元素是 2,出现次数为 3。

4-3   将第 1 章的插入排序算法改写为递归算法,并分析其时间复杂度。

4-4   证明算法 GeneratingPerm1 的正确性。

4-5 修改算法 Perm1,使其能够按照字典序输出排列。

4-6 请仔细解释,为什么算法 GeneratingPerm2 中,当过程 Perm2 以 Perm2(m)($m>0$)形式调用时,数组 P 恰好包含 m 个 0,并且 Perm2($m-1$)恰好执行 m 次。

4-7 修改算法 Perm2,使数 $1,2,\cdots,n$ 的排列按算法 Perm2 的倒序生成。

4-8 修改算法 Perm2,使其产生集合$\langle 1,2,\cdots,n\rangle$的所有大小为 k 的子集,$1\leqslant k\leqslant n$,并分析算法的时间复杂度。

4-9 证明递归方程 $T(n)=2T(\lfloor n/2\rfloor+17)+n$ 的解为 $T(n)=O(n\lg n)$。

4-10 证明递归方程 $T(n)=2T(\lfloor n/2\rfloor)+n$ 的解为 $T(n)=O(n\lg n)$,并证明这个递归方程的解也是 $\Omega(n\lg n)$。

4-11 利用变量替换方法求解递归方程 $T(n)=2T(\sqrt{n})+1$,要求得到的解应当是渐近紧界,不必担心值是否为整数。

4-12 画出递归方程 $T(n)=4T(\lfloor n/2\rfloor)+cn$ 的递归树,并给出其解的渐近紧界,然后用替换方法证明给出的界,其中 c 是一个常数。

4-13 利用递归树方法估计递归方程 $T(n)=T(n-a)+T(a)+cn$ 的渐近紧界,其中 a、c 是常数,且 $0<a<1,c<0$。

4-14 证明递归方程 $T(n)=T(n/3)+T(2n/3)+O(n)$ 的解为 $T(n)=O(n\lg n)$。

4-15 用公式法求解下列递归方程的渐近紧界。

(1) $T(n)=4T(n/2)+n$;

(2) $T(n)=4T(n/2)+n^2$;

(3) $T(n)=4T(n/2)+n^3$;

4-16 公式法能否用于递归方程 $T(n)=4T(n/2)+n^2\lg n$?为什么?给出此递归方程的渐近上界。

实验题

4-17 石材切割问题:给定一个长方形大理石板,再给定一系列需要的长方形石块订单,每个石块的长宽给定。请设计一种切割方法,使目标石板尽可能地切割出所需要的石块,让石板的利用率最大。约束条件为一刀切,即一次切割必须把一块石板一分为二,不能只切一段,如图 4.10 所示。第一次沿着 ab 切,切出石板 1。第二次,沿着 cd 切,就可以把阴影石块切出来,剩下石板 2。

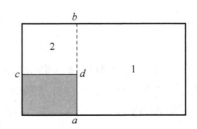

图 4.10 石材切割的表示

第5章

分 治 算 法

5.1 算法思想

许多实用的算法都具有递归的结构：为解决一个给定的问题，通过递归地调用自己一次或多次来解决与该问题具有相似结构的子问题。分治算法(Divide and Conquer)就是这样一种具有递归结构的算法，其基本思想是把一个问题分解成若干个子问题(这些子问题与原问题在本质上是同一种问题类型，只是问题规模不同)，然后递归地解决子问题，最后把子问题的解组合成原问题的解。递归算法与分治算法情同手足，互不分离，经常同时应用在算法设计之中，并产生许多高效的算法。

分治算法在求解问题时，通常遵循以下 3 个步骤。

步骤 1：把一个问题分解成若干个子问题。

步骤 2：通过递归地解决子问题来解决原问题。如果子问题的问题规模小到可以用直接的方法求出，那么停止递归。

步骤 3：把这些子问题的解组合成原问题的解。

当一种算法的过程中含有对自身的递归调用时，它的运行时间常用一个递归方程来表示。递归方程描述了求解一个问题规模为 n 的问题所需要的运行时间可以由其子问题的运行时间来决定。对于递归方程而言，如果知道递归的初始边界，那么能够很方便地利用上一章介绍的方法来求解递归方程。

分治算法的运行时间主要由它的 3 个步骤决定。令 $T(n)$ 表示求解一个问题规模为 n 的问题所需要的运行时间，设问题规模小到可以用直接的方法求解，所花费的时间为 $\Theta(1)$，即存在一个正整数 c，使当 $n \leqslant c$ 时，问题的求解非常简单，只需要常数级的时间就可以得到该问题的解。假设把问题分解成 a 个子问题，每个子问题的大小为 n/b。值得注意的是，n/b 可能是 $\lfloor n/b \rfloor$ 或者 $\lceil n/b \rceil$，这里忽略底和顶是因为上一章已经分析；去掉底和顶，并不影响递归方程的求解。令把问题分解成 a 个子问题所花费的时间为 $D(n)$，每个子问题的解组合起来所花费的时间为 $C(n)$，则得到递归方程

$$T(n) = \begin{cases} \Theta(1), & n \leqslant c \\ aT(n/b) + D(n) + C(n), & \text{其他} \end{cases}$$

如果将时间 $D(n)$ 和 $C(n)$ 合并成函数 $f(n)$，则许多分治算法的时间复杂度可以由上

一章介绍的公式法求出。从上面的递归方程可以看出，分治算法的优点是它的运行时间常常可以很容易地由其子问题的运行时间得到。正如上一章所介绍的，分治算法在设计的时候，应尽量减少子问题的个数 a 或者降低 $f(n)$ 的数量级，以便设计出更有效的分治算法。

下面介绍分治算法的应用。

5.2 合并排序

前面介绍了插入排序算法和选择排序算法，现在利用分治算法的思想，设计一种合并排序算法，其基本步骤如下。

步骤 1：将包含 n 个元素的序列均分成包含 $n/2$ 个元素的子序列。

步骤 2：对两个子序列进行递归划分。

步骤 3：把两个已经排序的子序列合并成一个有序序列。

合并排序算法 MergeSort(A, p, r)的伪代码如下。

```
MergeSort(A, p, r)
1     if p < r then
2         q←⌊(p + r)/2⌋
3     MergeSort(A, p, q)
4     MergeSort(A, (q + 1), r)
5     Merge(A, p, q, r)
```

在 MergeSort(A, p, r)中，要排序的元素保存在数组 A 中，当前要排序的范围是数组 A 中位置 $p \sim r$ 的元素。当 $p \geqslant r$ 时，停止递归调用，否则，找出中间划分点 q，并分别递归求解两个子问题。两个子问题求解后，它们的解合并在一起，得到原问题的解。求解原问题，只需调用 MergeSort(A, 1, n)。

合并排序算法的关键步骤是如何把两个有序序列合并成一个有序序列，这个步骤可以用辅助函数 Merge(A, p, q, r)来完成，其中，p、q、r 是数组下标且 $p \leqslant q < r$。该函数假设数组 $A[p..q]$ 和 $A[(q+1)..r]$ 是已排好序的，然后将它们合并为一个有序的子数组 $A[p..r]$。详细的合并过程如下。

```
Merge(A, p, q, r)
1      n₁←q - p + 1
2      n₂←r - q
3      for i←1 to n₁ do
4          L[i]←A[p + i - 1]
5      for j←1 to n₂ do
6          R[j]←A[q + j]
7      L[n₁ + 1]←∞
8      R[n₂ + 1]←∞
9      i←1
10     j←1
11     for k ← p to r do
12         if L[i]≤R[j] then
13             A[k]←L[i]
14             i←i + 1
```

```
15          else
16              A[k]←R[j]
17              j←j + 1
```

Merge(A,p,q,r)用两个子数组 $L[1..(n_1+1)]$，$R[1..(n_2+1)]$ 分别保存两个已经排好序的序列，以便腾出数组 A 中的位置来保存合并后的元素。同时，两个数组均多开辟一个存储单元来存储一个非常大的整数 ∞，其好处是方便元素比较。由于数组 L 和 R 的元素均有序且按从小到大已完成排列，因此，只需依次比较两个数组中最前面的两个元素 $L[i]$ 和 $R[j]$，将较小的元素存储在 A 数组中。然后重复上述过程，直至两个数组为空。合并排序算法的过程如图 5.1 所示，其中，实线箭头指向逐步划分的过程，虚线箭头指向逐步合并的过程。

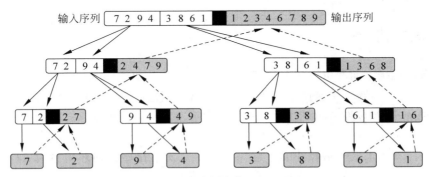

图 5.1　合并排序算法的过程

由于合并排序算法的正确性主要取决于合并算法，如果能证明合并算法的正确性，则合并排序算法的正确性就不难证得。下面证明合并算法的正确性。

考虑合并算法的循环不变量：

在 **for** 循环执行第 k 次迭代前，子数组 $A[p..(k-1)]$ 有序地存放了 $L[1..(n_1+1)]$ 和 $R[1..(n_2+1)]$ 中较小的 $k-p$ 个元素，$L[i]$ 和 $R[j]$ 是各自数组中还未复制到数组 A 的最小的元素。那么要证明的是：执行 **for** 循环的第 k 次迭代后，循环不变量依然为真。同样地，这个循环不变量在算法结束时依然为真，从而可以证明算法的正确性。具体步骤如下。

（1）初始步：在 **for** 循环执行 $k=p$ 之前，子数组 $A[p..(p-1)]$ 不存在元素，是个空数组。这个空数组包含了 $k-p=0$ 个 L 和 R 的最小元素；同时，$i=j=1$，$L[1]$ 和 $R[1]$ 即为还未复制到数组 A 的两个数组中各自最小的元素，因此循环不变量为真。

（2）归纳步：假设在执行 **for** 循环第 k 次迭代前，循环不变量为真。为了能清楚地了解每次迭代中循环不变量是否为真，不妨假设 $L[i]\leqslant R[j]$。此时 $L[i]$ 是还未复制到数组 A 的最小元素。因为假设 $A[p..(k-1)]$ 有序地存放了 $L[1..(n_1+1)]$ 和 $R[1..(n_2+1)]$ 中最小的 $k-p$ 个元素，执行 **for** 循环的第 k 次迭代后，在行 13 把 $L[i]$ 复制到 $A[k]$ 后，数组 $A[p..k]$ 将包含 $k-p+1$ 个最小元素。整数 k（在 **for** 循环中增加）和 i（代码行 14）在每次迭代后都发生改变，因而代码行 13、行 14 的执行使得循环不变量为真，即在执行 **for** 循环第 $k+1$ 次迭代前，循环不变量为真。

（3）终止步：程序结束时 $k=r+1$，子数组 $A[p..(k-1)]$ 也就是 $A[p..r]$ 有序地包含了 $k-p=r-p+1$ 个 $L[1..(n_1+1)]$ 和 $R[1..(n_2+1)]$ 中最小的元素。数组 L 和 R 总共

包含了 $n_1+n_2+2=r-p+3$ 个元素。此时，除了两个最大的元素没有合并到数组 A 外，L 和 R 的其他元素都已经有序地合并到 A 了，因此循环不变量为真，合并算法正确地把两个有序数组合并成一个有序数组。

在合并排序算法中，令 $T(n)$ 表示对元素个数为 n 的数组进行排序所需要的时间，对数组均匀划分后，可得到两个规模均为 $n/2$ 的子问题。合并排序算法对这两个子问题的解进行合并，最多需要时间 $\Theta(n)$。综上所述，合并排序算法所需要的时间为

$$T(n)=2T(n/2)+\Theta(n)$$

利用前面介绍的公式法，可得合并排序算法的时间复杂度为 $T(n)=O(n\lg n)$。由于排序问题的下界为 $\Omega(n\lg n)$，因此，合并排序算法是渐近最有效的算法，对解决问题规模大的问题比较有效。

5.3　快速排序

前面介绍了排序问题可以用分治算法来求解，下面设计另一种分治算法——快速排序算法，来求解排序问题。快速排序算法是一种非常有创意的算法，对问题规模比较大的排序问题非常有效，因而被誉为 20 世纪最好的 10 种算法之一。霍尔（C. A. R. Hoare）就因其代表性贡献——快速排序算法，而获得 1980 年的图灵奖。

快速排序算法采用分治算法的思想。令对 n 个元素排序的问题用数组 $A[1..n]$ 表示，考虑一般问题 $A[p..r]$ 的分治求解过程，具体如下。

（1）把问题 $A[p..r]$ 分解成两个子问题 $A[p..(q-1)]$ 和 $A[(q+1)..r]$，并且满足 $A[p..(q-1)]$ 的元素都小于或等于 $A[q]$，$A[(q+1)..r]$ 的元素都比 $A[q]$ 大，其中，$A[q]$ 称为支点。计算索引 q 的过程就是划分子问题的过程。

（2）对 $A[p..(q-1)]$ 和 $A[(q+1)..r]$ 这两个子问题分别进行递归求解。

当每个子问题都得到解决，数组也就排好序了。这时，每个元素在正确位置，因而也就没有必要把子问题的解组合在一起了，即分治算法的第三步对于快速排序算法来说，没有必要执行。下面给出快速排序算法 QuickSort(A,p,r) 的伪代码。

```
QuickSort(A, p, r)
1    if p < r then
2        q←Partition(A, p, r)
3        QuickSort(A, p, q-1)
4        QuickSort(A, q+1, r)
```

要解决原问题，只需要调用 QuickSort$(A,1,n)$。

QuickSort(A,p,r) 的过程非常简单，但其中的 Partition(A,p,r) 过程非常关键。下面来分析该过程。由于在分治算法划分的过程中，需要确定一个支点，这里简单地取 $A[r]$ 为支点。为了将比支点大的元素及比支点小或相等的元素分离，需要对数组进行扫描，即将数组中的元素逐一与 $A[r]$ 进行比较。同时，引入两个变量 i 和 j，标记两个子问题 $A[p..i]$ 和 $A[(i+1)..j]$ 的大小。具体地，Partition(A,p,r) 过程可以描述如下。

```
Partition(A, p, r)
1    x←A[r]
```

```
2        i ← p − 1
3        for j ← p to r − 1 do
4            if A[j] ⩽ x then
5                i ← i + 1
6                A[i] ↔ A[j]
7        A[i + 1] ↔ A[r]
8        return i + 1
```

下面给出一个例子,分析快速排序算法的运行过程。

图 5.2 给出了一般问题 $A[p..r]$ 的划分过程。图 5.2(a) 给出了执行扫描前的状态, $A[r] = 4$ 为支点,将 $A[j] = 2$ 与 $A[r]$ 进行比较,可得 $A[j] < A[r]$,因而 i 往前移动一格。此时 $i = j$,$A[j]$ 跟自己交换,得到图 5.2(b)。此时 $A[j] = 8$ 与 $A[r]$ 比较,$A[j] > A[r]$, 因此不改变,j 往前移动一格,得到图 5.2(c)。重复上述过程,最终得到两个子问题 $A[p..(q−1)]$ 和 $A[(q+1)..r]$。

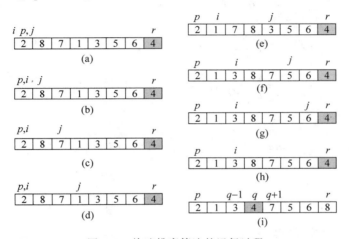

图 5.2　快速排序算法的运行过程

下面给出快速排序的运行时间复杂度分析。

对快速排序算法来说,最坏的情形发生在 Partition(A, p, r) 过程所产生的两个子数组中,即一个子数组有 $n−1$ 个元素而另一个有 0 个,有

$$T(n) = T(n − 1) + O(n)$$

利用递归树方法展开上式,可以得到

$$\begin{aligned} T(n) &= T(n − 1) + O(n) \\ &= T(n − 2) + O(n) + O(n − 1) \\ &= \cdots = O(n^2) \end{aligned}$$

这样可以估计出快速排序算法的最坏情形时间复杂度为 $O(n^2)$。然后可以利用替换方法加以证明,读者可以自己证明。

快速排序算法最好情形发生在“二等分”的时候,即 Partition(A, p, r) 生成的两个子问题,一个子问题的问题规模为 $\lfloor n/2 \rfloor$,另一个子问题的问题规模为 $\lceil n/2 \rceil − 1$。在这种情况下,快速排序算法的速度是最快的。忽略底和顶,快速排序算法的运行时间表达式为

$$T(n) = 2T(n/2) + \Theta(n)$$

利用第 4 章介绍的公式法，可以得到快速排序算法最好情形的时间复杂度为 $T(n)=\Omega(n\lg n)$。

下面介绍快速排序算法平均情形时间复杂度的分析。由于快速排序算法只与要排序的序列值的相对顺序有关，与具体的值无关，因此，不妨假设要排序的序列的元素值是各不相同的。为了进一步简化分析，假设序列的每种排列作为算法的输入机会是均等的。把输入序列看成是随机的，这保证了数组的每个元素被选为支点的概率是相等的，即为 $1/n$。假设排序为 q 的元素被选择为支点，则原问题可以分解成两个子问题，一个问题规模为 $q-1$，另一个问题规模为 $n-q$。设 $T(n)$ 表示对一个元素数为 n 的数组 A 进行快速排序的平均运行时间，则有

$$T(n)=\sum_{q=1}^{n}\frac{1}{n}(T(q-1)+T(n-q)+n-1)=\frac{1}{n}\sum_{q=1}^{n}(T(q-1)+T(n-q))+n-1$$

由于 $\sum_{q=1}^{n}T(q-1)=\sum_{q=1}^{n}T(n-q)$，则有

$$T(n)=\frac{1}{n}\sum_{q=1}^{n}(T(q-1)+T(n-q))+n-1$$

$$=\frac{2}{n}\sum_{q=1}^{n}T(q-1)+n-1$$

即

$$nT(n)=2\sum_{q=1}^{n}T(q-1)+n(n-1) \qquad (5.1)$$

类似地有

$$(n-1)T(n-1)=2\sum_{q=1}^{n-1}T(q-1)+(n-1)(n-2) \qquad (5.2)$$

式(5.1)和式(5.2)相减，可得

$$nT(n)-(n-1)T(n-1)=2T(n-1)+2(n-1)$$

整理可得 $nT(n)=(n+1)T(n-1)+2(n-1)$，两边同时除以 $n(n+1)$，可得

$$\frac{T(n)}{n+1}=\frac{T(n-1)}{n}+\frac{2(n-1)}{n(n+1)}$$

令 $D(n)=\dfrac{T(n)}{n+1}$，得

$$D(n)=\begin{cases}0, & n=1\\ D(n-1)+\dfrac{2(n-1)}{n(n+1)}, & n>1\end{cases}$$

利用递归树的方法，可以得

$$D(n)=2\sum_{j=1}^{n}\frac{(j-1)}{j(j+1)}=\Theta(\lg n)$$

故快速排序算法的平均时间复杂度为

$$T(n)=(n+1)\Theta(\lg n)=\Theta(n\lg n)$$

快速排序算法虽然不是渐近最有效的算法，但是当求解问题规模比较大的问题时，效果并不会比合并排序算法差。如果利用随机选择支点的策略，则快速排序算法的效率会更高。

5.4　大整数乘法

设 u 和 v 表示两个 n 位大整数,大整数乘法问题是计算 $u \times v$ 的值。当两个整数的位数比较小时,这个问题很简单;当 n 非常大时,这个问题就变得非常复杂。按照通常的乘法运算,大整数乘法需要 $\Theta(n^2)$ 次位运算,如图5.3所示。在密码系统与信息安全、数字信息、加密解密等领域,经常遇到大整数乘法问题,因此,寻找更快的求解算法变得尤为重要。下面介绍求解大整数乘法的分治算法。

假设大整数 u 和 v 分别表示为 n 位二进制形式,每个大整数可分解为高位和低位两部分,每部分为 $n/2$ 位。假设大整数 u 分成 w 和 x 两部分,大整数 v 分成 y 和 z 两部分,如图5.4所示。

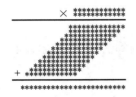

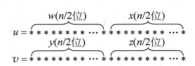

图5.3　乘法的图形表示　　　　图5.4　大整数 u 和 v 的划分

因此,大整数 u 和 v 可以分别表示为

$$u = w2^{n/2} + x, \quad v = y2^{n/2} + z$$

则

$$uv = (w2^{n/2} + x)(y2^{n/2} + z) = wy2^n + (wz + xy)2^{n/2} + xz$$

这样原问题可以转化为位数更少的两个整数相乘的问题。值得注意的是,乘以 2^n 表示向左移动 n 位,这个运算耗时 $\Theta(n)$。

令 $T(n)$ 表示两个 n 位整数相乘所需要的计算时间,要计算 uv,需要4次两个整数的乘法及3次加法运算,其中,后者耗时 $\Theta(n)$,即可计算出 $T(n)$ 为

$$T(n) = \begin{cases} \Theta(1), & n=1 \\ 4T(n/2) + \Theta(n), & n>1 \end{cases}$$

利用公式法可知,$T(n) = O(n^2)$。

从时间复杂度来看,这种求解大整数的分治算法比通常的乘法运算没有什么优势。如果能减少子问题的个数 a(这里 $a=4$),则可以提高算法的效率。事实上,如果利用恒等式: $wz + xy = (w+x)(y+z) - wy - xz$,则可以得到算法 Multiply2Int$(u,v)$,其伪代码如下。

```
Multiply2Int(u, v)
1    if |u| = |v| = 1 then return uv
2    else
3        A₁ ← Multiply2Int(w, y)
4        A₂ ← Multiply2Int(x, z)
5        A₃ ← Multiply2Int(w + x, y + z)
6        return A₁2ⁿ + (A₃ - A₁ - A₂)2ⁿ/² + A₂
```

其中,$|u|$ 表示 u 的位数。Multiply2Int(u,v) 虽然增加了加法运算的次数,但是加法运算的

耗时不多,而且减少了乘法运算的次数,只需要 3 次乘法运算,即只需求解 3 个子问题,因此其时间复杂度可用递归方程表示为

$$T(n) = \begin{cases} \Theta(1), & n=1 \\ 3T(n/2) + \Theta(n), & n>1 \end{cases}$$

利用公式法得到 $T(n) = O(n^{\lg 3}) = O(n^{1.59})$。由此可见,减少子问题两个数可得到具有更低时间复杂度的算法。

5.5 矩阵乘法

给定两个 $n \times n$ 阶矩阵 A 和 B,问题是要求它们的乘积,即计算 $C = A \times B$。令 $A = (a_{ik})$, $B = (b_{kj})$, $C = (c_{ij})$,对于这个问题,可以用下式来计算,即

$$c_{ij} = \sum_{k=1}^{n} a_{ik} b_{kj}$$

一般地,计算 $n \times m$ 矩阵 A 和 $p \times q$ 矩阵 B 乘积的算法,可以描述如下。

```
MatrixMultiply(A, B)
1    if m ≠ p then
2        print "Two matrices cannot multiply"
3    else
4        for i←1 to n do
5            for j←1 to q do
6                cij←0
7                for k←1 to m do
8                    cij←cij + aik × bkj
9    return C
```

MatrixMultiply(A, B)算法的运行时间复杂度为 $O(nmq)$。是否可以得到更有效的算法呢? 现在考虑计算两个 $n \times n$ 阶矩阵乘积,并且假设 $n = 2^k (k \geq 0)$。如果 $n \geq 2$,那么 A、B,可以被分成 4 个 $\frac{n}{2} \times \frac{n}{2}$ 阶矩阵,分别为

$$A = \begin{pmatrix} A_{11} & A_{12} \\ A_{21} & A_{22} \end{pmatrix}, \quad B = \begin{pmatrix} B_{11} & B_{12} \\ B_{21} & B_{22} \end{pmatrix}, \quad C = \begin{pmatrix} C_{11} & C_{12} \\ C_{21} & C_{22} \end{pmatrix}$$

利用块矩阵的乘积,矩阵 C 可以表示为

$$C = \begin{pmatrix} A_{11}B_{11} + A_{12}B_{21} & A_{11}B_{12} + A_{12}B_{22} \\ A_{21}B_{11} + A_{22}B_{21} & A_{21}B_{12} + A_{22}B_{22} \end{pmatrix}$$

由上式可知,原问题的求解可以转化为 8 个子问题的求解,子问题中的矩阵规模是 $\frac{n}{2} \times \frac{n}{2}$。子问题求解完成后,仍然是一个 $\frac{n}{2} \times \frac{n}{2}$ 阶矩阵。子问题求解完成后,还包括 4 个 $\frac{n}{2} \times \frac{n}{2}$ 阶矩阵相加,因此原问题的计算量为

$$T(n) = \begin{cases} \Theta(1), & n=1 \\ 8T(n/2) + \Theta(n^2), & n>1 \end{cases}$$

利用公式法,可以知道上述算法的时间复杂度为 $O(n^3)$,这跟两个矩阵直接相乘的计算量没有什么差别。是否可以计算得更快呢？Strassen通过仔细地研究发现,可以牺牲加、减运算的开销来减少乘法的次数,并提出了Strassen算法,其思路如下：

要计算矩阵乘积

$$C = \begin{pmatrix} A_{11} & A_{12} \\ A_{21} & A_{22} \end{pmatrix} \begin{pmatrix} B_{11} & B_{12} \\ B_{21} & B_{22} \end{pmatrix}$$

只需要计算

$$C = \begin{pmatrix} d_1 + d_4 - d_5 + d_7 & d_3 + d_5 \\ d_2 + d_4 & d_1 + d_3 - d_2 + d_6 \end{pmatrix}$$

其中

$$d_1 = (A_{11} + A_{22})(B_{11} + B_{22})$$
$$d_2 = (A_{21} + A_{22})B_{11}$$
$$d_3 = A_{11}(B_{12} - B_{22})$$
$$d_4 = A_{22}(B_{21} - B_{11})$$
$$d_5 = (A_{11} + A_{12})B_{22}$$
$$d_6 = (A_{21} - A_{11})(B_{11} + B_{12})$$
$$d_7 = (A_{12} - A_{22})(B_{21} + B_{22})$$

由上可知,两个 $n \times n$ 阶矩阵相乘的计算量是两个 $(n/2) \times (n/2)$ 阶矩阵相乘计算量的7倍,加上它们进行加或减运算的18倍,加减运算共需要 $\Theta(n^2)$,因此有

$$T(n) = \begin{cases} \Theta(1), & n = 1 \\ 7T(n/2) + \Theta(n^2), & n > 1 \end{cases}$$

根据Strassen算法,两个 $n \times n$ 阶矩阵相乘原来需要求解8个子问题,现在只需要求解7个子问题,当然这带来加减法运算量的增加。根据公式法,可得上述递归方程的解为 $T(n) = O(n^{\lg 7}) = O(n^{2.81})$,因而Strassen算法的效率更高。虽然Strassen算法的渐近效率很高,但是这类漂亮的算法因常数系数很大而缺乏应用价值,因此对于小规模问题计算矩阵相乘常用的还是矩阵直接相乘的算法。

5.6　残缺棋盘游戏

视频讲解

残缺的棋盘表示棋盘中有一个格子残缺,图5.5(a)所示为一个 4×4 的残缺棋盘,其中,黑格表示残缺格。给定一个能覆盖3个格子的L形三格板,其中,三格板有4个放置方向,如图5.5(b)所示。

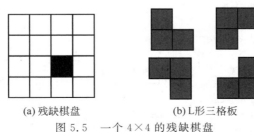

(a) 残缺棋盘　　　　　(b) L形三格板

图5.5　一个 4×4 的残缺棋盘

残缺棋盘游戏问题是给定一个 $2^n \times 2^n$ 的残缺棋盘，求解三格盘的放置方法，使除了残缺格外，棋盘中其他格子可被三格板覆盖，并满足放置的三格板互不重叠。现在可以很容易地计算出：对于一个 $2^n \times 2^n$ 的残缺棋盘，除了残缺格外，共需要放置 $(2^n \times (2^n - 1))/3$ 个三格板。图 5.6 展示了 $2^n \times 2^n$ 的残缺棋盘的三格板铺满过程，可知共需要 5 个三格板。

从图 5.7 可以看出，放置一个三格板后，棋盘中间区域已经铺满。如果把这个三格板看成 3 个残缺格，那么原来的残缺棋盘可以分解为 4 个残缺棋盘。虽然这 4 个残缺棋盘中有 3 个与原来的残缺棋盘不相似，但是通过放置一个三格板，并把三格板所在的格子看作残缺格，这样可以将原来不相似的 3 个棋盘构造成残缺棋盘，这 3 个棋盘的放置方法可以采用类似原来残缺棋盘的放置方法进行求解。当残缺棋盘的规模为 2×2 时，棋盘不再分解，递归终止，这是因为残缺棋盘此时只要放置一个三格板就可以被铺满。

从上述例子中可以得到启示，残缺棋盘游戏的问题可以利用分治算法求解。要完成残缺棋盘游戏，必须定位棋盘和残缺格的位置。当棋盘被一分为四，确定残缺格的位置后，便可以知道该对哪 3 个棋盘补残缺格。例如，对于图 5.7 而言，确定残缺格的位置后可知，左上棋盘的右下角为残缺格，左下棋盘的右上角为残缺格，右上棋盘的左下角为残缺格。

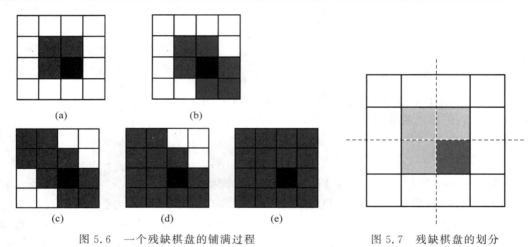

图 5.6　一个残缺棋盘的铺满过程　　　　图 5.7　残缺棋盘的划分

令二维整数数组 Board 表示棋盘，其中，Board[0,0] 表示棋盘左下角的方格；t 记录放置的三格板的数目；tr 表示残缺棋盘左下角方格所在行；tc 表示棋盘左下角方格所在列；dr 表示残缺格所在行；dc 表示残缺格所在列；size 表示棋盘的行数或列数，则利用分治算法求解残缺棋盘游戏问题的伪代码可以描述为 TileBoard(tr,tc,dr,dc,size)，具体如下。

```
TileBoard(tr, tc, dr, dc, size)
1    if size = 1 return ok
2    tile←tile + 1; t←tile
3    s←size/2
4    if dr < tr + s and dc < tc + s then
5        TileBoard(tr, tc, dr, dc, s)
6    else
7        Board[tr + s−1, tc + s − 1]←t
8        TileBoard(tr, tc, tr+s−1, tc+s−1, s)
9    if dr < tr + s and dc ⩾ tc + s then
```

```
10          TileBoard(tr, tc + s, dr, dc, s)
11      else
12          Board[tr + s − 1, tc + s]←t
13          TileBoard(tr, tc + s, tr + s − 1, tc + s, s)
14      if dr ⩾ tr + s and dc < tc + s then
15          TileBoard(tr + s, tc, dr, dc, s)
16      else
17          Board[tr + s, tc + s − 1]←t
18          TileBoard(tr + s, tc, tr + s, tc + s − 1, s)
19      if dr ⩾ tr + s and dc ⩾ tc + s then
20          TileBoard(tr + s, tc + s, dr, dc, s)
21      else
22          Board[tr + s, tc + s]←t
23          TileBoard(tr + s, tc + s, tr + s, tc + s, s)
```

其中行 1 表示：如果棋盘大小为 $2^1 \times 2^1$，则算法结束，否则，将棋盘划分为 4 个小棋盘。然后，根据残缺格所在的位置，递归调用 4 次，以解决 4 个子问题。其中，在算法实现时，tile 是全局变量，初始为 0。

下面分析 $\text{TileBoard}(tr, tc, dr, dc, size)$ 的时间复杂度。

令 $T(n)$ 表示完成一个规模为 $2^n \times 2^n$ 的残缺棋盘游戏所花费的时间，当棋盘规模为 2×2 时，残缺棋盘游戏显然可以在常数时间 $\Theta(1)$ 内完成。因此，$T(n)$ 的递归方程为

$$T(n) = \begin{cases} \Theta(1), & n = 1 \\ 4T(n-2) + \Theta(1), & n > 1 \end{cases}$$

利用递归树的方法将其展开，可得

$$\begin{aligned}
T(n) &= 4T(n-1) + \Theta(1) \\
&= 4[4T(n-2) + \Theta(1)] + \Theta(1) \\
&= 4^2 T(n-2) + 4\Theta(1) + \Theta(1) \\
&= 4^3 T(n-3) + 4^2 \Theta(1) + 4\Theta(1) + \Theta(1) \\
&\ \ \vdots \\
&= 4^{n-1} T(1) + 4^{n-2} \Theta(1) + \cdots + 4\Theta(1) + \Theta(1) \\
&= \Theta(4^{n-1})
\end{aligned}$$

上述例子表明，分治算法通过把问题分解为较小的子问题来解决原问题，简化或减少了求解原问题的计算量。

5.7 快速傅里叶变换

快速傅里叶变换（Fast Fourier Transform，FFT），是求解离散傅里叶变换（Discrete Fourier Fransform，DFT）的快速算法，在数字信号处理、图像处理、计算大整数乘法、求解偏微分方程等问题上具有广泛的应用。FFT 的影响是如此巨大，以至于它被誉为 20 世纪最好的算法之一。

DFT 的计算公式为

$$b_j = \sum_{k=0}^{n-1} a_k \omega^{kj}, \quad j = 0, 1, \cdots, n-1$$

其中，$\omega = e^{2\pi i/n}$ 为 n 次单位元根，$i = \sqrt{-1}$；$A = \langle a_0, a_1, \cdots, a_{n-1} \rangle$ 为已知。

DFT 逆变换为

$$a_k = \frac{1}{n} \sum_{j=0}^{n-1} b_j \omega^{-jk}, \quad k = 0, 1, \cdots, n-1$$

如果 DFT 的快速求解算法找到了，那么其逆变换同样可以快速求得。DFT 与多项式的计算关系紧密，事实上，考虑多项式 $p(x)$

$$p(x) = a_0 + a_1 x + a_2 x^2 + \cdots + a_{n-1} x^{n-1}$$

则 DFT 的 b_j 是 $p(x)$ 在 $x = \omega^j$ 处的值。前面介绍过 Horner 法则，计算 $p(x)$ 在某点的值，其时间复杂度为 $O(n)$，因此计算 $b_j (j = 0, 1, \cdots, n-1)$ 的时间复杂度为 $O(n^2)$，而利用 FFT，其时间复杂度仅为 $O(n \lg n)$。下面介绍 FFT。

将多项式 $p(x)$ 分解为奇次幂部分和偶次幂部分，为

$$p(x) = (a_1 x + a_3 x^3 + \cdots + a_{n-1} x^{n-1}) + (a_0 + a_2 x^2 + \cdots + a_{n-2} x^{n-2})$$
$$= (a_1 + a_3 x^2 + \cdots + a_{n-1} x^{n-2})x + (a_0 + a_2 x^2 + \cdots + a_{n-2} x^{n-2})$$

令 $y = x^2$，则有

$$p(x) = (a_1 + a_3 y + \cdots + a_{n-1} y^{\frac{n}{2}-1})x + (a_0 + a_2 y + \cdots + a_{n-2} y^{\frac{n}{2}-1})$$
$$= q(y)x + r(y)$$

因此 $p(x)$ 在 $x = \omega^j \left(j = 0, 1, \cdots, \frac{n}{2}-1\right)$ 处的值可表示为

$$p(\omega^j) = q(\omega^{2j})\omega^j + r(\omega^{2j})$$

根据复数的性质 $\omega^{j+\frac{n}{2}} = -\omega^j$，有

$$p(\omega^{j+\frac{n}{2}}) = -q(\omega^{2j})\omega^j + r(\omega^{2j})$$

上述推导过程说明：求解次数为 n 的多项式 $p(x)$ 在 $x = \omega^j$ 处的值，可以转化为求两个次数为 $n/2$ 的多项式 $q(x)$ 和 $r(x)$ 在 $x = (\omega^2)^j$ 处的值的问题。如果 n 是 2 的幂，则可以利用分治算法继续分解，直到 $p(x)$ 是常数为止。下面给出算法 RecursiveFFT(A, ω) 的伪代码，具体如下。

```
RecursiveFFT(A, ω)
1      if n = 1 then return A
2      x ← ω⁰
3      A₂ ← ⟨a₀, a₂, ⋯, a_{n-2}⟩
4      A₁ ← ⟨a₁, a₃, ⋯, a_{n-1}⟩
5      q ← RecursiveFFT(A₂, ω²)
6      r ← RecursiveFFT(A₁, ω²)
7      for k ← 0 to (n/2) - 1 do
8          b_k ← x × r + q
9          b_{k+n/2} ← -x × r + q
10         x ← xω
11     return b
```

其中，$b = \langle b_0, b_1, \cdots, b_{n-1} \rangle$ 即为所求。令 $T(n)$ 表示计算 b 需要的时间，则有

$$T(n) = 2T(n/2) + O(n)$$

利用公式法可得 $T(n)=O(n\lg n)$。

DFT 与其逆变换有相同的形式，因此 FFT 也可以用来计算 DFT 的逆变换。此外，利用 FFT 还可以在 $O(n\lg n)$ 时间内计算两个多项式的乘积。值得注意的是，FFT 需要考虑多项式 $p(x)$ 在一些特殊点 $x=\omega^j(j=0,1,\cdots,n-1)$ 处的计算。

5.8 小结

本章内容主要参考文献[2,5,7]，介绍了分治算法的设计及其时间复杂度的分析，以及分治算法的应用。提高分治算法的效率是算法设计的关键，对此，一种方法是减少子问题的个数来提高分治法的效率，另一种方法是减少划分问题及合并子问题解的计算量。当然，这里面也有一对矛盾的关系，即减少子问题的个数，可能会增加划分问题及合并子问题解的计算量，这就需要根据具体问题来平衡考虑。还有一种方法是，避免公共子问题的重复计算，这也是第 6 章动态规划算法里要考虑的问题。分治算法是算法领域最基本的技术。虽然分治算法有时求解问题的效率不太高，但是许多有效的算法都是基于分治的思想。

习题

5-1 将合并排序算法改写成迭代算法（非递归算法），尽可能地使算法更有效。

5-2 给出算法 Strassen 计算下列矩阵乘积的过程。

$$\begin{pmatrix} 3 & 1 \\ 4 & -1 \end{pmatrix}\begin{pmatrix} 2 & -5 \\ 6 & -3 \end{pmatrix}$$

5-3 给定一个有序数组 $A[1..n]$，以及一个元素 x，设计一种寻找 x 的分治算法，并分析其时间复杂度，同时要求返回 x 在数组中的位置。

5-4 设计一种求 n 个元素中最小值和最大值的迭代算法，要求仅比较 $3n/2-2$ 次，其中，n 表示 2 的幂。

5-5 设计一种求 n 个整数数组 $A[1..n]$ 所有元素和的分治算法。求解思路：将输入元素近似地划分成两半入手。

5-6 给定 n 个整数的数组 $A[1..n]$，以及一个整数 x，设计一种分治算法，求出 x 在数组 A 中出现的次数，并分析所设计算法的时间复杂度。

5-7 给出一个由 n 个元素组成的数组 $A[1..n]$，以及两个元素 x_1 和 x_2，设计一种寻找两个元素位置的分治算法。

5-8 按照下述思路修改算法 MergeSort：首先把输入数组 $A[p..r]$ 划分成 4 个部分 A_1、A_2、A_3 和 A_4，并取代原来的两部分；然后分别对每部分进行递归排序；最后将 4 个已排序部分合并，得到一个有序的数组。为了简单起见，假设 n 是 4 的幂。请设计修改算法并分析其时间复杂度。

5-9 给定 n 个互不相同元素的数组 $A[1..n]$，要求设计找出数组中第 k 小元素的分治算法，并分析其时间复杂度。

5-10 修改算法 QuickSort，使它能够求解选择问题（习题 5-9），并分析修改后算法的最坏情形及平均情形时间复杂度。

5-11　将算法 QuickSort 转化为迭代算法。

5-12　考虑在具有 n 个互不相同元素的数组 $A[1..n]$ 中找出前 k 个最小元素的问题，其中，k 不是常量，而是输入数据的一部分。可以用排序算法解此问题并返回 $A[1..k]$，然而耗费的时间为 $O(n\lg n)$，试设计一种时间复杂度为 $\Theta(n)$ 的算法。

5-13　设 $x=a+bi$ 和 $y=c+di$ 是两个复数。只要 4 次乘法就可以很容易地计算乘积 xy，也就是 $xy=(ac-bd)+(ad+bc)i$。设计一种算法，只用 3 次乘法就可以计算出 xy。

5-14　已知序列 $A=\langle a_0,a_1,a_2,a_3\rangle$，给出算法 RecursiveFFT 的计算过程及结果。

5-15　设计一种分治算法，使之能判断两个二叉树 T_1 和 T_2 是否相同。

5-16　设计一种分治算法，使之能计算一棵二叉树的高度。

5-17　设计一种分治算法，在一个具有 n 个数的数组中找出第二大的元素，并分析算法的时间复杂度。

5-18　说明如何用三格板来平铺没有方格缺失的 $2i \times 3j$ 平板，其中，i 和 j 都是正整数。

实验题

5-19　编写程序实现残缺棋盘游戏算法，并用图形演示。

5-20　分别将插入排序、选择排序、合并排序和快速排序算法进行编程实现，并使用实验分析法比较这些算法的效率。

5-21　继续改进石材切割问题。

第6章

动态规划算法

6.1 算法思想

动态规划(Dynamic Programming, DP)算法采用分治算法的思想,将原问题分解成若干个子问题,然后分别求解各个子问题,最后将子问题的解组合起来得到原问题的解。子问题的分解过程,也是问题分阶段求解的过程。每个阶段包含若干个子问题,每个阶段要做一个决策。这一系列决策,就构成问题的一个解。在这个过程中,每个阶段所处的各种客观情况,通常用状态表示。分治算法将原问题分解成若干个独立的子问题,然后递归地求解各个子问题,这个过程中可能重复地求解某些子问题。与分治算法不同,动态规划算法不是递归地求解各个子问题,而是从简单问题的解入手,逐步求解,直至求出原问题的解。动态规划算法的高明之处在于:它不会重复求解某些重复出现的子问题,即重叠子问题。为了说明这点,考虑 Fibonacci 序列为

$$F(n) = \begin{cases} 1, & n = 0, 1 \\ F(n-1) + F(n-2), & n > 1 \end{cases}$$

根据上式,可以很容易地设计递归算法,其伪代码如下。

```
F(n)
1    if n = 0 or n = 1 then return 1
2    else return F(n-1) + F(n-2)
```

算法 $F(n)$ 具有指数级时间复杂度,详细分析见习题 6-1。下面给出 $F(7)$ 的计算过程,如图 6.1 所示。

从图 6.1 可以看出,$F(2)$ 重复计算了 8 次(灰色框),$F(3)$ 重复计算了 5 次(黑色框)。如果能够保存计算过的 $F(i)$,那么以后再碰到 $F(i)$ 时,就可以不用计算了,直接从保存的数据中得到相应的值即可,这种方式显然可以提高算法的计算效率。下面给出采用这种思想的算法 F1(n),其伪代码如下。

```
F1(n)
1    if v[n] < 0 then
2        v[n] ← F1(n-1) + F1(n-2)
3    return v[n]
```

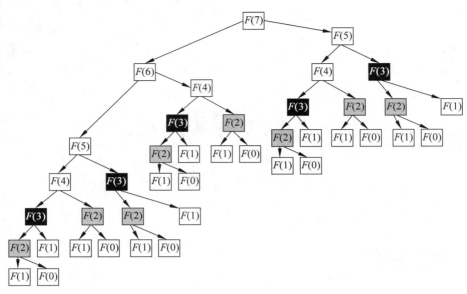

图 6.1 $F(7)$ 的计算过程

其中，数组 $v[n]$ 表示计算过的值，其初始值为 -1；$v[i]$ 对应 F1(i)，如果 $v[i] < 0$，则表示相应的 F1(i) 没有被计算过。

F1(n) 虽然避免了大量的重复计算，但是依然存在函数的多次调用问题，每一次调用要花费很多时间，用于参数的传递和动态链接。事实上，要计算 $F(i)$，仅需要知道 $F(i-1)$ 和 $F(i-2)$ 的值。如果从简单问题入手，即从递归出口 $F(0) = F(1) = 1$ 开始，首先计算 $F(2)$，其次计算 $F(3)$，再次计算 $F(4)$，依此类推，那么便可以得到迭代算法 F2(n)，其伪代码如下。

```
F2(n)
1    F[0]←1
2    F[1]←1
3    for i ← 2 to n do
4        F[i] ← F[i-1] + F[i-2]
5    return F[n]
```

这个算法就是最简单的动态规划算法，不涉及决策过程，其时间复杂度仅为 $O(n)$，比指数级时间复杂度的递归算法 $F(n)$ 更有效。从 F2(n) 可以看出，动态规划算法的步骤具体如下。

步骤 1：构造原问题和它的子问题之间的递归方程，例如，$F(n) = F(n-1) + F(n-2)$。

步骤 2：将已求解的子问题的值保存在一个表（一般为数组）中，以方便数据的保存和读取。

步骤 3：以递归出口为计算的起点，以自底向上的方式将数组填满，以保证在解决一个问题时，所有比该问题更小的子问题的解已经保存在数组中，这样可以直接利用已求解的子问题的值，来求出问题的解。

其中，步骤 1 中的递归方程也称为状态转移方程。例如，$F(n) = F(n-1) + F(n-2)$ 表示当前状态的值 $F(n)$ 只与前面的状态 $F(n-1)$ 及再前一个状态 $F(n-2)$ 有关，与之后的状态无关,这也是动态规划算法中的一个重要概念——无后效性。从 Fibonacci 序列 $F(n)$ 的求解过程可以看出,在分治算法的计算过程中,子问题被独立地重复计算;而在动态规划算法中,子问题的计算不是独立的,而且子问题仅仅被计算一次,因而计算效率更高。

动态规划算法常用于求解最优化问题,其设计步骤通常如下。

步骤 1:找出最优解的结构。

步骤 2:递归定义一个最优解的值。

步骤 3:以自底向上的方式(从最简单问题入手)计算最优解的值。

步骤 4:根据最优解的信息,构造一个最优解。

从动态规划算法的设计步骤可以看出,找出最优解的结构,即问题的最优解与它的子问题的最优解之间的关系,具体为问题的最优解包含的子问题的解是不是子问题的最优解,这种性质常称为最优子结构性质。最优子结构性质是使用动态规划算法的必要条件,它保证了原问题的最优解可以通过求解子问题的最优解而获得,从而可以构造相应的递归方程。

子问题的分解是在原问题分解的基础上进行的,而且这些子问题的求解过程是相互独立的。原问题在进行分解的时候,会碰到大量重复的子问题。由于子问题被求解之后,其值保存在表(数组)中,当碰到相同的子问题时,不需要求解,直接从表(数组)中取出其值即可。因此,避免大量重叠子问题的重复计算,是提高动态规划算法效率的关键。上面的例子不是一个最优化问题,体现不出最优子结构性质,后面会给出实例重点说明。

6.2　装配线调度问题

有两条装配线,每一条装配线上有 n 个装配点,将装配线 $i(i=1,2)$ 的第 $j(j=1,2,\cdots,n)$ 个装配点记为 $S_i[j]$,装配点 $S_i[j]$ 的装配时间记为 $a_i[j]$。假设要装配一辆汽车,将汽车底盘从进厂点送入装配线 i,需要的时间为 e_i。经装配点 $S_i[j]$ 装配后,如果汽车传送到同一条装配线的装配点 $S_i[j+1]$ 进行装配,则传送不需要时间;如果传送到另一条装配线进行装配,则传送需要的时间为 $t_i[j]$。经装配点 $S_i[n]$ 装配后,将汽车成品从装配线上取下来需要花费的时间为 x_i。

装配线调度问题是如何确定每一个装配点的装配需要在哪条线上进行,使得当汽车成品出来时,花费的总时间最少。值得注意的是,两条装配线的第 j 个装配点都装配同样的汽车部件,只是装配效率不一样。

汽车的装配路线如图 6.2 所示,汽车可以沿着箭头所指的路线进行加工,直到成品出厂为止。这时,装配线调度问题就是如何选择装配路线,使汽车底盘从进厂点开始到成品出厂所需的时间最短。

对于这个问题,首先想到的方法是枚举法,即列出每一条装配路线,计算每一条路线花费的时间,选出花费时间最少的装配路线。由于有 n 个装配点,从每个装配点出发,有两种选择,因此有 2^n 条装配路线。当 n 很大时,枚举法就不实用了。

下面分析问题的最优子结构性质。考虑子问题:汽车底盘从进厂点到装配点 $S_1[j]$ 的最短装配时间。假设最快的装配路线通过点 $S_1[j]$,则有如下几种情形。

情形 1:如果 $j=1$,那么需要计算到达装配点 $S_1[1]$ 需要的时间。

情形 2:如果 $j>1$,那么到达装配点 $S_1[j]$ 有两种选择,具体如下。

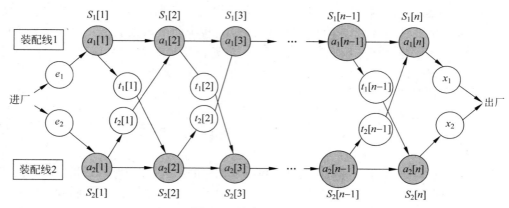

图 6.2　汽车的装配路线

（1）从前一个装配点 $S_1[j-1]$ 直接传送到装配点 $S_1[j]$ 装配。

（2）从前一个装配点 $S_2[j-1]$ 装配后，传送到装配线 1 的装配点 $S_1[j]$ 装配。

对于情形 2，有如下结论。

定理 6.1　假设过装配点 $S_1[j]$ 的最快装配路线是从进厂点经过路线 p，再经过装配点 $S_1[j-1]$ 到达装配点 $S_1[j]$，则从进厂点到装配点 $S_1[j-1]$ 的装配路线 p 也一定是从进厂点到装配点 $S_1[j-1]$ 的最快装配路线。

证明：可借助图 6.3，用反证法证明上述最优子结构性质。假设装配路线 p 不是最快的，则存在从进厂点到装配点 $S_1[j-1]$ 的最快装配路线 p'，将 p' 替换 p，则可以得到一条比最快装配路线（从进厂点根据装配路线 p 到达装配点 $S_1[j-1]$，再到达 $S_1[j]$）还要快的装配路线，这就与已知条件产生了矛盾。故假设不成立，所证成立。证毕。

对于经过装配点 $S_2[j-1]$ 到 $S_1[j]$ 的情况，可以采用同样的方法进行分析，并加以证明。

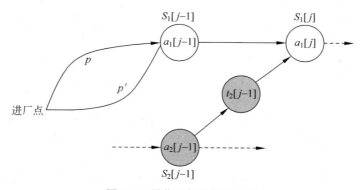

图 6.3　最优子结构性质分析

从上面的分析可以看出，一旦子问题汽车底盘从进厂点到达装配点 $S_1[j]$ 的最快装配路线通过装配点 $S_1[j-1]$，则该子问题的子问题从进厂点通过装配点 $S_1[j-1]$ 的最快装配路线的求解与 $S_1[j-1]$ 后面的装配点没有关系，因此，对子问题的分解只依赖于当前所做的最优决策。

由于问题具有最优子结构性质，可以方便地建立原问题最优解与子问题最优解之间的关系,从而构造出递归方程。对于装配线调度问题,令子问题为求从进厂点到装配点 $S_i[j]$ 的最快装配路线,即从进厂点到装配点 $S_i[j]$ 所经历的最短时间为 $f_i[j]$。当汽车底盘经过装配点 $S_1[1]$ 时,$f_1[1]=a_1[1]+e_1$;经过装配点 $S_2[1]$ 时,$f_2[1]=a_2[1]+e_2$,现在考虑一般情形:计算 $f_i[j](i=1,2,j=2,3,\cdots,n)$,假设到点 $S_1[j]$ 的最快装配路线存在以下两种情况。

(1) 如果从前一个装配点 $S_1[j-1]$ 直接到点 $S_1[j]$,则有 $f_1[j]=f_1[j-1]+a_1[j]$。

(2) 如果从前一个装配点 $S_2[j-1]$ 传送到装配线 1 的装配点 $S_1[j]$ 装配,则有 $f_1[j]=f_2[j-1]+t_2[j-1]+a_1[j]$。

要计算经过装配点 $S_1[j]$ 的最短时间 $f_1[j]$,只需从上述两种情况中选择最优的装配点,即做最优的决策

$$f_1[j]=\min\{f_1[j-1]+a_1[j],f_2[j-1]+t_2[j-1]+a_1[j]\}$$

类似地,要计算过装配点 $S_2[j]$ 的最短时间 $f_2[j]$,只需计算

$$f_2[j]=\min\{f_2[j-1]+a_2[j],f_1[j-1]+t_1[j-1]+a_2[j]\}$$

综上可得递归方程为

$$f_1[j]=\begin{cases}a_1[1]+e_1, & j=1\\ \min\{f_1[j-1]+a_1[j],f_2[j-1]+t_2[j-1]+a_1[j]\}, & j>1\end{cases}$$

$$f_2[j]=\begin{cases}a_2[1]+e_2, & j=1\\ \min\{f_2[j-1]+a_2[j],f_1[j-1]+t_1[j-1]+a_2[j]\}, & j>1\end{cases}$$

上述递归方程给出了子问题最快装配时间 $f_i[j]$ 的计算方法。令 f^* 表示汽车底盘从进厂点到出厂所需要的最短时间,那么汽车底盘从装配点 $S_i[n]$ 到出厂有两条路线,则有

$$f^*=\min\{f_1[n]+x_1,f_2[n]+x_2\}$$

为了构造最优解,必须保存最快装配路线在经过第 j 个装配点时,是从哪条装配线上的装配点传送到装配点 j。令 $l_i[j]$ 表示装配点 j 前一个装配点所在的装配线,令 l^* 表示第 n 个装配点所在的装配线。利用 $l_i[j]$ 和 l^*,就可以构造最快装配路线。

根据递归方程,可以很容易地设计递归算法,但是这个递归算法的时间复杂度为 $O(2^n)$。是否能够做得更好呢?从递归方程可以知道,对于 $j>1$,$f_i[j]$ 仅与 $f_1[j-1]$ 和 $f_2[j-1]$ 有关。而且,计算 $f_1[j]$ 和 $f_2[j]$ 都需要先计算 $f_1[j-1]$ 和 $f_2[j-1]$,导致出现许多重叠子问题,因此,可以采用自底向上的方式进行求解,以避免大量的重复计算。动态规划算法 DPFastestWay(a,t,e,x,n) 的伪代码如下。

```
DPFastestWay(a, t, e, x, n)
1    f₁[1] ← e₁ + a₁[1]; f₂[1] ←e₂ + a₂[1]
2    for j ← 2 to n do
3        if f₁[j - 1] + a₁[j] ≤ f₂[j - 1] + t₂[j-1] + a₁[j] then
4            f₁[j] ← f₁[j - 1] + a₁[j]
5            l₁[j] ← 1
6        else
7            f₁[j] ← f₂[j - 1] + t₂[j-1] + a₁[j]
8            l₁[j] ← 2
9        if f₂[j - 1] + a₂[j]≤ f₁[j - 1] + t₁[j-1] + a₂[j] then
10           f₂[j] ← f₂[j - 1] + a₂[j]
```

```
11          l₂[j] ← 2
12      else
13          f₂[j] ← f₁[j - 1] + t₁[j-1]+ a₂[j]
14          l₂[j] ← 1
15  if f₁[n] + x₁ ≤ f₂[n] + x₂ then
16      f* ← f₁[n] + x₁
17      l* ← 1
18  else
19      f* ← f₂[n] + x₂
20      l* ← 2
```

因为算法从行 2～行 14 要执行 $n-1$ 次循环，所以 DPFastestWay(a,t,e,x,n) 算法的时间复杂度为 $O(n)$，比指数级时间复杂度的递归算法高效多了。

装配线调度问题的一个具体例子如图 6.4 所示。图 6.5(a)给出了从进厂点到每个装配点的最短装配时间。图 6.5(b)给出了当前装配点装配时是从哪条装配线传送过来的。

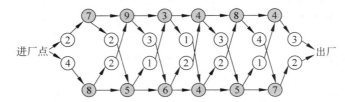

图 6.4　一个具体的装配线调度问题例子

j	1	2	3	4	5	6
$f_1(j)$	9	18	20	24	32	35
$f_2(j)$	12	16	22	25	30	37

$f*=38$

(a) 装配时间

j	2	3	4	5	6
$l_1(j)$	1	2	1	1	2
$l_2(j)$	1	2	1	2	2

$l*=1$

(b) 装配路线

图 6.5　装配时间和装配路线

由 DPFastestWay(a,t,e,x,n) 可以计算出最短装配时间，以及一些额外的信息值。但是，要想知道最快的装配路线，即具体的装配线，还必须根据有关信息构造最快装配路线。

为了构造最快装配路线，必须知道每一个装配点所在的装配线。根据 $l_i[j]$ 和 l^* 设计的构造最快装配路线的算法 PrintStations(l,n) 的伪代码如下。

```
PrintStations(l, n)
1   i ← l*
2   print "line " i ", station " n
3   for j ← n down to 2 do
4       i ← lᵢ[j]
5       print "line " i ", station " j - 1
```

下面给出一个具体的例子利用图 6.5(b)中记录的 $l_i[j]$ 和 l^* 构造最快装配路线，其中，$l^*=1$ 表示是从装配线 1 上的装配点 $S_1[6]$ 出厂的。其次，找 $l_1[6]=2$，表示前一个装配点是装配线 2 上的装配点 $S_2[5]$。再次，找 $l_2[5]=2$，表示前一个装配点是装配线 2 上的装配点 $S_2[4]$。类似地，找 $l_2[4]=1$（前一个装配点为装配点 $S_1[3]$），$l_1[3]=2$（前一个

装配点为装配点 $S_2[2]$），$l_2[2]=1$（前一个装配点为装配点 $S_1[1]$）。装配路线的构造过程
如图 6.6 所示，构造的最快装配路线如图 6.7 所示。

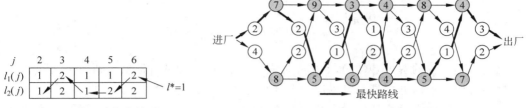

图 6.6　装配路线的构造　　　　　图 6.7　构造的最快装配路线

对于图 6.4 所示装配线调度问题的例子，PrintStations(l, n）得到的装配路线如下。

```
line 1,station 6
line 2,station 5
line 2,station 4
line 1,station 3
line 2,station 2
line 1,station 1
```

6.3　矩阵链乘法问题

给定一个有 n 个矩阵的矩阵链（Matrix Chain）$A_1, A_2, \cdots, A_i, \cdots, A_n$，矩阵 A_i（$1 \leqslant i \leqslant n$）的维数为 $p_{i-1} \times p_i$，矩阵链乘法问题就是如何对矩阵乘积 $A_1, A_2, \cdots, A_i, \cdots, A_n$ 加括号，使它们的乘法次数达到最少。矩阵乘积加括号是指矩阵的乘积是可以完全括号化的，即要么是单一的矩阵，要么是两个完全括号化的矩阵相乘之后再加上括号。例如，若矩阵链为 A_1, A_2, A_3, A_4，则 $A_1A_2A_3A_4$ 的乘积可以有以下 5 种不同的完全括号化形式：$(A_1(A_2(A_3A_4)))$，$(A_1((A_2A_3)A_4))$，$((A_1A_2)(A_3A_4))$，$((A_1(A_2A_3))A_4)$，$(((A_1A_2)A_3)A_4)$。

矩阵链乘积加括号的方式对计算量有很大的影响。只有当矩阵 A 的行数等于矩阵 B 的列数，两个矩阵才能够相乘。现在假设 A 的维数为 $p \times q$，B 的维数为 $q \times r$，则计算 $C = AB$ 需要的乘法次数为 p, q, r。现在分析加括号的方式对矩阵链乘积计算量的影响。

考虑有 3 个矩阵的矩阵链 A_1, A_2, A_3 的乘积问题。假设它们的维数分别是 10×100，100×5 和 5×50，有以下两种加括号形式。

（1）计算 $((A_1A_2)A_3)$：A_1A_2 中的乘法次数为 $10 \times 100 \times 5 = 5000$；$A_1A_2$ 的维数为 10×5，则 $((A_1A_2)A_3) = 10 \times 5 \times 50 = 2500$。由此可知，该矩阵链乘积共需 7500 次乘法运算。

（2）计算 $(A_1(A_2A_3))$：A_2A_3 中的乘法次数为 $100 \times 5 \times 50 = 25\,000$；$A_2A_3$ 的维数为 100×50，则 $(A_1(A_2A_3))$ 中的乘法次数为 $10 \times 100 \times 50 = 50\,000$。由此可知，矩阵链乘积共需 75\,000 次乘法运算。

通过上述例子可以看出，计算 $(A_1(A_2A_3))$ 的乘法次数是计算 $((A_1A_2)A_3)$ 的 10 倍，一个数量级的差别。由此可见，加括号的方式对矩阵链乘积计算量的影响巨大。

给定一个矩阵链，如何知道有多少种加括号的方式？令 $P(n)$ 表示有 n 个矩阵相乘的矩阵链加括号的方式数。一种很自然的加括号方式是采用递归的思想，这是因为对于任意

的 $k=1,2,\cdots,n-1$，可以将矩阵链在第 k 个矩阵和第 $k+1$ 个矩阵之间分开，然后对两个子矩阵链分别按照类似的方式加括号，得到递归方程为

$$P(n)=\begin{cases}\Theta(1), & n=1 \\ \displaystyle\sum_{k=1}^{n-1}P(k)P(n-k), & n\geqslant 2\end{cases} \tag{6.1}$$

上述递归方程的解为 $O(2^n)$，具体见习题 6-6，因此采用递归思想找到最优的加括号方式显然不可取。下面分析是否可以用动态规划算法找到最优的加括号方式。

动态规划算法先是找到最优子结构性质，以建立原问题的最优解与子问题最优解之间的关系。为了方便起见，首先表示子问题，令子问题 $m(i,j)$ 表示如何对矩阵链 $\boldsymbol{A}_i,\boldsymbol{A}_{i+1}$，$\cdots,\boldsymbol{A}_j$ 的乘积加括号，使其乘法次数最少，简记为 $m(i,j)=\boldsymbol{A}_i,\boldsymbol{A}_{i+1},\cdots,\boldsymbol{A}_j,i\leqslant j$。假设 $m(i,j)$ 的一种最优完全括号化方式是把乘积在 $\boldsymbol{A}_k$ 和 $\boldsymbol{A}_{k+1}(i\leqslant k<j)$ 之间分开，有

$$m(i,j)=\boldsymbol{A}_i\boldsymbol{A}_{i+1}..\boldsymbol{A}_j$$
$$=\boldsymbol{A}_i\boldsymbol{A}_{i+1}..\boldsymbol{A}_k\boldsymbol{A}_{k+1}..\boldsymbol{A}_j$$
$$=m(i,k)m(k+1,j)$$

子问题 $m(i,j)$ 分解成两个子问题 $m(i,k)$ 和 $m(k+1,j)$，则有如下结论。

定理 6.2 假设 $m(i,j)$ 的一种最优完全括号化方式是把乘积在 A_k 和 A_{k+1} 之间分开，那么子问题 $m(i,k)$ 和 $m(k+1,j)$ 的加括号方式也一定是最优的。

证明：用反证法来证明这个结论。假设子问题 $m(i,k)$ 和 $m(k+1,j)$ 的加括号方式不是最优的，则说明子问题 $m(i,k)$ 和 $m(k+1,j)$ 各有一种更优的加括号方式，使计算 $m(i,k)$ 和 $m(k+1,j)$ 的乘法次数更少。将这两种加括号方式分别替换子问题 $m(i,k)$ 和 $m(k+1,j)$ 原来的加括号方式，则子问题 $\boldsymbol{A}_{i...j}$ 可得到一种新的加括号方式，这种方式比命题中最优加括号方式的乘法次数更少，显然与命题假设矛盾。证毕。

从定理 6.2 可以看出，一旦子问题做出最优决策，在 k 处进行划分，则其子问题 $m(i,k)$ 和 $m(k+1,j)$ 的求解互相独立。由于子问题加括号的方式是最优的，对其子问题的分解只依赖于当前所做的最优决策。

现在用最优子结构性质来建立问题最优解与子问题最优解之间的关系，从而得到递归方程。

对于矩阵链乘积问题，算法的目的是找到一种最优的加括号方式，使总的乘法次数最小。如果能确定子问题 $\boldsymbol{A}_{i...j}$ 最优加括号方式所需要的最少乘法次数，则原问题 $\boldsymbol{A}_{1..n}$ 所需要的最小乘法次数也可确定。令 $m[i,j]$ 表示计算子问题 $\boldsymbol{A}_{i...j}$ 需要的最少乘法次数，可以递归地定义：如果 $i=j,m(i,i)=\boldsymbol{A}_i$，那么子问题变得很简单，根本不涉及乘法，因此 $m[i,j]=0(i=1,2,\cdots,n)$。如果 $i<j$，那么可以利用最优子结构性质，假设子问题 $m(i,j)$ 最优的加括号方式是把乘积在 $\boldsymbol{A}_k$ 和 $\boldsymbol{A}_{k+1}$ 之间分开，即

$$m(i,j)=m(i,k)m(k+1,j)$$

则子问题 $m(i,j)$ 的最小乘法次数就等于两个子问题 $m(i,k)$ 和 $m(k+1,j)$ 各自的最少乘法次数的和，再加上两个子问题 $m(i,k)$ 和 $m(k+1,j)$ 相应的矩阵相乘的乘法次数。由于子问题 $m(i,k)$ 相应矩阵的维数是 $p_{i-1}\times p_k$，子问题 $m(k+1,j)$ 相应矩阵的维数是 $p_k\times p_j$，子问题 $m(i,k)$ 和 $m(k+1,j)$ 相应矩阵相乘的乘法次数为 $p_{i-1}p_kp_j$。由定理 6.2 可得

$$m[i,j]=m[i,k]+m[k+1,j]+p_{i-1}p_kp_j$$

上述递归方程是假设子问题 $m(i,j)$ 最优加括号方式是在 A_k 和 A_{k+1} 之间分开的基础上得到的。事实上,这种划分方式事先并不知道。但是我们知道划分的方式有 $j-i$ 种,即 $k=i,i+1,\cdots,j-1$,因此,必须在 $j-i$ 种划分方式中,选择使 $m[i,j]$ 值最小的方式,可得递归方程为

$$m[i,j]=\begin{cases}0, & i=j \\ \min_{i\leqslant k<j}\{m[i,k]+m[k+1,j]+p_{i-1}p_kp_j\}, & i<j\end{cases} \qquad (6.2)$$

该递归方程给出了子问题 $A_{i..j}$ 的最小乘法次数的计算办法。为了构造最优解,即如何加括号,必须保存使子问题 $A_{i..j}$ 的乘法次数最小的划分点,即最优的 k 值。令 $s[i,j]$ 表示把乘积 $A_iA_{i+1}..A_j$ 划分以便得到最小乘法次数的划分点 k 的值。这样根据 $s[i,j]$ 的值就可以得到乘积 $A_iA_{i+1}..A_j$ 在何处加括号。

根据式(6.2)所示的递归方程,很容易设计出递归算法。然而,这个递归算法需要指数级时间复杂度,并不比枚举法快多少。事实上,计算 $m[i,j]$,需要计算两个规模更小的子问题 $m[i,k]$ 和 $m[k+1,j]$,而且随着 k 值的不同,会出现大量的重复计算。因此,可以采用动态规划算法 DPMatrixChain(p),自底向上地计算 $m[i,j]$ 的值,算法伪代码如下。

```
DPMatrixChain(p)
1     for i ← 1 to n do
2         m[i, i]← 0
3     for c ← 2 to n do
4         for i ← 1 to n − c + 1 do
5             j ← i + c − 1
6             m[i, j] ←∞
7             for k ← i to j − 1 do
8                 q ← m[i, k] + m[k+1, j] + p_{i-1}p_kp_j
9                 if q < m[i, j] then
10                    m[i, j] ← q
11                    s[i, j] ← k
12    return m and s
```

其中,c 表示矩阵链的长度。DPMatrixChain(p)的输入是一个向量 $\boldsymbol{p}=(p_0,p_1,\cdots,p_n)$,表示矩阵链乘积中矩阵的维数。二维数组 $m[1..n,1..n]$ 用来保存已计算的 $m[i,j]$。二维数组 $s[1..n,1..n]$ 用来保存最优划分点 k 的值。数组 m 的填充方式是从左下角沿着箭头方向到右上角进行填充,直到左上角位置 $m[1,n]$,如图6.8(a)所示。数组 s 左上角的值可类似填充,但是从左下角沿着箭头方向到右上角的主对角线不填充,如图6.8(b)所示。值得注意的是,两个数组右下角都不需要填充,如图6.8中阴影部分所示。

DPMatrixChain(p)从第3行直到第11行共有三重循环,因此算法的时间复杂度为 $O(n^3)$,比递归算法有效多了。

下面通过一个具体的例子,介绍 DPMatrixChain(p)的运算过程。

给定一个有6个矩阵的矩阵链 $\boldsymbol{A}_1,\boldsymbol{A}_2,\boldsymbol{A}_3,\boldsymbol{A}_4,\boldsymbol{A}_5,\boldsymbol{A}_6$,其中,矩阵的维度分别为 30×35、35×15、15×5、5×10、10×20、20×25,那么有

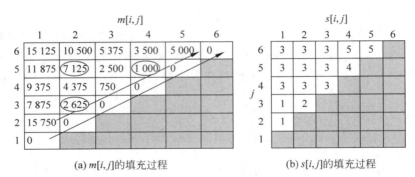

(a) $m[i,j]$的填充过程 (b) $s[i,j]$的填充过程

图 6.8 二维数组的填充过程

$$m[2,5]=\min\begin{cases} m[2,2]+m[3,5]+p_1p_2p_5=0+2500+35\times15\times20=13\,000 \\ m[2,3]+m[4,5]+p_1p_3p_5=2625+1000+35\times5\times20=7125 \\ m[2,4]+m[5,5]+p_1p_4p_5=4375+0+35\times10\times20=11\,375 \end{cases}$$

由上式可知，$m[2,5]$由 $m[4,5]$ 和 $m[2,3]$ 的值决定，如图 6.8(a)中椭圆形所示。按照二维数组的填充方式，这些值都已经得到计算，因此直接引用即可，避免了重复计算。类似地，$s[i,j]$ 的值如图 6.8(b)所示。在图 6.8 中，j 的取值顺序为从 6 到 1，是为了构造上三角形表格，后文都采取这种表示形式，就不再说明。

虽然 DPMatrixChain(p)能够计算矩阵链乘积所需的最小乘法次数，但是并没有说明如何加括号。由于 $s[i,j]$ 记录了乘积 $A_iA_{i+1}..A_j$ 的最优划分位置 k，可知 $A_iA_{i+1}..A_j$ 的加括号方式为$(A_iA_{i+1}..A_k)(A_{k+1}..A_j)$，对于子问题的划分，可以根据 $s[i,k]$ 和 $s[k+1,j]$ 的值递归地加括号。加括号算法 PrintParens(s,i,j)的伪代码具体如下。

```
PrintParens(s, i, j)
1    if i = j then print "A_i"
2    else print "("
3        PrintParens(s, i, s[i, j])
4        PrintParens(s, s[i, j] + 1, j)
5        print ")"
```

根据图 6.8(b)记录的 $s[i,j]$ 值，调用 PrintParens(s,i,j)，便可以构造矩阵链 A_1，A_2，A_3，A_4，A_5，A_6 的最优加括号实现过程为

$(\Rightarrow((\Rightarrow((A_1\Rightarrow((A_1(\Rightarrow((A_1(A_2\Rightarrow((A_1(A_2A_3\Rightarrow((A_1(A_2A_3)\Rightarrow((A_1(A_2A_3))\Rightarrow$
$((A_1(A_2A_3))(\Rightarrow((A_1(A_2A_3))(\Rightarrow((A_1(A_2A_3))((\Rightarrow((A_1(A_2A_3))((A_4\Rightarrow((A_1(A_2A_3))$
$((A_4A_5\Rightarrow((A_1(A_2A_3))((A_4A_5)\Rightarrow((A_1(A_2A_3))((A_4A_5)A_6\Rightarrow((A_1(A_2A_3))((A_4A_5)$
$A_6)\Rightarrow((A_1(A_2A_3))((A_4A_5)A_6))$

因此，$A_1A_2A_3A_4A_5A_6=((A_1(A_2A_3))((A_4A_5)A_6))$具有最小的乘法次数。

6.4 最长公共子序列问题

视频讲解

在生物工程领域，经常需要比较两个脱氧核糖核酸（Deoxyribo Nucleic Acid，DNA）序列的相似性。软件工程领域也经常需要比较两个软件的版本，以便确定新版本的变化。这

些相似性比较问题都涉及最长公共子序列(Longest Common Subsequence,LCS)问题。为设计该问题的求解算法,先介绍一些概念。

序列的子序列是指该序列中删除若干元素后得到的序列,其形式的定义如下。

给定序列 $X=\langle x_1,x_2,\cdots,x_m\rangle$,序列 $Z=\langle z_1,z_2,\cdots,z_k\rangle$。如果序列 X 元素的下标存在一个严格递增的序列 $\langle i_1,i_2,\cdots,i_k\rangle$,使 $x_{i_j}=z_j,1\leqslant j\leqslant k$,则序列 Z 是序列 X 的子序列。

给定两个序列 X 和 Y,当序列 Z 既是 X 的子序列,又是 Y 的子序列时,则称序列 Z 是序列 X 和 Y 的公共子序列。最长公共子序列就是公共子序列中长度最长的子序列。

例如,$X=\langle A,B,C,B,D,A,B\rangle$,$X$ 的子序列就是这个序列中的元素按顺序组成的一个子集,如 $\langle A,B,D\rangle$ 和 $\langle B,C,D,B\rangle$。给定序列 $Y=\langle B,D,C,A,B,A\rangle$,则 $\langle B,C,B,A\rangle$ 和 $\langle B,D,A,B\rangle$ 都是序列 X 和 Y 的最长公共子序列,其长度为 4,$\langle B,C,A\rangle$ 就不是序列 X 和 Y 的最长公共子序列。

给定两个序列 $X=\langle x_1,x_2,\cdots,x_m\rangle$ 和 $Y=\langle y_1,y_2,\cdots,y_n\rangle$,最长公共子序列问题就是找出序列 X 和 Y 的一个最长公共子序列。

对于最长公共子序列问题,枚举法是验证序列 X 的每个子序列是否也是序列 Y 的子序列。序列 X 共有 2^m 个子序列,要验证每个子序列是否是序列 Y 的一个子序列,要花费的时间为 $\Theta(n)$:从 Y 的第一个元素开始扫描,接着扫描第二个元素,如此继续……因此枚举法的时间复杂度为 $\Theta(n2^m)$。利用枚举法求解最长公共子序列问题,显然花费太大,下面给出动态规划算法的求解过程。

首先分析最长公共子序列问题是否具有最优子结构性质。为了方便起见,定义一些记号。给定序列 $X=\langle x_1,x_2,\cdots,x_m\rangle$,定义 X_i 为序列 X 的前 i 个元素,即

$$X_i=\langle x_1,x_2,\cdots,x_i\rangle,\quad 0\leqslant i\leqslant m$$

例如,$X=\langle A,B,C,B,D,A,B\rangle$,$X_5=\langle A,B,C,B,D\rangle$。

根据上述定义,可以定义子问题:给定两个子序列 $X_i=\langle x_1,x_2,\cdots,x_i\rangle$ 和 $Y_j=\langle y_1,y_2,\cdots,y_j\rangle$,寻找它们的最长公共子序列。对于最长公共子序列问题,有

定理 6.3 给定两个序列 $X_m=\langle x_1,x_2,\cdots,x_m\rangle$ 和 $Y_n=\langle y_1,y_2,\cdots,y_n\rangle$,并令序列 $Z_k=\langle z_1,z_2,\cdots,z_k\rangle$ 为序列 X_m 和 Y_n 的某个最长公共子序列,则

(1) 若 $x_m=y_n$,那么 $z_k=x_m=y_n$ 且 Z_{k-1} 是 X_{m-1} 和 Y_{n-1} 的一个最长公共子序列。

(2) 若 $x_m\neq y_n$ 且 $z_k\neq x_m$,那么 Z_k 是 X_{m-1} 和 Y_n 的一个最长公共子序列。

(3) 若 $x_m\neq y_n$ 且 $z_k\neq y_n$,那么 Z_k 是 X_m 和 Y_{n-1} 的一个最长公共子序列;

证明:对于(1),假设 $z_k\neq x_m$,表示 x_m 不在序列 Z_k 中,将 x_m 附在序列 Z_k 后面,则得到一个比序列 Z_k 还长的公共子序列,这与序列 Z_k 已经是最长公共子序列矛盾,因此有 $z_k=x_m=y_n$。

现在证明序列 Z_{k-1} 是序列 X_{m-1} 和序列 Y_{n-1} 的一个最长公共子序列。假设序列 Z_{k-1} 不是序列 X_{m-1} 和序列 Y_{n-1} 的一个最长公共子序列,那么表明序列 X_{m-1} 和序列 Y_{n-1} 存在一个比序列 Z_{k-1} 还长的公共子序列 Z。不妨设其长度为 k,将 x_m 附在序列 Z 后面,则得到一个比序列 Z_k 还长的公共子序列,这与序列 Z_k 已经是最长公共子序列矛盾。故所证成立。

对于(2),若 $x_m\neq y_n$ 且 $z_k\neq x_m$,假设序列 Z_k 不是序列 X_{m-1} 和 Y_n 的一个最长公共子序列,则序列 X_{m-1} 和 Y_n 存在一个比序列 Z_k 还长的公共子序列 Z。同样,序列 Z

为序列 X_m 和 Y_n 的公共子序列，它的长度比序列 Z_k 还长，这与序列 Z_k 已经是序列 X_m 和 Y_n 的最长公共子序列矛盾。故所证成立。证毕。

对于(3)的证明与(2)的证明类似，故省略。

定理 6.3 表明最长公共子序列问题具有最优子结构性质，因此可以很方便地构造出递归方程。考虑子问题找序列 $X_i=\langle x_1,x_2,\cdots,x_i\rangle$ 和 $Y_j=\langle y_1,y_2,\cdots,y_j\rangle$ 的最长公共子序列，令 $c[i,j]$ 表示序列 X_i 和 Y_j 的最长公共子序列的长度。

如果 $x_i=y_j$，并且能找到序列 X_{i-1} 和 Y_{j-1} 的最长公共子序列，把 x_i 添加到序列 X_{i-1} 和 Y_{j-1} 的最长公共子序列中，那么问题的最优解包含其子问题的最优解，因此有

$$c[i,j]=c[i-1,j-1]+1$$

如果 $x_i \neq y_j$，那么必须解决两个子问题：

(1) 找出序列 X_{i-1} 和 Y_j 的一个最长公共子序列；

(2) 找出序列 X_i 和 Y_{j-1} 的一个最长公共子序列。

然后比较，哪个子问题求得的公共子序列更长，因此有

$$c[i,j]=\max\{c[i-1,j],c[i,j-1]\}$$

当然，还必须考虑递归出口，即 $i=0$ 或 $j=0$ 的情况，此时有 $c[i,j]=0$。

综上所述，得到的递归方程为

$$c[i,j]=\begin{cases}0, & i=0 \text{ 或 } j=0 \\ c[i-1,j-1]+1, & i,j>0 \text{ 且 } x_i=y_j \\ \max\{c[i-1,j],c[i,j-1]\}, & i,j>0 \text{ 且 } x_i \neq y_j\end{cases}$$

根据上述递归方程，可以很容易求得最长公共子序列的长度。

现在分析重叠子问题性质，要找序列 X_i 和 Y_j 的一个最长公共子序列，需要找出序列 X_{i-1} 和 Y_j 及序列 X_i 和 Y_{j-1} 的最长公共子序列。该子问题的求解都包含找序列 X_{i-1} 和 Y_{j-1} 的最长公共子序列问题，子问题又共享"子子问题"，因此，最长公共子序列问题具有重叠子问题的性质。

根据递归方程，可以很容易地设计递归算法，但是该算法的时间复杂度太高。由于仅有 $\Theta(mn)$ 个子问题，可以采用动态规划算法 DPLCSLength(X,Y,m,n)，以自底向上的方式求子问题的最优解，其伪代码如下。

```
DPLCSLength(X, Y, m, n)
1       for i ← 1 to m do
2           c[i, 0] ← 0
3       for j ← 0 to n do
4           c[0, j] ← 0
5       for i ← 1 to m do
6           for j ← 1 to n do
7               if x_i = y_j then
8                   c[i, j] ← c[i - 1, j - 1] + 1
9                   b[i, j] ← "↖"
10              else
11                  if c[i - 1, j] ≥ c[i, j - 1] then
12                      c[i, j] ← c[i - 1, j]
13                      b[i, j] ← "↑"
14                  else
```

```
15                  c[i, j] ← c[i, j - 1]
16                  b[i, j] ← "←"
17    return c and b
```

DPLCSLength(X, Y, m, n)的初始输入为两个序列 X 和 Y，数组 $c[0..m, 0..n]$ 用来记录最长公共子序列的长度。为了构造最长公共子序列，还必须引进一个数组 $b[1..m, 1..n]$，以表示子问题的解 $c[i, j]$ 由哪个子问题的解（$c[i-1, j-1]$ 或 $c[i-1, j]$ 又或 $c[i, j-1]$）决定。DPLCSLength(X, Y, m, n)只有两重循环，因此其时间复杂度为 $O(mn)$。其中，数组 $c[i, j]$ 的填表顺序如图 6.9 所示，先沿着箭头填充最上面一行，然后填充接下来的行。

下面给出一个具体的例子来演示 DPLCSLength(X, Y, m, n)的执行过程。

求序列 $X = \langle A, B, C, B, D, A, B \rangle$ 和 $Y = \langle B, D, C, A, B, A \rangle$ 的最长公共子序列，利用 DPLCSLength(X, Y, m, n)求得的数组 c 和 b 如图 6.10 所示。

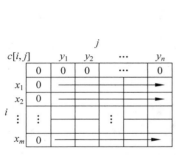

图 6.9　数组 $c[i, j]$ 的填表顺序　　　　图 6.10　一个例子

计算出数组 b 的值以后，可以构造一个最长公共子序列，其过程是从 $b[m, n]$ 开始，并根据箭头的方向来进行递归地查找。所用算法 PrintLCS(b, X, i, j)的伪代码如下。

```
PrintLCS(b, X, i, j)
1    if i = 0 or j = 0 then return 0
2    if b[i, j] = "↖" then
3        PrintLCS (b, X, i - 1, j - 1)
4        print x_i
5    else
6        if b[i, j] = "↑" then
7            PrintLCS(b, X, i - 1, j)
8        else
9            PrintLCS(b, X, i, j - 1)
```

上述算法的时间复杂度为 $O(m+n)$。图 6.10 给出了构造最长公共子序列的过程，从右下角带圈的数字 4（$c[7, 6]$）开始，沿着箭头所指的方向构造最长公共子序列，其中，灰色圈代表的字符即构成了最长公共子序列 $\langle B, C, B, A \rangle$。

一个算法设计好后，常常会考虑能否在时间和空间上有所改进。DPLCSLength(X, Y, m, n)虽然很简单，但是还可以对其代码进行改进。首先分析用什么方式计算 $c[i, j]$ 的值。

由递归方程可知，$c[i,j]$只依赖于$c[i-1,j-1]$，$c[i-1,j]$和$c[i,j-1]$的值，因而可以不使用数组b的填充表并在$O(1)$的时间内计算要选用3个值中的哪一个来计算$c[i,j]$，因此，不用数组b的填充表也可以在$O(m+n)$时间内构造出最长公共子序列。虽然可以节省$O(mn)$的空间，但辅助空间的需求并没有渐近地减少，仍然需要数组c的填充表。如果只需要计算最长公共子序列的长度，则DPLCSLength(X,Y,m,n)一次只需数组c填充表的两行：正在被计算的一行和前一行，因此可以通过只存储这两行降低渐近空间的要求。

6.5　0/1背包问题

给定一个物品集合$s=\{1,2,\cdots,n\}$，物品i具有重量w_i和价值v_i。背包能承受的最大载重量不超过W。背包问题（Knapsack Problem）就是找到一个物品子集$s'\subseteq s$，达到如下目标：

$$\max\sum_{i\in s'}v_i$$

且满足$\sum_{i\in s'}w_i\leqslant W$。

如果物品不能被分割，即物品要么整个选取，要么不选取，则问题称为0/1背包问题；如果物品可以拆分，则称为背包问题。为了便于分析，假设物品的重量、价值及W都是正整数。下面介绍求解0/1背包问题的动态规划算法。

对物品按照顺序编号，令子问题(i,w)表示求给定物品集合$\{1,2,\cdots,i\}$的一个子集，在满足该子集中物品的重量和不超过w的情况下，其价值和最大。分析这个问题，有下列结论。

定理6.4　假设子问题(i,w)的最优装载方案中含有物品i，则子问题$(i-1,w-w_i)$的装载方案也一定是最优的。

证明：可用反证法证明。假设子问题$(i-1,w-w_i)$的装载方案p不是最优的，则有一个更优的装载方案p'，将p'替换p，再加上物品i，则得到的价值将比原来的最优装载更大，这与假设矛盾。证毕。

由定理6.4可得，0/1背包问题具有最优子结构性质，因此可以得到递归方程。令$V[i,w]$表示将编号1～编号i的物品装入承载重量为w的背包获得的最大价值，即子问题(i,w)的最大价值。现在考虑以下两种情形。

情形1：物品i能够装进背包，则子问题(i,w)的最优解取决于物品i是否放进去。

（1）如果物品i不放进去，则有$V[i,w]=V[i-1,w]$。

（2）如果物品i被放进去，则有$V[i,w]=V[i-1,w-w_i]+v_i$。

对于情形1，可以做最优选择为

$$V[i,w]=\max\{V[i-1,w],V[i-1,w-w_i]+v_i\}$$

情形2：物品i无法放入背包，则子问题$(i-1,w)$的最优解一定是子问题(i,w)的最优解，即

$$V[i,w]=V[i-1,w]$$

当子问题 $V[i,w]$ 只剩下一个物品时,则有

$$V[1,w] = \begin{cases} v_1, & w_1 \leqslant w \\ 0, & \text{其他} \end{cases}$$

综上所述,可得 $V[i,w]$ 的递归方程为

$$V[i,w] = \begin{cases} V[i-1,w], & w_i > w \\ \max\{V[i-1,w], V[i-1,w-w_i]+v_i\}, & w_i \leqslant w \end{cases}$$

有了上述递归方程,便可以设计相应的递归算法,但该递归算法的时间复杂度太高。令数组 $V[0..n,0..W]$ 用来保存子问题 (i,w) 的最大价值。数值 $b[1..n,1..W]$ 用来保存所做出的最优选择,以便构造最优解,则可以设计求解 0/1 背包问题的动态规划算法 DPKnapsack(S,W),其伪代码如下。

```
DPKnapsack(S, W)
1    for w ← 0 to W do V[0, w] ← 0
2    for i ← 0 to n do V[i, 0] ← 0
3    for w ← 0 to w₁ − 1 do V[1, w] ← 0
4    for w ← w₁ to W do V[1, w] ← v₁
5    for i ← 1 to n do
6        for w ← 0 to W do
7            if wᵢ > w then
8                V[i, w] ← V[i−1, w]
9                b[i, w] ← "↑"
10           else
11               if V[i−1, w] > V[i−1, w−wᵢ] + vᵢ then
12                   V[i, w] ← V[i−1, w]
13                   b[i, w] ← "↑"
14               else
15                   V[i, w] ← V[i−1, w−wᵢ] + vᵢ
16                   b[i, w] ← "↖"
17   return V and b
```

DPKnapsack(S,W) 的输入为物品的集合 S 及背包的载重量 W。$V[i,w]$ 的填表顺序如图 6.11,沿着箭头的方向由左至右,自顶向下填充。

DPKnapsack(S,W) 有两重循环,因此其时间复杂度为 $O(nW)$。

现在给出一个例子来演示 DPKnapsack(S,W) 的执行过程。

图 6.12(a)是待求解的 0/1 背包问题实例。图 6.12(b)为 $V[i,w]$ 的填充表,可知其最优价值为 37。图 6.13 为数组 b 的填充表,根据它可以构造最优解。

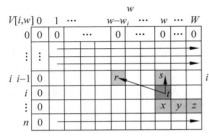

图 6.11　$V[i,w]$ 的填表顺序

$W=5$

物品号 i	w_i	v_i
1	2	12
2	1	10
3	3	20
4	2	15

(a) 0/1 背包问题实例

$V[i,w]$	0	1	2	3	4	5
0	0	0	0	0	0	0
1	0	0	12	12	12	12
2	0	10	12	22	22	22
3	0	10	12	22	30	32
4	0	10	15	25	30	37

(b) $V[i,w]$ 填充表

图 6.12　DPKnapsack(S,W) 执行过程(1)

$b[i,w]$	0	1	2	3	4	5
0	0	0	0	0	0	0
1	0	↑	⊘	↖	↖	↖
2	0	↖	↑	⊘	↖	↖
3	0	↑	↑	↑	↖	↖
4	0	↑	↖	↖	↑	⊘

图 6.13 DPKnapsack(S,W)执行过程（2）

在计算最优解的时候，保存所做的最优决策，便可构造最优解。下面给出打印最优解的算法 PrintKnapsackItem(b,i,w)的伪代码，具体如下。

```
PrintKnapsackItem(b, i, w)
1    if i = 0 or w = 0 then return 0
2    if b[i, w] = "↖" then
3        PrintKnapsackItem(b, i - 1, w - w_i)
4        print i
5    else
6        PrintKnapsackItem(b, i - 1, w)
```

对 0/1 背包问题实例调用 PrintKnapsackItem(b,4,5)，依次获得物品号为 4、2、1，如图 6.13 中圆圈所在的行号。

下面分析一下 0/1 背包问题的重叠子问题性质。如图 6.11 所示，当计算 x、y、z 的值时，都有可能用到表中 t 的值。为更清楚地理解重叠子问题性质，我们举一个具体的例子。给定一个实例 $n=5$,$v=(6,3,5,4,6)$,$w=(2,2,6,5,4)$,$W=10$,其递归树如图 6.14 所示，其中带灰色的子树都是重叠子问题。

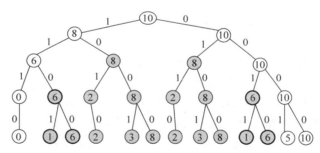

图 6.14 0/1 背包问题递归树

6.6 最优二叉搜索树问题

假设需要设计一个将一段英文文本翻译成中文的程序，对于文本中出现的每一个英文单词，都需要查询它的中文意思。为了执行查询操作，一种办法是将文本中出现的 n 个英文单词及其相应的中文意思作为一个节点，建立一棵二叉搜索树。如果要查询文本中每个英文单词的意思，则必须查找整棵树，那么怎样才能使查找的代价更少？对于这个问题，可以使用红黑树或者任何均衡二叉搜索树，这样可保证 $O(\lg n)$ 的平均查找时间。然而，实际情况是有些英文单词经常出现,有些很少出现,如果使用上述的二叉树,那么当问题规模很大时,查找的效率仍然不高。因为查找一个节点,需要搜索的节点数为该节点的深度加1。为了降低搜索的代价,文本中经常出现的单词应该离根节点更近。因此,在已知每个单词出现频率的情况下,如何构造一棵二叉树,使所有搜索中,访问的节点数最小,就是需要解决的问题。

上述问题可以形式化为一个最优二叉搜索树(Binary Search Tree,BST)问题:给定一个排好序的有 n 个不同关键词的序列 $K=\langle k_1,k_2,\cdots,k_n\rangle$ 且 $k_1<k_2<\cdots<k_n$,每个关键词 k_i 被搜索的概率为 p_i。由于有些单词不在序列 K 中出现,因此设 K 有 $n+1$ 个虚拟关键词 $d_0,d_1,d_2,\cdots,d_n$,表示那些不在 K 中出现的单词。特别地,d_0 表示所有小于关键词 k_1 的值的单词,d_n 表示所有大于关键词 k_n 的值的单词,虚拟关键词 $d_i(0\leqslant i\leqslant n)$ 的值介于 k_i 和 k_{i+1} 之间,而且 d_i 被搜索的概率为 q_i。那么,最优二叉搜索树问题是希望通过这些关键词构造一棵二叉搜索树。在建立问题的目标之前,先定义搜索一棵树的期望代价。由于某次搜索的结果要么是找到某个关键词 k_i,要么是找到某个虚拟关键词 d_i,因此有 $\sum\limits_{i=1}^{n}p_i+\sum\limits_{i=0}^{n}q_i=1$,其中,$\sum\limits_{i=1}^{n}p_i$ 表示搜索成功的概率,$\sum\limits_{i=0}^{n}q_i$ 表示搜索失败的概率。由于每个关键词的搜索概率已知,可以确定搜索一棵二叉树的代价。假设一次搜索的实际代价为已搜索的节点数,也就是被搜索节点的深度加1,那么二叉树 T 搜索一次的期望代价为

$$E(T)=\sum_{i=1}^{n}(D_T(k_i)+1)\times p_i+\sum_{i=0}^{n}(D_T(d_i)+1)\times q_i$$
$$=\sum_{i=1}^{n}D_T(k_i)\times p_i+\sum_{i=1}^{n}p_i+\sum_{i=0}^{n}D_T(d_i)\times q_i+\sum_{i=0}^{n}q_i$$
$$=1+\sum_{i=1}^{n}D_T(k_i)\times p_i+\sum_{i=0}^{n}D_T(d_i)\times q_i$$

其中,$D_T(k)$ 表示关键词 k 在树 T 中的深度。有了上述定义后,问题的目标也就明确了。即对一个给定关键词出现概率的集合,问题的目标是构造一棵使 $E(T)$ 最小的二叉搜索树,即最优二叉搜索树。

例如,给定如图 6.15 的关键词序列及其搜索的概率。图 6.16(a)给出了一棵二叉搜索树,其搜索的期望代价为 $E(T)=2.8$,图 6.16(b)给出了一棵最优二叉搜索树,其搜索的期望代价 $E(T)=2.75$。由此可见,树的不同组织方式,得到的期望代价是不相同的。

i	0	1	2	3	4	5
p_i	—	0.15	0.1	0.05	0.1	0.2
q_i	0.05	0.1	0.05	0.05	0.05	0.1

图 6.15 关键词序列及其搜索概率

对于最优二叉搜索树的构造问题,下面分析枚举搜索的代价。将关键词 $k_1,k_2,\cdots,k_n$ 作为任意一棵有 n 个节点的二叉树的节点,把那些虚拟关键词 $d_0,d_1,d_2,\cdots,d_n$ 作为叶子,添加到二叉树中;然后对每棵二叉搜索树计算其期望的搜索代价,最后选择期望代价最小的二叉树。由于共有 $\Omega(4^n/n^{3/2})$ 棵有 n 个节点的不同的二叉搜索树,枚举搜索显然代价

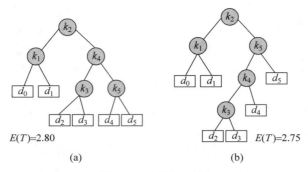

图 6.16　两棵二叉树

太大。接下来分析最优二叉搜索树问题的特点。

考虑一棵二叉搜索树的任一子树，该子树必须包含邻近的关键词 $k_i,\cdots,k_j$，且 $k_i,\cdots,k_j$ 的子树也必须包含虚拟关键词 $d_{i-1},\cdots,d_j$ 作为叶子，其中，$1\leqslant i\leqslant j\leqslant n$。令子问题 (i,j) 表示对给定的关键词 $k_i,\cdots,k_j$ 和虚拟关键词 $d_{i-1},\cdots,d_j$，构造最优二叉搜索树，则有

定理 6.5　若一棵最优二叉搜索树 T 有一棵包含关键词 $k_i,\cdots,k_j$ 及 $d_{i-1},\cdots,d_j$ 的子树 T'，那么这棵子树 T' 是子问题 (i,j) 的最优二叉搜索树。

证明：采用反证法证明。假设有一棵子树 T''，它的期望代价 $E(T'')$ 比树 T' 的 $E(T')$ 还要小，那么可以把 T' 从 T 中剪掉，然后将子树 T'' 粘贴上去，这时这棵新二叉搜索树的期望代价比 T 的期望代价还要小，这与 T 已经是一棵最优二叉搜索树矛盾。故所证成立。证毕。

现在可以利用定理 6.5 构造递归方程。考虑子问题 (i,j)，利用关键词 $k_i,\cdots,k_j$ 和 $d_{i-1},\cdots,d_j$ 构造最优二叉搜索树。假设从关键词 $k_i,\cdots,k_j$ 中选择一个 $k_r(i\leqslant r\leqslant j)$ 作为最优二叉搜索树的根，则原问题可以分解成以下两个子问题，树的划分如图 6.17 所示。

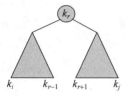

（1）子问题 $(i,r-1)$：构造包含 $k_i,\cdots,k_{r-1}$ 和 $d_{i-1},\cdots,d_{r-1}$ 的最优二叉搜索树（左子树）。

（2）子问题 $(r+1,j)$：构造包含 $k_{r+1},\cdots,k_j$ 和 $d_r,\cdots,d_j$ 的最优二叉搜索树（右子树）。

假设子问题 (i,j) 的二叉树的根为 k_r。事实上，为了找出子问题的一棵最优二叉搜索树，必须检查所有的候选根 $k_r,i\leqslant r\leqslant j$，以便确定包含 $k_i,\cdots,k_{r-1}$ 和 $k_{r+1},\cdots,k_j$ 的最优二叉搜索树。

图 6.17　树的划分

按照定理 6.5，构造最优二叉搜索树的问题具有最优子结构性质，因此，我们很容易构造出求解该问题的递归方程。

令 $e[i,j]$ 表示含有关键词 $k_i,\cdots,k_j$ 和 $d_{i-1},\cdots,d_j$ 的最优二叉搜索树的期望代价，即子问题 (i,j) 的最优二叉搜索树的期望代价，其中，$i\geqslant 1,j\leqslant n,j\geqslant i-1$。

若 $j=i-1$，该树只包含 d_{i-1}，因此 $e[i,j]=q_{i-1}$。

若 $j\geqslant i$，选择一个关键词 $k_r(i\leqslant r\leqslant j)$ 作为树根，递归地构造最优二叉搜索树，将 $k_i,\cdots,k_{r-1}$ 作为左子树，将 $k_{r+1},\cdots,k_j$ 作为右子树。当左子树和右子树成为一个节点的子树时，对新构造的子树的期望代价有什么影响呢？左子树和右子树中的每个节点的深度将增 1，因此按照期望代价的定义，当两棵子树成为一个节点的子树时，搜索期望代价增

长为

$$w[i,j] = \sum_{l=i}^{j} p_l + \sum_{l=i-1}^{j} q_l \tag{6.3}$$

若 k_r 是一棵关键词为 $k_i, \cdots, k_j$ 的最优二叉搜索树的根，则有

$$e[i,j] = e[i,r-1] + e[r+1,j] + w[i,j]$$

因此，应该选择使 $e[i,j]$ 值最小的关键词作为 k_r，即

$$e[i,j] = \begin{cases} q_{i-1}, & j = i-1 \\ \min_{i \leqslant r \leqslant j} \{e[i,r-1] + e[r+1,j] + w[i,j]\}, & i \leqslant j \end{cases}$$

根据上述递归方程，可以很容易地设计一种递归算法。由于涉及很多重叠子问题的计算，导致很高的时间复杂度，因此，可以设计一种有效的动态规划算法。

创建一个数组 $e[1\cdots(n+1), 0\cdots n]$ 来保存每个子问题的最优值 $e[i,j]$。由前面的分析可知，填充 $e[i,j], j \geqslant i-1$ 即可。同时，利用数组 $w[1\cdots(n+1), 0\cdots n]$ 来保存子问题期望代价的增长 $w[i,j]$。$w[i,j]$ 的计算可以采用式(6.3)所示的递归方程提高计算效率。

$$w[i,j] = \begin{cases} q_{i-1}, & j = i-1 \\ w[i,j-1] + p_j + q_j, & 1 \leqslant i \leqslant j \leqslant n \end{cases} \tag{6.4}$$

此外，按照递归方程能够计算出最优值，但是，为了构造出最优解，必须引入一个数组 $\text{root}[i,j]$，用来保存子问题含有关键词 $k_i, \cdots, k_j$ 的最优二叉搜索树的根 k_r 的下标值 r。下面给出动态规划算法 DPOptimalBST(p,q,n)，其伪代码如下。

```
DPOptimalBST(p, q, n)
1    for i←1 to n + 1 do
2        e[i, i-1]←q_{i-1}
3        w[i, i-1]←q_{i-1}
4    for c←1 to n do
5        for i←1 to n - c + 1 do
6            j←i + c - 1
7            e[i, j]←∞
8            w[i, j]←w[i, j-1] + p_j + q_j
9            for r←i to j do
10               t←e[i, r-1] + e[r + 1, j] + w[i, j]
11               if t < e[i, j] then
12                   e[i, j]←t
13                   root[i, j]←r
14   return e and root
```

DPOptimalBST(p,q,n)主要有三重循环，因而其时间复杂度为 $O(n^3)$。

构造最优解只需要调用下面的程序。

```
PrintBST(root, i, j)
1    if i = 0 or j = 0 then return 0
2    if i = j - 1 then
3        print "d"_{i-1}
4    else
5        PrintBST(root, i, root[i, j] - 1)
```

```
6        print "k" root[i, j]
7        PrintBST(root, root[i, j]+1, j)
```

对于图 6.15 所示的例子，DPOptimalBST(p,q,n)计算的 $e[i,j]$如图 6.18(a)所示，$w[i,j]$如图 6.18(b)所示，root$[i,j]$如图 6.18(c)所示。

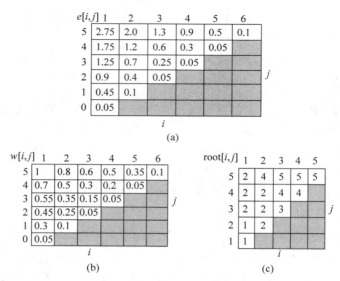

(a)

(b)　　　　　(c)

图 6.18　DPOptimalBST(p,q,n)的计算结果

视频讲解

6.7　动态规划的基本性质

前面已经给出了应用动态规划来求解的例子，但是，一个问题在什么情况下能够应用动态规划算法来求解呢？为了回答这个问题，本节首先总结一个最优化问题能够应用动态规划求解的基本条件——最优子结构性质和重叠子问题性质，然后介绍动态规划算法的一种变形。

应用动态规划算法的第一步是分析问题的最优子结构性质。前面几个例子已经给出了如何找最优子结构性质及其证明，找最优子结构性质具有以下规律。

（1）问题的划分依赖于一个决策，这个决策可以将原问题分解成一个或多个相似的子问题。

（2）假设一个导致最优解的决策，先不关心这个最优决策是如何得到的。

（3）对给定的这个最优决策，确定所划分的子问题以及如何方便地分析子问题解空间的变化。例如，在装配线调度问题中，子问题空间为 S_{1j} 和 S_{2j}，子问题空间只能一边缩小，而在矩阵链乘积问题中，子问题空间为 $A_{i\cdots j}$，子问题空间可以两边缩小。

（4）然后证明，在问题的最优解 s 中用到的子问题的解 s_1，也一定是子问题的最优解。这可以使用"剪切"和"粘贴"技术来证明，即假设子问题的解 s_1 不是最优的，即存在一个比 s_1 更优的解 s_1'，那么将 s_1 从最优解 s 中"剪切"掉，将 s_1'"粘贴"上去，从而得到一个比 s 还优的解，这与已知的 s 是最优的矛盾。故假设不成立。证毕。

最优子结构主要涉及下面两个问题。

（1）求原问题的一个最优解时要用到多少个子问题。

（2）在确定划分原问题，从而导致相应的子问题，以便确定哪些子问题的解包含在最优解中有多少种划分的选择。

例如，装配线调度问题的最优解只用到一个子问题的解，但是为了确定最优解，必须考虑两个选择。又如，在矩阵链乘积问题中，最优解用到两个子问题，但是为了得到最优决策，必须考虑 $j-i$ 个选择。特别地，原问题在做出最优决策后而划分得到的子问题，对这些子问题的求解应该是独立的，下面将通过一个例子进行说明。

由上面的分析可知，一种动态规划算法的运行时间取决于以下两个因素。

（1）所有子问题的数量。

（2）要在多少个选择里面做最优的决策。

例如，在装配线调度问题上，子问题的数量为 $O(n)$，当确定子问题时，只需从两个选择里做决策，因此其时间复杂度为 $O(n)$。而在矩阵链的乘积问题上，子问题的数量为 $O(n^2)$，当确定子问题时，最多从 $n-1$ 选择里做最优决策，因此算法的时间复杂度为 $O(n^3)$。动态规划算法效率高的原因是以空间换时间，用数组存储子问题的解，从而避免重复的计算，使计算的效率得到提高。

在使用动态规划算法来求解问题时，如果问题不具有最优子结构性质，而是想当然地认为有，那么会适得其反，达不到求解的效果。

给定一个有向图 $G=(V,E)$ 和顶点 $u,v\in V$，考虑下面两个问题。

（1）不带权的最短路径问题：寻找一条从 u 到 v 含有最少边数的路径。这样的路径必须是简单路径即序列中顶点不重复出现的路径，不然从这个路径中删去一个环会产生一条含有更少边数的路径。

（2）不带权的最长简单路径：寻找一条从 u 到 v 含有最多边数的路径。这条路径必须是简单路径，不然可以多次地绕着一个环遍历，从而得到一条含有任意多边数的路径。

对于不带权的最短路径问题，该问题具有最优子结构性质。这可以通过使用"剪切"和"粘贴"技术来证明。假设从 u 到 v 的最短路径，包含一个顶点 w，则从 u 到 w 的路径也一定是最短的。然而，不带权的最长路径问题不具有最优子结构性质。假设从 u 到 v 的最长简单路径，包含一个顶点 w，那么从 u 到 w 的路径也一定是最长简单路径吗？答案是否定的。例如图 6.19 给出了一个反例。要求从 u 到 v 的最长简单路径，可得 $u{\rightarrow}w{\rightarrow}v$，路径包含了一个顶点 w，则 $u{\rightarrow}w$ 的路径不是最长简单路径，因为路径 $u{\rightarrow}x{\rightarrow}v{\rightarrow}w$ 更长。同样可以证明 $w{\rightarrow}v$ 也不是最长路径。虽然不带权的最短路径问题和不带权的最长路径问题都使用两个子问题，但是是否独立解这两个子问题，在不同的问题里面是不相同的。对于不带权的最长路径问题，求解一个子问题跟求解另一个子问题是不独立的，例如，求解子问题 u 到 w 的最长路径为 $u{\rightarrow}x{\rightarrow}v{\rightarrow}w$，而求解子问题 w 到 v 的最长路径为 $w{\rightarrow}u{\rightarrow}x{\rightarrow}v$，它们均用到了顶点 x 和 v，因此是不独立的。将这两个子问题的解组合起来的路径就不是简单路径，因为顶点 x 和 v 出现了重复。而不带权的最短路径问题，求解子问题 u 到 w 的最短路径及 w 到 v 的最短路径是相互独立的。由此可见，将原问题划分为几个子问题，在求解各个子问题时，互相独立，是问题具有最优子结构性质的关键因素。例如，在装配线调度问题里做了决策后，原问题只与一个子问题的最优解有关。在矩阵链乘积问题里，子问题 $A_{i..j}$ 在最优划分点 k 确定后，解子问题 $A_{i..k}$ 和子问题

图 6.19　最长简单
路径的反例

$A_{(k+1)..j}$ 是相互独立的。

重叠子问题性质是保证动态规划算法有效求解一个问题的关键条件。当问题采用分治算法求解时，如果求解过程中需要反复地求解同一个子问题时，则说明这个问题具有重叠子问题性质。动态规划算法利用重叠子问题性质的特点，求解子问题一次，并将该值保存在表中，当下次再碰到该问题的求解时，只需要从表中直接取值，而不需要重新计算该问题，从而避免大量的重复计算。

例如，对矩阵链的乘积问题，考虑下面递归算法进行求解。

```
RecursiveMatrixChain(p, i, j)
1    if i = j then return 0
2    m[i, j] ← ∞
3    for k ← i to j - 1 do
4        q ← RecursiveMatrixChain(p, i, k) + RecursiveMatrixChain(p, k + 1, j) + p_{i-1} p_k p_j
5        if q < m[i, j] then
6            m[i, j] ← q
7    return m[i, j]
```

上述递归算法的时间复杂度为 $O(2^n)$，包含大量的重复计算。例如，当计算 $m[1,4]$ 时，其相应的递归树如图 6.20 所示，圈中 $i..j$ 表示矩阵链 $A_i A_{i+1}..A_j$ 乘积问题。带灰色的节点是重叠子问题已经得到计算。这些子问题使用动态规划算法则不用再计算。

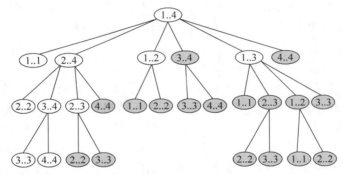

图 6.20　重叠子问题的递归树

下面再介绍一种备忘录（Memoized）算法，它是动态规划算法的变形。备忘录算法的基本思想与递归的思想相似，采用自顶向下的策略，不同的是把第一次计算过的子问题的解保存在表中，以后每次遇到该子问题的时候只需查表即可。

对于 Fibonacci 序列问题，前面介绍了一种备忘录算法 F1(n)。

对于矩阵链乘积问题，其备忘录方法 MemoizedMatrixChain(p) 的伪代码如下。

```
MemoizedMatrixChain(p)
1    for i ← 1 to n do
2        for j ← i to n do
3            m[i, j] ← ∞
4    return LookupChain(p, 1, n)
```

MemoizedMatrixChain(p) 先初始化 $m[1..n,1..n]$ 的值为 ∞，在调用算法 LookupChain($p,1,n$) 的过程中，如果 $m[i,j]<\infty$，则表明子问题 $m[i,j]$ 已经计算过，直接

返回；否则递归计算。对于图 6.20 所示的递归树，灰色节点是计算过的，其值则被直接返回。LookupChain(p, i, j)的伪代码如下。

```
LookupChain(p, i, j)
1    if m[i, j] < ∞ then return m[i, j]
2    if i = j then
3        m[i, j] ← 0
4    else for k ← i to j − 1 do
5        q ← LookupChain(p, i, k) + LookupChain(p, k + 1, j) + p_{i−1}p_k p_j
6        if q < m[i, j] then
7            m[i, j] ← q
8    return m[i, j]
```

现在比较动态规划算法与备忘录算法。与备忘录算法相比，动态规划算法采用自底向上的求解方式，不需要涉及函数的递归调用等代价，维护表的代价较小，用表的形式降低了时间和空间的要求。而备忘录算法采用自顶向下的求解方式，有些子问题并不需要求解，但是仍然涉及函数调用和参数的传递。具体何时采用哪种方法，则根据具体问题来定。

6.8　小结

前面所列举的例子说明了寻找一个问题的动态规划算法虽然没有什么规律可循，但是基本的求解框架是存在的，即分析问题的最优子结构性质，构造递归方程，其中，最优子结构性质的分析需要采用分治的思想。特别地，动态规划算法用填表的方法避免了大量重复的计算，提高了计算的效率。

动态规划算法通过最优子结构性质证明算法的正确性，对于任意的实例，都能找到最优解。其证明思路与采用循环不变量的证明方法在本质上是相同的，通过从简单的问题出发，每一个迭代的最优解，导出下一个迭代的最优解，也就是说最优子结构性质在每一个迭代步骤都是保持的。

本章内容主要取材于《算法导论》[2]，首先介绍了动态规划算法的基本步骤；然后通过 6 个典型的例子，介绍了动态规划算法的分析和设计过程；最后，介绍了动态规划问题的基本性质及其变形。动态规划算法在图问题的应用将在第 8 章进行介绍，这里不再详述。动态规划算法是一种非常强大、非常优美，也是一种非常讲究技巧性的方法，在计算机科学、运筹学及经济管理领域得到了大量的应用。此外，动态规划算法可以用来设计近似算法，也可以与其他方法（如分支限界法）结合使用。有兴趣的读者可以参看文献[1]。

习题

6-1　分析求 Fibonacci 序列递归算法 $F(n)$ 的时间复杂度。

6-2　说明如何修改程序 PrintStations，使它能以装配点的递增顺序输出各装配点（提示：利用递归）。

6-3　保存 $f_i[j]$ 和 $l_i[j]$ 值的表的大小为 $4n − 2$，说明如何把表的大小缩小到 $2n + 2$，使之仍然能够计算出 f^*，并且仍然能够构造最快装配路线。

6-4 对维数序列为 $\langle 5,10,3,12,5,50,6 \rangle$ 的矩阵链，找出一种其矩阵链乘积的最优加括号的方式。

6-5 给定矩阵链 $A_1,A_2,\cdots,A_i,\cdots,A_n$、由 DPMatrixChain 计算出的 s，以及下标 i 和 j，请设计一个求最优的矩阵链乘法的递归算法 MatrixChainMultiply(A,s,i,j)。其中 (MatrixChainMultiply$(A,s,1,n)$ 为初始调用。

6-6 使用替换法证明式(6.1)所示的递归方程的解为 $\Omega(2^n)$。

6-7 画出 MergeSort 算法排序 16 个元素的递归树。请解释在提高一种好的分治算法（如算法 MergeSort）的效率时，利用备忘录方法为什么没有效果。

6-8 说明装配线调度问题具有重叠子问题性质。

6-9 假设已计算出表 c 和原始序列 $X_m=\langle x_1,x_2,\cdots,x_m \rangle$ 和 $Y_n=\langle y_1,y_2,\cdots,y_n \rangle$，说明不用表 b，也可以在 $O(m+n)$ 时间内构造一个 LCS。

6-10 请为 DPLCSLength 算法设计一种运行时间为 $O(mn)$ 的备忘录算法。

6-11 设 X_m 和 Y_n 都是以字母 A 开始的字符序列，则 X_m 和 Y_n 的每一个最长公共子序列都从字母 A 开始，请予以证明。

6-12 给定一个具有 n 个数的序列，请设计出一种运行时间为 $O(n^2)$ 的算法，使之能找出该序列中最长的单调递增子序列。能设计出运行时间为 $O(n\lg n)$ 的算法吗？

6-13 如何修改 0/1 背包问题的动态规划算法，使得其运行时间复杂度为 $O(W)$，其中 W 为背包的最大载重量。如何修改动态规划算法，使其空间复杂度降低。

6-14 定义 0/1/2 背包问题为：$\max \sum_{i=1}^{n} v_i x_i$，使 $\sum_{i=1}^{n} w_i x_i \leqslant W$，其中 $x_i \in \{0,1,2\}$，设其子问题的定义类似 0/1 背包问题中的定义，完成下列任务

（1）从 0/1/2 背包问题中推出类似于 0/1 背包问题的递归方程。

（2）假设 w_i,v_i,W 为整数，设计一种类似于 0/1 背包的动态规划求解算法，并构造出最优解。

（3）分析上述算法的时间复杂度。

6-15 给定下表，请利用 DPOptimalBST(p,q,n) 和 PrintBST$(root,i,j)$ 算法分别求出最优二叉树的代价及相应的二叉树。

i	0	1	2	3	4	5	6	7
p_i	—	0.04	0.06	0.08	0.02	0.1	0.12	0.14
q_i	0.06	0.06	0.06	0.06	0.05	0.05	0.05	0.05

6-16 如果不利用式(6.3)所示的递归方程计算表 $w[i,j]$，而是直接由式(6.2)计算，试分析 DPOptimalBST(p,q,n) 算法时间复杂度的变化。

6-17 著名计算机科学家 Knuth 已经证明，对任何 $1 \leqslant i < j \leqslant n$，最优子树的根总有 $root[i,j-1] \leqslant root[i,j] \leqslant root[i+1,j]$ 成立。请用这个结论修改 DPOptimalBST(p,q,n) 算法，使它的时间复杂度为 $O(n^2)$。

6-18 给定面额为 A 的一张纸币，现要兑换成面额分别为 $a_1,a_2,\cdots,a_n$ 的硬币。硬币兑换问题是用最少枚数的硬币兑换总金额为 A 的纸币。设计一种动态规划算法求解该问题，使对任何可用的硬币种类，总能求出最少枚数的硬币。

6-19 给定两个字符串 A 和 B,以及下列 3 种字符运算,求出将字符串 A 转换为字符串 B 需要的最少的字符运算数。请设计一种有效算法,对任意给定的 2 个字符串 A 和 B,输出将字符串 A 转换为字符串 B 所需的最少字符运算数。

(1)删除一个字符。

(2)插入一个字符。

(3)将一个字符改写为另一个字符。

6-20 一个足球场的四周摆放着 n 堆货物,现要将这些货物合并成一堆,规定每次只能选相邻的 2 堆货物进行合并,合并的代价为新的一堆的货物数。试设计一种算法,求出将 n 堆货物合并成一堆所需要的最小总代价。

6-21 给定一个由 n 行数字组成的数字三角形,如图 6.21 所示。试设计一种算法,输出从三角形的顶至底的一条路径,使该路径经过的数字总和最大。

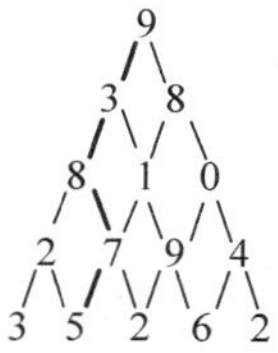

图 6.21 数字三角形

6-22 将 $3 \times n$ 的布条切割成 2×1 的方块,问有多少种切割方案?

6-23 一个机器人每步可以走 1m、2m 或 3m。编写一种动态规划算法,计算机器人走 nm,有多少种走法(考虑步骤的次序)?

6-24 n 个人参加拔河比赛,每个人有自己的重量,现在需要把他们分成两组进行比赛,每个人属于其中的一个组,两组的人员个数相差不能超过 1。为了使比赛公平,求解使两组重量差最小的分配。

6-25 有 n 个阶梯,一个人每一步只能跨一个台阶或是两个台阶,问这个人一共有多少种走法?

实验题

6-26 分别实现矩阵链乘法的递归算法、动态规划算法及其备忘录算法,并用实验分析方法分析比较 3 种算法的效率。

6-27 用动态规划算法求解石材切割问题。

6-28 在一次实验课上,同学们提交了实验代码。张老师看了几个同学的代码,就发现程序有雷同的,那么请设计一种动态规划算法,帮助张老师检查雷同的程序。

第7章

贪 心 算 法

视频讲解

7.1 算法思想

  求解最优化问题的算法一般包括一系列的求解步骤或阶段，每一个阶段要在许多选择中做出决策，然后才能得到问题的一个解。贪心算法（Greedy Algorithm）总是在每一个阶段中做出最优决策，希望通过一系列的局部最优决策获得问题的全局最优解。如果要确保得到问题的最优解，那么贪心算法必须满足无后效性，即当前阶段的决策与后面阶段的决策无关，因此，只要在当前阶段做最优的决策即可，每一阶段的最优决策最终构成问题的最优解。

  贪心算法分阶段的思想与动态规划中分阶段求解的思想是一致的。与动态规划自底向上（从最简单的问题出发）的求解思路不一样，贪心算法是采用自顶向下的求解思路，即从原问题出发，每一个阶段做出一个决策后，原问题变成一个规模更小的问题，然后继续做决策，直到最简单的问题为止。这时每一个阶段处理结束，贪心算法的解也就构造出来了。

  贪心算法是一种非常有效的、简单的算法，在大多数情况下能找到问题的最优解。即使找不到问题的最优解，贪心算法的近似解也能满足实际问题的需要。因此，利用贪心算法解决实际问题的例子在日常生活中随处可见，例如，股票投资、选择一所大学读书等。

  本章先介绍用动态规划算法求解任务选择问题，然后再将动态规划算法改造成一种贪心算法，通过这个过程，让读者仔细地体会贪心算法的简单、有效及奥妙之处。然后，介绍贪心算法在背包问题和哈夫曼编码问题中的实际应用。

7.2 任务选择问题

  假设任务的集合 $S = \{a_1, a_2, \cdots, a_n\}$，这些任务竞争同一资源，该资源一次只能被一个任务占用。当任务占用资源后，便不能中断，直至完成。每个任务 a_i 有开始时间 s_i 和完成时间 f_i，且 $0 \leqslant s_i < f_i < \infty, 1 \leqslant i \leqslant n$。如果任务 a_i 占用资源，则该任务可在半开时间区间 $[s_i, f_i)$ 内占用资源。如果任务 a_i 的活动区间 $[s_i, f_i)$ 和任务 a_j 的活动区间 $[s_j, f_j)$ 互不重叠，则称任务 a_i 和 a_j 是相互兼容的，即它们占用资源时，互不冲突。

  任务选择（Task Select）问题就是在任务占用资源互不冲突的条件下，尽可能多地选择任务占用资源,即选择相互兼容的任务的最大子集。

例如,给定任务集合 $S=\{1,2,3,4,5,6,7,8,9,10,11\}$,每个任务的开始时间和完成时间如表 7.1 所示。

表 7.1 任务的开始时间和完成时间

a_i	s_i	f_i	a_i	s_i	f_i
1	1	4	7	6	10
2	3	5	8	8	11
3	0	6	9	8	12
4	5	7	10	2	13
5	3	8	11	12	14
6	5	9			

表 7.1 中的任务已经按照完成时间进行排序。由此可知,相互兼容的任务的子集为 $\{a_3,a_9,a_{11}\}$,最大的相互兼容的任务的子集为 $\{a_1,a_4,a_8,a_{11}\}$ 和 $\{a_2,a_4,a_9,a_{11}\}$。

对于任务选择问题,本节先介绍它的动态规划算法求解过程。首先分析这个问题是否具有最优子结构性质。

定义子问题空间

$$S_{ij}=\{a_k \in S: f_i \leqslant s_k < f_k \leqslant s_j\}$$

这个子问题包括在任务 a_i 结束之后开始、a_j 开始之前结束的任务集合,如图 7.1 所示。

由图 7.1 可知,所有在时间 f_i 已经结束的任务及所有不在时间 s_j 前开始的任务均和 S_{ij} 中的任务兼容。由子问题的定义可知,S_{1n} 并没有包括任务 a_1 和 a_n,要表示原问题,还必须加入两个虚拟的任务 $a_0=[-\infty,0)$ 和 $a_{n+1}=[\infty,\infty+1)$,这样子问题 $S_{0(n+1)}=S$ 就包括原问题的所有任务。对于子问题 $S_{ij}(0\leqslant i,j\leqslant n+1)$,$i$ 和 j 的变化范围太大。为了进一步缩小范围,假设集合 S 中的所有任务按完成时间递增的顺序进行排序,即

$$f_0 \leqslant f_1 \leqslant \cdots \leqslant f_n < f_{n+1}$$

根据上述顺序,如果 $i \geqslant j$,即任务 a_i 排在 a_j 后面,则 $S_{ij}=\varnothing$。这个结论可以用反证法证明。由于已知任务 a_i 排在 a_j 后面,必有 $f_i \geqslant f_j$。假设 $S_{ij} \neq \varnothing$,即存在一个任务 $a_k \in S_{ij}$,且 $f_i \leqslant s_k < k_k \leqslant s_j < f_j$。这与已知 $f_i \geqslant f_j$ 矛盾,故结论成立。

根据上述结论,本节只需要考虑求子问题 $S_{ij}(0\leqslant i<j\leqslant n+1)$ 的最大相互兼容任务子集。

考虑从非空子问题 S_{ij} 中选择相互兼容任务的最大子集,假设上述子问题 S_{ij} 的一个解包含任务 a_k,则上述子问题 S_{ij} 分解成两个子问题 S_{ik} 和 S_{kj},如图 7.2 所示。

图 7.1 子问题空间   图 7.2 子问题 S_{ij} 的划分

子问题 S_{ij} 的解由子问题 S_{ik} 和 S_{kj} 的解和 a_k 构成,即 {子问题 S_{ij} 的解}={子问题 S_{ik} 的解}$\cup${a_k}$\cup${子问题 S_{kj} 的解}。

现在讨论任务选择问题是否具有最优子结构性质。令 A_{ij} 表示子问题 S_{ij} 的最优解的

集合,则有以下定理。

定理 7.1　假设子问题 S_{ij} 的最优解集合 A_{ij} 包括任务 a_k,则在最优解集合里的子问题 S_{ik} 的解集 A_{ik} 及子问题 S_{kj} 的解集 A_{kj} 一定是最优的,即 $A_{ij}=A_{ik}\bigcup A_{kj}\bigcup\{a_k\}$。

证明：假设子问题 S_{ik} 存在一个解 A'_{ik},该解比 A_{ik} 含有更多的任务,则

$$|A'_{ik}|+1+|A_{kj}|>|A_{ik}|+1+|A_{kj}|=|A_{ij}|$$

这与假设 A_{ij} 是子问题 S_{ij} 的最优解矛盾。证毕。

从定理 7.1 可以看出,任务选择问题具有最优子结构性质。根据这个性质,下面分析任何一个问题与其子问题最优解的关系。

令 $c[i,j]$ 表示子问题 S_{ij} 的最优解集合 A_{ij} 的大小,即 $|A_{ij}|$,显然有以下两种情况。

(1) 若 $S_{ij}\neq\varnothing$,则 $c[i,j]=0(i\geqslant j)$。

(2) 若 $S_{ij}\neq\varnothing$ 且假设 a_k 是最优解 A_{ij} 中的一个任务,则子问题 S_{ik} 的最优解 A_{ik} 的大小 $c[i,k]$ 及子问题 S_{kj} 的最优解 A_{kj} 的大小 $c[k,j]$ 与最优解 A_{ij} 的大小 $c[i,j]$ 满足以下递归方程。

$$c[i,j]=c[i,k]+c[k,j]+1$$

上述递归方程是通过假设 a_k 是最优解 A_{ij} 中的一个任务而得到的,由 S_{ij} 的定义,a_k 可取 $a_{i+1},a_{i+2},\cdots,a_{j-1}$ 中任意一个。k 共有 $j-i-2$ 个可能值,因此考虑所有的 $a_k(i<k<j)$,并选择使 $c[i,j]$ 最大的一个 a_k,由此可得递归方程

$$c[i,j]=\begin{cases}0, & S_{ij}=\varnothing \\ \max_{i<k<j,a_k\in S_{ij}}\{c[i,k]+c[k,j]+1\}, & S_{ij}\neq\varnothing\end{cases} \tag{7.1}$$

根据上述递归方程可以设计一种动态规划算法,见习题 7-1。上一章介绍了动态规划算法的效率是很高的,但是对于任务选择问题,动态规划算法的计算量仍然过大。事实上,根据任务选择问题的特点,可以得到一种更简单的算法,首先看一个有用的结论。

定理 7.2　令子问题 $S_{ij}\neq\varnothing$ 且 a_m 为子问题 S_{ij} 中具有最早完成时间的任务,即

$$f_m=\min\{f_k:a_k\in S_{ij}\}$$

则

(1) a_m 一定包含在子问题 S_{ij} 中某个任务相互兼容的最大子集中,即存在含有 a_m 的最优解。

(2) 子问题 S_{im} 是空集,即选择 a_m 后,只剩下唯一一个可能具有非空解的子问题 S_{mj}。

证明：(1) 假设子问题 S_{ij} 的最优解集合为 A_{ij},将集合 A_{ij} 中的任务按照由小到大的顺序对完成时间进行排序。设 A_{ij} 中的第一个任务为 a_k,如果 $a_k=a_m$,则所证显然成立。如果 $a_k\neq a_m$,则由于 a_m 是子问题 S_{ij} 中完成时间最早的任务,任务 a_k 的完成时间一定大于任务 a_m 的完成时间。从 A_{ij} 中去掉任务 a_k,加入 a_m 后可得到一个新集合 $A'_{ij}=\{A_{ij}-\{a_k\}\}\bigcup\{a_m\}$,$A'_{ij}$ 中的任务仍然是兼容的,而且 $|A'_{ij}|=|A_{ij}|$。这样便得到了一个包含任务 a_m 的最优解 A'_{ij},故所证成立。

(2) 假设 S_{im} 不是空集,即存在一个任务 $a_k\in S_{im}$,满足 $f_i\leqslant s_k<f_k\leqslant s_m<f_m$,表明任务 a_k 的完成时间更早,这与已知 a_m 具有最早完成时间矛盾,故所证成立。证毕。

从定理 7.2 可知,通过选择具有最早完成时间的任务 a_m,保证该任务包含在一个最优解中,因此没必要为做出选择而求解子问题 S_{im} 和 S_{mj}。算法具有的这种性质被称为贪心

选择性质。因为算法具有贪心选择性质,所以没有必要像动态规划一样在 $i-j-2$ 个选择中做最优决策,只需将 S_{ij} 中的任务按照由小到大的顺序对完成时间进行排序,然后在每一步中做贪心选择,即选择一个与前面已经选择的任务兼容且完成时间最早的任务即可。

除了减少子问题的个数及做选择的次数外,定理 7.2 还具有另一个优点,即可以用自顶向下的方式解决每个子问题。为了求解子问题 S_{ij},只需选择其中具有最早完成时间的任务 a_m,把该任务加入最优集合 A_{ij},并求解子问题 S_{mj},然后重复这个过程,最后得到的集合 A_{ij} 即为所求。为了从子问题 S_{ij} 中选择任务相互兼容的最大子集 A_{ij},贪心算法的步骤如下。

步骤 1:选择具有最早完成时间的任务 $a_m \in S_{ij}$(贪心选择)。

步骤 2:把 a_m 加到最优解的任务集合 A_{ij} 中。

步骤 3:对子问题 S_{mj} 重复上述过程。

值得注意的是,在步骤 1 中,贪心选择的任务必须与已经选择的任务兼容,如果不兼容,则必须考虑接下来的一个任务:将 $S_{0(n+1)}$ 中的任务按完成时间递增的顺序排序,即 a_0,$a_1, \cdots, a_n, a_{n+1}$。

则上述贪心算法思想可以用递归程序 RecursiveTaskSelect(s, f, i, j) 描述,伪代码如下。

```
RecursiveTaskSelect(s, f, i, j)
1      m ← i + 1
2      while m < j and s_m < f_i do
3          m ← m + 1
4      if m < j then return {a_m} ∪ RecursiveTaskSelect(s, f, m, j)
5      else return ∅
```

对原问题的求解,只需调用 RecursiveTaskSelect$(s, f, 0, n+1)$ 即可。

图 7.3 给出了一种递归算法,求解表 7.1 所示例子的过程,其中灰色的任务被选择处理。首先调用 RecursiveTaskSelect$(s, f, 0, 12)$,选择任务 a_1,其完成时间 $f_1 = 4$,如图 7.3(a)所示。其次,调用 RecursiveTaskSelect$(s, f, 1, 12)$,由于任务 a_2 和任务 a_3 的开始时间均小于 f_1,故任务 a_2 和任务 a_3 被抛弃,任务 a_4 被选择,如图 7.3(b)所示。再次调用 RecursiveTaskSelect$(s, f, 4, 12)$,由于任务 a_5、任务 a_6 和任务 a_7 的开始时间均小于 f_4,故任务 a_5、a_6 和 a_7 被抛弃,任务 a_8 被选择,如图 7.3(c)所示。类似地可以得到图 7.3(d),最大相互兼容任务的子集为 $\{a_1, a_4, a_8, a_{11}\}$。

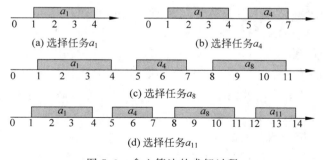

图 7.3 贪心算法的求解过程

在任务已经对完成时间按递增顺序进行排序的前提下,只需调用 $O(n)$ 次 RecursiveTaskSelect$(s, f, 0, n+1)$,即可完成求解。

递归程序 RecursiveTaskSelect(s, f, i, j) 可以转化为更简单的迭代算法 GreedyTaskSelect (s, f)，其伪代码如下。

```
GreedyTaskSelect(s, f)
1    A←{a₁}
2    i←1
3    for m←2 to n do
4        if sₘ≥fᵢ then
5            A←A ∪ {aₘ}
6        i←m
7    return A
```

在 GreedyTaskSelect(s, f) 中，每个任务被检查一次，因此其时间复杂度为 $O(n)$。

从前面的分析可知，求解任务选择问题的贪心算法的步骤如下。

步骤 1：分析问题的最优子结构性质。

步骤 2：构造递归方程，得到递归解。

步骤 3：证明在递归的每一个阶段，最优选择可以通过贪心选择来实现，即做出贪心选择总是能得到问题的最优解。

步骤 4：证明做出贪心选择后，除了一个子问题外，所有其他子问题都为空。

步骤 5：用递归算法实现贪心策略。

步骤 6：把递归算法改造成迭代算法。

在上述步骤中，涉及分析问题具有最优子结构性质，并根据此性质构造递归方程；同时，分析贪心选择能否得到问题的最优解；最后将贪心选择与相应子问题的最优解组合在一起，得到原问题的解。例如，在任务选择问题中，对于子问题 S_{ij}，进行贪心选择 a_m 后，得到子问题 S_{mj}，则子问题 S_{ij} 的最优解 $A_{ij} = \{a_m\} \cup \{$子问题 S_{mj} 的最优解 $A_{mj}\}$。因此，可以得到贪心算法更一般的求解步骤，具体如下。

步骤 1：将最优化问题的求解转化成做一个选择，只留下一个待解决的子问题。

步骤 2：证明对原问题总存在这样一个最优解，该最优解包含贪心选择。

步骤 3：在做出贪心选择后证明：贪心选择＋子问题的最优解＝原问题的一个最优解。

从求解任务选择问题的贪心算法总结了贪心算法的一般求解步骤。现在面临的问题是：在什么情况下，可以利用贪心算法最优求解最优化问题。通常情况下没有统一的判断标准，但是贪心选择和最优子结构性质是应用贪心算法的两个基本条件。如果一个最优化问题具有这两个性质，那么就可以应用贪心算法，从而得到问题的最优解。

应用贪心算法的第一个条件是贪心选择性质，即全局最优解可以通过局部最优选择得到，也就是说，在每一步，当我们考虑要做哪一个选择时，可以做当前看起来最好的选择，而无须考虑子问题的解。这也是贪心算法与动态规划算法的区别所在。在动态规划算法里，每一步的选择通常依赖子问题的解，因此动态规划算法通常采用自底向上的求解方式，通过子问题的解做决策，进而获得原问题的解。贪心算法在做选择时，只依赖到目前为止所做的选择，与将来的选择及将来的子问题都没有关系，因此，贪心算法通常采用自顶向下的求解方式，通过做贪心选择，得到类似的规模更小的子问题。贪心算法做贪心选择时，无须考虑子问题的解，因而比动态规划算法更有效。当然，我们必须证明，待求解最优化问题的算法具有贪心选择性质。

如果问题的最优解包括子问题的最优解,则说明该问题具有最优子结构性质,这个性质是应用贪心算法和动态规划算法求解一个问题的最基本条件。例如,在任务选择问题中,如果子问题 S_{ij} 的最优解包括任务 a_k,则其最优解 A_{ij} 必定包括子问题 S_{ik} 的最优解 A_{ik} 及子问题 S_{kj} 的最优解 A_{kj}。由此可见,应用贪心算法和动态规划算法都需要满足一个条件,即问题具有最优子结构性质,但是它们还是有很大的区别。下面,我们再给出一些例子。

7.3 背包问题

视频讲解

对于 0/1 背包问题,动态规划一节已经证明该问题具有最优子结构性质。事实上,背包问题也具有最优子结构性质。考虑 n 个物品,重量不超过 W 的最有价值的装载。如果我们在最优装载中,从物品 j 中取走部分重量 w,那么剩下的装载必定是重量不超过 $W-w$ 的 $n-1$ 个剩余物品,以及重量为 w_j-w 的物品 j 的价值最大的装载。这个最优子结构性质可用反证法类似证明(见习题 7-4)。

现在考虑解背包问题的两种贪心策略,具体如下。

(1) 贪心策略 1:每次选择价值最大的物品装入背包。

例如,给定 $W=50$、$w_1=10$、$v_1=60$、$w_2=20$、$v_2=100$、$w_3=50$、$v_3=150$,采用贪心策略 1 解 0/1 背包问题可以得到总价值 150,采用最优算法解则可以获得价值 160。如果用该策略解背包问题,总价值仍然为 150,事实上,最优算法可以获得总价值 220。

(2) 贪心策略 2:每次选择单位重量价值 v_i/w_i 最大的物品。例如,给定 $W=50$、$w_1=10$、$v_1=60$、$w_2=20$、$v_2=100$、$w_3=30$、$v_3=120$,如图 7.4 所示,采用贪心策略 2 解 0/1 背包问题可以得到总价值 160,采用最优算法装载的价值则为 220。如果用该策略解背包问题,可得到总价值 240,达到最优价值。

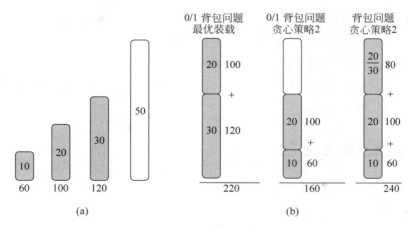

图 7.4 贪心策略 2 案例

从上面的分析可知,两种贪心策略对 0/1 背包问题都不能得到最优解;贪心策略 1 解背包问题,也不能得到最优解。虽然 0/1 背包问题和背包问题类型比较相似,但是 0/1 背包问题的算法不具有贪心选择性质,因此无法利用贪心算法来得到问题的最优解,而背包问题虽然不能利用贪心策略 1 获得最优解，但是却可以用贪心策略 2 找到最优解。这说明贪心策略也并不一定能得到背包问题的最优解。下面先给出贪心策略 2 的伪代码。

```
Greedy2Knapsack(W, v)
1    order items based on their value per pound:
     v₁/w₁ ≥ v₂/w₂ ≥ ··· ≥ vₙ/wₙ
2    i ← 1; w ← W
3    while w > 0 and as long as there are items remaining do
4        xᵢ ← min {1, w/wᵢ}
5        remove item i from list
6        w ← w − wᵢxᵢ
7        i ← i + 1
```

Greedy2Knapsack(W,v)算法的时间复杂度主要取决于排序算法，如果使用合并排序算法，则可得到时间复杂度 $O(n\lg n)$。下面证明该算法解背包问题具有贪心选择性质。

定理 7.3 解背包问题的 Greedy2Knapsack(W,v)算法具有贪心选择性质。

证明：设按照单位重量价值比从大到小排序后，物品的序列为 $\langle 1,2,\cdots,i,\cdots,n\rangle$，设最优解序列为 $\langle x_1,x_2,\cdots,x_i,\cdots,x_n\rangle$，贪心解序列：$\langle y_1,y_2,\cdots,y_i,\cdots,y_n\rangle$。证明的思路是将最优解改造成贪心解，使改造后的解满足问题的约束条件，而且总价值不会比最优解的总价值少。首先看物品 1，因为贪心选择尽可能多地选择物品 1，所以 $y_1 \geq x_1$。如果 $y_1 = x_1$，则不需要改造，物品 1 确实是按照贪心策略进行选择的。如果 $y_1 > x_1$，为了将最优解改造成贪心解，则必须在最优解中增加 x_1 的值，同时减少最优解中其他物品的使用量 x_j（$1 < j \leq n$），以使总装入重量不变。物品 1 增加的重量为 $(y_1 - x_1)w_1$，物品 j 要减少同样的重量，则 x_j 减少的值为 $(y_1 - x_1)w_1/w_j$，因此在最优解中物品 1 的价值的增量为 $(y_1 - x_1)v_1$，物品 j 价值的减量为 $(y_1 - x_1)w_1v_j/w_j$。由于 $v_1/w_1 \geq v_j/w_j$，能够得到

$$(y_1 - x_1)v_1 \geq (y_1 - x_1)w_1v_j/w_j$$

这表明在最优解中对物品 1 的使用量进行改造，使整个解仍然满足约束条件，而价值不会减少。类似地可对最优解中第 2 个物品的使用量进行改造，直到物品 i（$y_i = 0$）为止。这样，最优解就被改造成贪心解，这个贪心解满足约束条件，而且其价值不会比最优解的价值小，显然贪心解也是最优解，因此，贪心算法 Greedy2Knapsack(W,v) 具有贪心选择性质，从而能获得问题的最优解。证毕。

7.4 哈夫曼编码问题

哈夫曼编码是数据压缩算法中效率很高的一种压缩技术，在数据压缩领域得到广泛的应用。当然，哈夫曼编码压缩的效果取决于压缩的数据，压缩率一般能达到 $20\% \sim 90\%$。为了方便分析，考虑一个字符串数据，哈夫曼贪心算法就是根据每个字符在串中出现的频率，用一个二进制串来代表每一个字符，以达到压缩的目的。

假设有一个包含 100 000 个字符的数据文件需要压缩存储，该数据文件包含字符 $a \sim f$，共 6 个，各字符出现的频率如表 7.2 所示。

有许多方式来表示这样的文件信息，下面用二进制字符码字来表示。如果每个字符编

码后的二进制串的长度相等,则称这种编码方式是固定长度码字编码。如果每个字符编码后的二进制串的长度不等,则称这种编码方式是变长码字编码。从表7.2中可以看出,采用长度为3的固定长度码字编码,需要 $100\,000 \times 3 = 300\,000$ 位。我们能否做得更好呢?采用变长码字编码,需要 $(45 \times 1 + 13 \times 3 + 12 \times 3 + 16 \times 3 + 9 \times 4 + 5 \times 4) \times 1\,000 = 224\,000$(位),比固定长度编码节约25%。事实上,变长码字编码是一种最优的编码方式。

在介绍哈夫曼编码之前,我们介绍一些概念。

前缀编码指的是任何一个编码码字不是其他编码码字的前缀。可以证明,由字符编码获得的最优数据压缩总是可以用某种前缀编码获得。哈夫曼就是利用前缀编码实现最优的数据压缩。编码指的是将文件中代表各个字符的编码连接起来,例如,$abc \rightarrow 0 \cdot 101 \cdot 100 \rightarrow 0101100$,其中,· 表示连接符。

前缀编码的好处在于简化了编码与解码。利用前缀编码可以很容易地实现解码,这是因为任何一个编码码字不是其他编码码字的前缀,因此解码一个文件的码字是明确的,例如,$001011101 \rightarrow 0 \cdot 0 \cdot 101 \cdot 1101 \rightarrow aabe$。

解码过程需要一种方便的形式表示前缀码,二叉树就是一种好的表示形式。用二叉树的叶子节点代表每个字符,那么一个字符的编码可以解释为从根至该字符节点的路径,其中,0 表示转向左子节点,1 表示转向右子节点,则可以构造出一棵与编码序列相符的二叉树。例如,表7.2中字符的编码就可以方便地用二叉树来表示,其中,图7.5(a)是固定长度编码的二叉树表示,图7.5(b)是变长编码的二叉树表示。

表 7.2 字符 a~f 出现的频率及两种码字

字　　符	频　　率	固定长度码字	变长码字
a	45	000	0
b	13	001	101
c	12	010	100
d	16	011	111
e	9	100	1101
f	5	101	1100

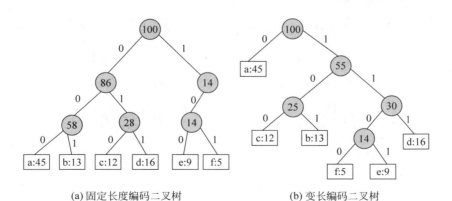

(a) 固定长度编码二叉树　　　　(b) 变长编码二叉树

图 7.5　两种编码方式二叉树

给定对应一种前缀编码的二叉树 T，很容易计算出编码一个文件所需的位数。对字符表 C 中的字符 c，设 $f(c)$ 表示 c 在文件中出现的频率，$d_T(c)$ 表示叶子 c 在树中的深度。注意 $d_T(c)$ 也是字符 c 的编码长度。这样编码一个文件所需的位数为

$$B(T) = \sum_{c \in C} f(c) d_T(c)$$

并定义 $B(T)$ 为树 T 的代价。由于编码一个文件所需的位数取决于二叉树 T，因此问题的关键在于如何构造二叉树 T，使 $B(T)$ 尽可能地小。

哈夫曼提出了一种贪心算法来构造最优的前缀编码，其正确性在于贪心选择性质和最优子结构性质，后文将给出证明。哈夫曼算法采用自底向上的方式构造二叉树，先初始化每一个字符，用一个单独节点表示，从而得到树的森林，然后在每一步，选择频率最小的两棵树组合成一棵更大的树，其伪代码如下。

```
HuffmanCode(C)
1    Q←C
2    for i←1 to n-1 do
3        allocate a new node z
4        x←ExtractMin(Q)
5        y←ExtractMin(Q)
6        f(z)←f(x) + f(y)
7        Insert(Q, z)
8    return ExtractMin(Q)
```

其中，C 为一个字符表，其大小 $n = |C|$；Q 是一个最小优先队列，可用最小堆来实现；ExtractMin(Q) 和 Insert(Q, z) 均是有关最小堆的运算，前者表示将 Q 中包含最小频次的节点删除，并返回一个指向该节点的指针，后者表示将节点 z 插入到最小堆 Q 中。因为每个堆运算需要 $O(\lg n)$，需要循环 n 次，因此 HuffmanCode(C) 的时间复杂度为 $O(n \lg n)$。

下面给出 HuffmanCode(C) 对字符表 $C = \{a, b, c, d, e, f\}$ 构造最优前缀编码的过程，如图 7.6 所示。图 7.6(a) 给出了每个字符出现的频次，并初始化为一片森林。然后，选择两个最小的节点 x 和 y，产生一个新节点 z，从而得到一棵新的子树，如图 7.6(b) 所示，图 7.6(b)~(f) 给出了详细的计算过程。

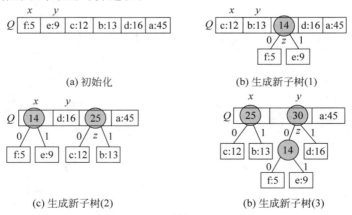

(a) 初始化 (b) 生成新子树(1)

(c) 生成新子树(2) (b) 生成新子树(3)

图 7.6 贪心求解的过程

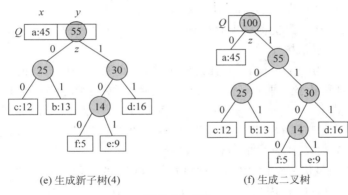

(e) 生成新子树(4)　　　　　(f) 生成二叉树

图 7.6 （续）

　　要证明哈夫曼算法的正确性,需要证明确定最优前缀编码的算法具有贪心选择性质及最优子结构性质。下面先证明哈夫曼算法具有贪心选择性质。

　　定理 7.4　令 C 为一个字符表,对任意的字符 $c \in C$ 在文件中出现的频率为 $f(c)$。令 x 和 y 为 C 中出现频率最小的两个字符,那么对 C 存在一个最优前缀编码。在这种编码中,x 和 y 的编码长度最长,且长度相等,只有最后一位不同。

　　证明：证明的思想是对于一棵表示任意最优前缀编码的二叉树 T,如果该树最深的两个叶子节点为 x 和 y,则不需要证明,否则对该树进行修改,使该树表示另一个最优前缀编码,而且 x 和 y 出现在深度最深的且具有共同父节点的叶子上。假设树 T 表示任一种最优前缀编码,a 和 b 为树 T 中具有最大深度的节点,如图 7.7(a)所示。假设 $f(a) \leqslant f(b)$ 且 $f(x) \leqslant f(y)$。因为 x 和 y 是两个出现频率最低的字符,所以有 $f(x) \leqslant f(a)$ 和 $f(y) \leqslant f(b)$。将节点 a 和 x 互换得树 T',如图 7.7(b)所示。

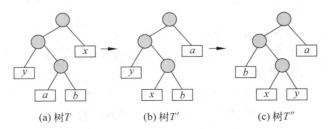

(a) 树 T　　　　(b) 树 T'　　　　(c) 树 T''

图 7.7 将最优解改造成贪心解

　　树 T 与 T' 的代价之差为

$$
\begin{aligned}
B(T) - B(T') &= \sum_{c \in C} f(c) d_T(c) - \sum_{c \in C} f(c) d_{T'}(c) \\
&= f(x) d_T(x) + f(a) d_T(a) - f(x) d_{T'}(x) - f(a) d_{T'}(a) \\
&= f(x) d_T(x) + f(a) d_T(a) - f(x) d_T(a) - f(a) d_T(x) \\
&= (f(a) - f(x))(d_T(a) - d_T(x))
\end{aligned}
$$

由于 $f(x) \leqslant f(a)$ 且 $d_T(x) \leqslant d_T(a)$,$B(T) - B(T') \geqslant 0$,即 $B(T) \geqslant B(T')$。

　　类似地,将 T' 中的 b 与 y 对换得到 T'',如图 7.7(c)所示,同理可得 $B(T') \geqslant B(T'')$。

　　由此可见,每次交换两个节点都不增加代价,所以 T'' 也是最优前缀编码树,其中,x 和

y 为具有最大深度的兄弟节点,从而证明了定理7.4。证毕。

定理7.4证明了构造最优前缀编码的算法具有贪心选择性质。下面证明构造最优前缀编码的问题具有最优子结构性质。

定理7.5　令 C 为一个字符表,对任意的字符 $c \in C$ 在文件中出现的频率为 $f(c)$,令 x 和 y 为 C 中出现频率最小的两个字符。从 C 中删除 x 和 y 两个字符并加入新的字符 z,得到新的字符表 C',即 $C' = \{C - \{x, y\}\} \bigcup \{z\}$。除了 $f(z) = f(x) + f(y)$ 外,C' 中字符频率的定义同 C。树 T' 代表 C' 的最优前缀编码,对树 T' 的叶子节点 z,添加两个孩子节点 x 和 y,就可以得到树 T,则 T 代表 C 的最优前缀编码。

证明：为了证明最优子结构性质,必须将树 T 与 T' 的代价建立起关系。对于 $c \in C - \{x, y\}$,有 $d_T(c) = d_{T''}(c)$,因此 $f(c)d_T(c) = f(c)d_{T'}(c)$。由于 $d_T(x) = d_T(y) = d_{T'}(z) + 1$,有

$$f(x)d_T(x) + f(y)d_T(y) = (f(x) + f(y))(d_{T'}(z) + 1)$$
$$= f(x) + f(y) + f(z)d_{T'}(z)$$

可得 $B(T) = B(T') + f(x) + f(y)$。

假设 T 并不是 C 的最优前缀编码,则由定理7.4可知,存在树 T'',使 $B(T'') < B(T)$ 且 x 和 y 为兄弟,这样可以根据字符集 C' 构造一棵树 T''',使 $B(T'') = B(T''') + f(x) + f(y)$。由于 $B(T'') < B(T)$,可得 $B(T''') < B(T')$,这与 T' 代表 C' 的最优前缀编码矛盾。故 T 代表 C 的最优前缀编码,所证成立。证毕。

由定理7.4和7.5可知,HuffmanCode(C) 产生一种最优前缀编码,从而证明了算法 HuffmanCode(C) 的正确性。

7.5　缓存维护问题

缓存维护问题在许多实际应用领域中出现,具有不同的目标和约束条件。一般地,缓存维护问题可以描述如下：考虑 n 个页面,驻留在主内存中；同时也有一个高速缓存,能容纳 k 个页面。现有来自主内存中的 m 个页面请求序列 $I = \langle I_1, I_2, \cdots, I_i, \cdots, I_m \rangle$,其中,$m > k$。对于这个需要处理的序列,必须随时决定当前哪 k 个页面在缓存中。对于某个请求的页面 I_i 而言,如果它在缓存中,则可以很快访问；如果它不在缓存中,则发生一次缺页,这时必须将它调入缓存。如果当前缓存未满,则直接将页面 I_i 调入缓存,否则必须决定将缓存中的哪个页面置换出来,以便为页面 I_i 腾出空间。缓存维护问题的目的是如何调度页面,使缺页数尽可能地少。

当将页面 I_i 调入缓存时,必须考虑将缓存中的一个页面置换出,通常采用下面的贪心置换策略。

(1) 先进先出(First Input First Output,FIFO)策略：每次将缓存中驻留时间最长的一个页面置换出来。

(2) 请求最迟策略：每次将缓存中将来最迟被请求的一个页面置换出来。

FIFO 策略比较简单,而且易于实现,因为该策略只需要一个先进先出队列管理页面的置换。当主内存发出一个请求页面时,把页面插入队列,然后把页面放入缓存中。当需要置换出页面时,计算机简单地执行出队操作,以确定置换出的页面,因此,每次页面置换发生

时,FIFO 策略只需要 $O(1)$ 个额外的计算量。同样地,对于页面请求,FIFO 策略也不需要额外的开销。

　　请求最迟策略是一种很自然的策略,该策略总是置换出(Evict)将来最迟被请求的一个页面。请求最迟策略的算法 GreedyCaching() 的伪代码如下。

```
GreedyCaching()
1      the set of pages in cache is C
2      k←0
3      for i←1 to m do
4          if I_i ∈ C then
5              evict nothing
6          else
7              select a page I_j ∈ C that is latest to be requested in the future
8              C←C - I_j
9              C←C∪I_i
10             k←k + 1
11     return k
```

其中,k 是缺页次数。在 GreedyCaching() 的伪代码中,在第 1 行初始化缓存(cache)的页面集合 C;第 3 行对请求序列中的页面(page)I_i,如果 $I_i \in C$,则不需要置换(第 5 行),否则,在第 7 行选择一个将来最迟被请求的页面 $I_j \in C$;第 8 行置换出 I_j;第 9 行调入请求页面 I_i。

　　例如,考虑一个请求序列 $\langle I_1, I_2, I_3, I_4, I_1, I_4, I_5, I_1, I_4, I_2, I_3 \rangle$,$k=3$,最初缓存中 $C=\{I_1, I_2, I_3\}$ 有 3 个页面。如果按照贪心置换策略(1)——FIFO 策略,由于 3 个页面都在缓存里,前面 3 个请求不需要置换,第 4 个请求置换出 I_1,第 5 个请求置换出 I_2,第 6 个请求不发生置换,第 7 个请求置换出 I_3,第 8~9 个请求不需要置换,第 10 个请求置换出 I_4,在第 11 个请求置换出 I_1。执行完整个页面请求序列,总共置换出 5 个页面,因此缺页次数为 5。

　　如果按照贪心策略(2)——请求最迟策略,第 4 个请求由于缓存中的 I_3 将来最迟被请求,即它将在第 11 个请求才被请求,因此贪心策略(2)将置换出 I_3。同理,该策略在第 7 个请求置换出 I_2。第 10 个请求,由于当前缓存中的页面将来不会被请求,此时置换出缓存中的哪个页面,可以随机决定,也可以按照先进先出的规则置换即可。类似地,第 11 个请求也照此处理,置换出一个页面。执行完整个页面请求序列,总共置换出 4 个页面,因此缺页次数为 4。事实上,这个贪心策略(2)是最优的,下面证明该策略具有贪心选择性质。

　　定理 7.6　GreedyCaching() 算法具有贪心选择性质。

　　定理 7.6 的证明类似背包问题,布置为习题 7-14,这里就不再给出。

　　上述贪心算法在使用前必须预先得知整个页面请求序列,而在实际应用中,整个页面请求序列是无法预先知道的。在这种情况下,我们必须考虑随机在线算法,这里就不再介绍,有兴趣的读者可以参考文献[1]。

7.6　任务选择问题实验

　　前面我们已经介绍了利用动态规划算法、递归贪心算法和贪心算法来求解任务选择问题。为了比较 3 种算法的效率,我们将 3 种算法用 C++语言编程实现,并在 CPU 为

2.4GHz,内存为512MB的PC上测试问题规模n分别为100、200、400、600、800、1000的同样实例,其最大相容任务数分别为19、24、30、40、46、52,这些实例均为随机生成,算法的执行时间如表7.3和图7.8所示,其中时间单位为秒。可以看出,图7.8清楚直观地展示了随着问题规模n的增大,执行时间的增长趋势。

3种算法都能找到最大相容任务的子集,但是从表7.3和图7.8可以看出,递归贪心算法和贪心算法几乎不需要时间,在速度上没有什么区别,而动态规划算法则随着问题规模的增大,需要的时间越来越多,因此贪心算法效率更高。

表7.3 3种算法的执行时间

算法 \ n	100	200	400	600	800	1 000
动态规划算法	0.000	0.015	0.189	0.656	1.656	3.250
递归贪心算法	0.000	0.000	0.000	0.000	0.000	0.000
贪心算法	0.000	0.000	0.000	0.000	0.000	0.000

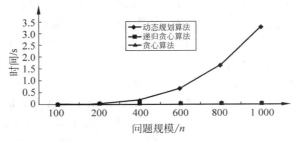

图7.8 3种算法求解时间比较

7.7 小结

前面已经介绍了证明贪心选择性质的方法,即将最优解改造成贪心解,然后证明贪心解不会比最优解差,从而证明贪心解也是最优的。当然,也可以利用循环不变量的方法来证明,这种证明方法将在图算法中介绍。事实上,两种证明的思路,本质上是一致的。

如果算法具有最优子结构性质和贪心选择性质,那么贪心算法通过逐步局部的贪心选择,能够快速地得到问题的最优解。但是,许多实际问题不具有最优子结构性质或贪心选择性质,因此利用贪心算法常常得不到问题的最优解。然而有趣的是,对有些问题,贪心算法虽然得不到它们的最优解,但是求解速度非常快,而且解的质量也不错,因此在工程应用领域受到普遍的重视。

本章内容主要取材于《算法导论》[2],首先介绍了贪心算法的思想,然后通过4个经典问题,介绍了贪心算法的设计与分析。图算法一章还将讨论贪心算法的应用。关于贪心算法的理论基础,对实际问题的求解帮助不大,这里就不再介绍,有兴趣的读者,可以参考《算法导论》[2]。此外,贪心算法是设计近似算法的主要方法之一,有兴趣的读者可以参考文献[1]。

习题

7-1 根据递归方程(7.1),设计出任务选择问题的动态规划算法。要求算法能计算出 $c[i, j]$ 的大小及最大相互兼容任务子集 A。

7-2 假设不是选择第一个结束的任务,而是选择一个与之前选入任务兼容的最后一个开始的任务,试说明这是一种贪心算法,并证明该算法能得到一个最优解。

7-3 假设有很多教室来对一组活动进行调度,我们希望使用尽可能少的教室来调度所有的活动。请给出一种有效的贪心算法,要求能确定每一个活动应使用哪一个教室。

7-4 证明背包问题具有最优子结构性质。

7-5 假设在 0/1 背包问题中,按重量递增所排的物品的次序与按价值递减所排的次序一样,请给出求这种背包问题最优解的有效算法,并分析其正确性。

7-6 试证明一棵不满的二叉树不可能对应一种最优前缀编码。

7-7 如果对字母表中字符按其频次的单调递减顺序排序,则存在一个编码长度单调递增的最优编码,试证明上述结论。

7-8 将哈夫曼编码推广至三进制编码(即用符号 0、1、2 来编码),并证明能产生最优三进制编码。

7-9 对上一章习题 6-18,假设要用最少枚数的硬币来兑换总金额为 A 的货币,可用硬币的面额是 1、5 和 10,设计一种有效算法,并分析你的结论。

7-10 设有 n 个客户同时等待一项服务,其中,客户 i 需要的服务时间为 $t_i (1 \leqslant i \leqslant n)$,应如何安排 n 个客户的服务次序,才能使平均等待时间达到最小。其中,平均等待时间是 n 个客户等待服务时间的总和除以 n。

7-11 A 驾驶着轿车沿着国道 107 从深圳开往北京。当 A 的车加满油时,可以跑 n 千米。A 有一张地图,标出了沿途中加油站之间的距离。为了节省时间,A 希望在路途中尽量少地加油。请设计出一种有效算法,帮助 A 决定该在哪些加油站加油,并证明该算法能够得到最优解。

7-12 假设有两个集合 A 和 B,并且每个集合包含 n 个正整数,你可以按自己的意愿将集合重新排序。重新排序后,设集合 A 的第 i 个元素为 a_i,集合 B 的第 i 个元素为 b_i,则你可以获得的回报为 $\prod_{i=1}^{n} a_i^{b_i}$。请设计出一种能求出最大回报的有效算法,并证明算法的正确性,给出其运行时间。

7-13 假设海岸是一条直线,陆地在海平面的一侧,海上有很多小岛(每个小岛可看作海里面的一个点)。在海岸上可布置若干雷达,每个雷达的控制范围为 d,即如果小岛离雷达的距离不超过 d,那么小岛就在雷达的控制范围之内,如图 7.9 所示,方块是雷达,P_1、P_2、P_3 是小岛。假设 x 轴表示海岸,海在 x 轴上面,小岛用坐标 (x, y) 表示,给定一些小岛的坐标和雷达的控制距离 d,求所需要的最少雷达数。

7-14 证明定理 7.6。

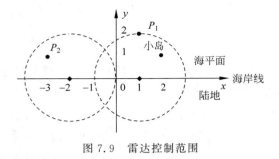

图 7.9　雷达控制范围

实验题

7-15　将背包问题分别用 3 种贪心算法实现，并用实验分析方法分析哪种贪心算法更有效。

7-16　用贪心算法求解石材切割问题。

第8章

图 算 法

在互联世界中,每个国家、每个人不是独立的实体,而是具有一定的关系。表示实体之间相互关系的最合适的数据结构,就是图,例如,社交网络,一个人就是一个顶点,互相认识的人之间通过边联系。又如,科学和工程领域里的许多问题——地理信息系统、道路交通网络、计算机网络等都可以形式化为一个图问题,然后,对图问题进行分析和计算。因此,求解图问题的算法是计算机科学的基础。

图算法提供了一种最有效的分析图数据的方法,描述了如何处理图,以发现一些定性或者定量的结论。图算法基于图论,利用顶点之间的关系推断复杂系统的结构和变化。我们可以使用这些算法来发现隐藏的信息,验证业务假设,并对行为进行预测。例如谷歌(Google)的 Pagerank 算法用于网页页面排序,图神经网络模型用于推荐系统。

下面首先介绍图的表示,然后介绍一些基本的图算法,这些图算法是许多复杂图算法的基础。

给定一个图 $G=(V,E)$,其中,V 表示顶点集合,大小记为 $|V|$;E 表示边的集合,大小记为 $|E|$。如果图中的边是有方向的,则称该图为有向图,否则称为无向图。表示一个图 $G=(V,E)$ 通常有两种方式:邻接表和邻接矩阵。邻接表由 $|V|$ 个链表组成,每个顶点 u 有一个链表 Adj[u],该链表由所有与 u 相邻的顶点 v 构成。假设图 $G=(V,E)$ 的顶点编号为 $1,2,\cdots,|V|$,其邻接矩阵由 $|V|\times|V|$ 的矩阵 $A=(a_{ij})$ 构成,其中

$$a_{ij} = \begin{cases} w(i,j), & (i,j) \in E \\ 0, & \text{其他} \end{cases}$$

其中,$w(i,j)$ 表示边 (i,j) 的权值或者代价,如果不考虑边的权值,则 $w(i,j)=1$。图 8.1(a)所示的无向图的邻接矩阵及邻接表分别如图 8.1(b)和图 8.1(c)所示。图 8.2(a)所示的有向图的邻接矩阵及邻接表分别如图 8.2(b)和图 8.2(c)所示。

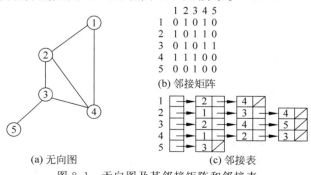

图 8.1 无向图及其邻接矩阵和邻接表

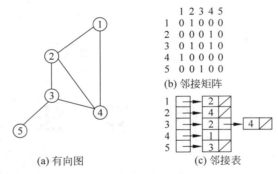

(b) 邻接矩阵

(a) 有向图　　　　　　(c) 邻接表

图 8.2　有向图及其邻接矩阵和邻接表

对于图的这两种表示，大量的研究实践表明，邻接表适用于描述那些 $|E|$ 远远小于 $|V|^2$ 的稀疏图，而邻接矩阵适用于描述那些 $|E|$ 很接近 $|V|^2$ 的稠密图。

8.1　图的搜索问题

8.1.1　宽度优先搜索

给定图 $G=(V,E)$ 和一个固定的顶点 s，宽度优先搜索（Breadth First Search，BFS）系统地搜索图 G 的边，以找出每个从 s 可以到达的顶点，并且计算从 s 到每个可达顶点的距离（最小的边数），同时生成一棵从根 s 到所有可达顶点的宽度优先生成树。宽度优先搜索算法 $\text{BFS}(G,s)$ 可以描述如下。

```
BFS(G, s)
1    for each vertex u ∈ V - {s} do
2        color[u]←White
3        d[u]←∞
4        π[u]←NIL
5    color[s]←Gray
6    d[s]←0;π[s]←NIL; Q←∅
7    Enqueue(Q, s)
8    while Q≠∅ do
9        u←Dequeue(Q)
10       for each v ∈ Adj[u] do
11           if color[v] = White then
12               color[v]←Gray
13               d[v]←d[u] + 1
14               π[v]←u
15               Enqueue(Q, v)
16       color[u]←DarkGray
```

在算法 $\text{BFS}(G,s)$ 中，$\text{color}[u]$ 记录顶点 u 的颜色。如果该顶点还没有被搜索过，则标记其颜色为白色（White）；如果该顶点被搜索过，则标记其颜色为灰色（Gray）；如果该顶点的所有邻接顶点被搜索过，则标记其为深灰色（DarkGray）。$d[u]$ 表示从顶点 s 到顶点 u 所经历的边数。$\pi[u]$ 表示搜索到顶点 u 之前所经历的距离 u 最近的顶点，即 u 的父顶点。队列 Q 记录搜索过的灰色顶点。BFS(G,s) 的第 1～6 行表示进行初始化，初始时刻，队列 Q 里只有出发顶点 s。当 Q 不为空($\varnothing$)时，执行第 9～16 行，从队列里取出一个顶点，即 Dequeue(Q)，然后对该顶点的每个邻接顶点(v)，判断其颜色，如果为白色，则将其标记为灰色，保存到队列 Q 中，即 Enqueue(Q,v)，并更新 $d[v]$ 和 $\pi[v]$。当顶点 u 的邻接顶点 v 都搜索过后，将 u 标记为深灰色。

图 8.3 给出了 BFS(G,s) 搜索一个图的过程。图 8.3(a) 给出了一个无向图，并已经执行 BFS(G,s) 第 1～6 行。对 s 的每个邻点进行搜索，并标记为灰色后，其深度为 1。若 s 的邻点都已经搜索过，则 s 被标记为深灰色，如图 8.3(b) 所示，顶点 r 出队列。r 只有一个邻点 v，将邻点 v 标记为灰色；$d[v]=2$，然后 r 标记为深灰色，如图 8.3(c) 所示，顶点 w 出队列。w 有两个邻点 t 和 x，将它们分别标记为灰色，$d[t]=2$，$d[x]=2$，然后 w 标记为深灰色，如图 8.3(d) 所示，顶点 v 出队列。v 没有邻点，因而直接标记为深灰色，如图 8.3(e) 所示，顶点 t 出队列。t 有一个白色邻点 u，将邻点 u 标记为灰色，$d[u]=3$，如图 8.3(f) 所示，顶点 x 出队列。x 只有一个白色邻点 y，将邻点 y 标记为灰色，$d[y]=3$，然后 x 被标记为深灰色，如图 8.3(g) 所示。由于 u 和 y 没有邻接点为白色，因此直接标记为深灰色，如图 8.3(h) 所示。

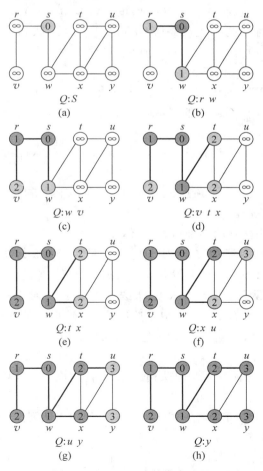

图 8.3 BFS(G,s) 的搜索过程

为了证明宽度优先搜索算法的正确性，下面先给出最短路径长度的定义。

定义 8.1 最短路径长度 $\delta(s,v)$ 为从顶点 s 到顶点 v 的所有路径中，最短路径所具有的边数。如果从 s 到 v 不存在任何路径，那么 $\delta(s,v)=\infty$。

引理 8.1 设 $G=(V,E)$ 为一个有向或无向图，并且假设 $s\in V$ 为任意一个顶点，那么，对于任意的边 $(u,v)\in E$，有

$$\delta(s,v)\leqslant\delta(s,u)+1$$

证明：分两种情况进行证明。

(1) 如果 u 从 s 出发可达，则 v 从 s 出发可达，因此，从 s 到 v 的最短路径的长度不会比从 s 到 u 再经过边 (u,v) 路径长度更长。

(2) 用反证法证明，假设路径更长，则 s 到 v 的最短路径变为从 s 到 u 再到 v，这与已知矛盾。如果 u 不能从 s 出发可达，则 $\delta(s,u)=\infty$。因此引理成立。证毕。

引理 8.2 设图 $G=(V,E)$ 是一个有向或无向图，假设从 G 的顶点 $s\in V$ 出发，运行 BFS，那么在算法终止之前，对于顶点 $v\in V$，由 BFS 计算得到的 $d[v]$ 满足 $d[v]\geqslant\delta(s,v)$。

证明：下面用执行 ENQUEUE 运算的次数 n 进行归纳证明。

当 $n=1$ 时，$d[s]=0=\delta(s,s)$，并对所有的 $v\in(V-\{s\})$，有 $d[v]=\infty\geqslant\delta(s,v)$。

当 $n=k$ 时，考虑 u 的白色邻接顶点 v，假设 $d[u]\geqslant\delta(s,u)$。

当 $n=k+1$ 时，此时 v 为灰色，$d[v]=d[u]+1$，v 进队列，根据假设及引理 8.1，有 $d[v]=d[u]+1\geqslant\delta(s,u)+1\geqslant\delta(s,v)$。而且，此时 v 为灰色，不会再进队列，因此，$d[v]$ 值不会再改变，故所证成立。证毕。

引理 8.3 假设当 BFS 对图 $G=(V,E)$ 执行搜索时，队列 Q 包含顶点 v_1、v_2、$\cdots\cdots$、v_r，其中，v_1 是队列 Q 的头，v_r 是队列的尾，则有 $d[v_r]\leqslant d[v_1]+1$，并且对于 $i=1,2,\cdots,r-1$，有 $d[v_i]\leqslant d[v_{i+1}]$。

证明：下面用对执行队列运算的次数 n 进行归纳的方法，证明该引理在顶点进队列和出队列后仍然成立。

当 $n=1$ 时，队列中只有一个顶点 s，显然有 $d[s]\leqslant d[s]+1$。

当 $n=k$ 时，假设有 $d[v_r]\leqslant d[v_1]+1$ 且 $d[v_i]\leqslant d[v_{i+1}]$。

当 $n=k+1$ 时，考虑队列的两种运算，具体如下。

(1) 如果执行出队列运算，那么队列的头 v_1 出队列，v_2 成为新的队列头。由归纳假设可知，有 $d[v_r]\leqslant d[v_1]+1$。由于假设 $d[v_1]\leqslant d[v_2]$，有 $d[v_r]\leqslant d[v_1]+1\leqslant d[v_2]+1$。

(2) 如果顶点 v 入队列，则成为队列 Q 的顶点 v_{r+1}。对于刚出队列的顶点 u，根据 BFS，有 $d[v_{r+1}]=d[v]=d[u]+1$。根据归纳假设，新的队列头 v_1 满足 $d[v_1]\geqslant d[u]$，从而有 $d[v_{r+1}]=d[v]=d[u]+1\leqslant d[v_1]+1$，又由假设 $d[v_r]\leqslant d[u]+1$ 可得，$d[v_r]\leqslant d[u]+1=d[v_{r+1}]$。

由此可见，不管执行进队列还是出队列运算，所证均成立。证毕。

由引理 8.3，马上可得如下结论。

推论 8.1 假设顶点 v_i 和 v_j 在 BFS 的搜索过程中入队列，且 v_i 比 v_j 更先入队列，那么在 v_j 进队列后，有 $d[v_i]\leqslant d[v_j]$。

有了这些准备后，现在证明 BFS 的正确性，即 BFS 正确地计算了从顶点 s 出发到达顶点 v 的最短路径距离。

定理 8.1 设 $G=(V,E)$ 是一个有向或无向图,并且假设从一个给定的顶点 $s\in V$ 出发执行 BFS,对图 G 进行搜索,那么在搜索过程中,BFS 搜索出从 s 可达的顶点 $v\in V$。在搜索终止时,对于 $v\in V$,有 $d[v]=\delta(s,v)$。并且对于从 s 可达的 $v\neq s$,从 s 到 v 的一条最短路径就是先沿着最短路径从 s 到 $\pi[v]$,再沿着边 $(\pi[v],v)$ 到 v。

证明: 假设顶点 v 得到一个不等于其最短路径长度的 d 值,即 $d[v]\neq\delta(s,v)$,显然有 $v\neq s$。由引理 8.2 可得,$d[v]\geq\delta(s,v)$,又由假设可得 $d[v]>\delta(s,v)$,并且 s 可达 v。设 u 为从 s 到 v 的一条最短路径上紧邻 v 的一个顶点,则 $\delta(s,v)=\delta(s,u)+1$。

因为 $\delta(s,u)<\delta(s,v)$,且考虑 v 的选取,所以对于 s 到 v 最短路径上的其他顶点 u,有 $d[u]=\delta(s,u)$。根据这些结论可得

$$d[v]>\delta(s,v)=\delta(s,u)+1=d[u]+1 \tag{8.1}$$

现在考虑当 u 出队列时,顶点 v 的颜色变化情况,具体如下。

(1) 如果 v 的颜色是白色,由于 v 紧邻 u,那么由算法 BFS(G,s) 第 13 行可得 $d[v]=d[u]+1$。

(2) 如果 v 的颜色是深灰色,那么 v 已经先于 u 从队列中移走,由推论 8.1 可知,有 $d[v]\leq d[u]\leq d[u]+1$。

(3) 如果 v 的颜色是灰色的,那么 v 是在顶点 w 出队列时被标记为灰色,其中,w 为从队列 Q 中移出的比 u 更早的一个顶点,且有 $d[v]=d[w]+1$。由推论 8.1 可知,有 $d[w]\leq d[u]$,因而有 $d[v]\leq d[u]+1$。

综上所述,无论顶点 v 为何种颜色,都会得到与式(8.1)相矛盾的结果,故假设不成立。证毕。

接下来证明定理 8.1 的余下结论。如果 $\pi[v]=u$,则有 $d[v]=d[u]+1$,这样从 s 到 v 的一条最短路径先沿着最短路径从 s 到 $\pi[v]$,再沿着边 $(\pi[v],v)$ 到 v。故所证成立。证毕。

对于一个包含源点 s 的图 $G=(V,E)$,定义图 G 的子图为 $G_\pi=(V_\pi,E_\pi)$,其中,$V_\pi=\{v\in V:\pi[v]\neq\text{NIL}\}\cup\{s\}$ 且 $E_\pi=\{(\pi[v],v):v\in V_\pi-\{s\}\}$。$V_\pi$ 由从 s 可达的顶点组成,并且对于 $v\in V_\pi$,在 G_π 中仅有唯一的一条从 s 到 v 的路径,同时这条路径也是 G 中从 s 到 v 的一条最短路径,则 G_π 是一棵宽度优先生成树。

现在分析算法 BFS(G,s) 的运行时间。如果按照一般的最坏情形分析方法,那么 while 循环最多执行 $|V|$ 次,for 循环最多执行 $|E|$ 次,因而时间复杂度为 $O(|V||E|)$。然而,利用 3.2 节介绍的合计方法进行分析,可以使时间复杂度估计得更为准确。事实上,对每个顶点进行初始化的时间为 $O(|V|)$。由于初始化后,每个顶点被标记为白色,算法 BFS(G,s) 在第 11 行保证了只有白色顶点才能进队列,同时该顶点被标记为灰色,之后再也不会进队列,而且进出队列的运算最多各执行一次。队列中最多 $|V|$ 个顶点,对于每个顶点,for 循环最多执行 $|\text{Adj}[u]|$ 次,因此 BFS(G,s) 第 8~16 行总共执行的次数为

$$\sum_{u\in V}|\text{Adj}[u]|=O(|E|)$$

综上所述,可得下列结论。

定理 8.2 给定图 $G=(V,E)$,算法 BFS(G,s) 的时间复杂度为 $O(|V|+|E|)$。

算法 BFS(G,s) 的应用很广,Prime 最小生成树算法和 Dijkstra 单源最短路径算法都采用了与算法 BFS(G,s) 类似的思想。

8.1.2 深度优先搜索

深度优先搜索（Depth First Search，DFS）是一种递归算法，从一个顶点 v 出发，然后依次对 v 的邻接顶点进行递归搜索，直到每个顶点搜索完为止。深度优先搜索在执行的过程中，对 v 做标记。v 有两种标记，一种是 $d[v]$，记录 v 第一次被访问的时间；另一种是 $f[v]$，记录完成搜索 v 的邻接表的时间。深度优先搜索算法 DFS(G) 的伪代码如下。

视频讲解

```
DFS(G)
1    for each vertex u ∈ V do
2        color[u]←White
3        π[u]←NIL
4    time←0
5    for each vertex u ∈ V do
6        if color[u] = White then
7            DFSVisit(u)
```

在 DFS(G) 中，color[u] 及 $d[u]$ 的定义类似于宽度优先搜索；time 表示搜索的时间；DFSVisit(u) 是一种递归算法，如果顶点 u 的邻接顶点 v 为白色，则产生递归搜索。当对 u 的递归调用结束后，DFSVisit(u) 将 u 标记为深灰色，并记录 u 搜索完成的时间。DFSVisit(u) 的递归过程伪代码如下。

```
DFSVisit(u)
1    color[u]←Gray
2    time←time + 1
3    d[u]←time
4    for each v ∈ Adj[u] do
5        if color[v] = White then
6            π[v]←u
7            DFSVisit(v)
8    color[u]←DarkGray
9    time←time + 1
10   f[u]←time
```

下面给出一个深度优先搜索的例子，如图 8.4(a) 所示。对顶点 u 开始搜索，其第一次访问的时间为 $d[u]=1$，如图 8.4(b) 所示。然后对 u 的一个邻点 v 进行搜索，其第一次访问的时间为 $d[v]=2$，如图 8.4(c) 所示。接着对 v 的一个邻点 y 进行搜索，其第一次访问的时间为 $d[y]=3$，如图 8.4(d) 所示。然后对 y 的一个邻点 x 进行搜索，其第一次访问的时间为 $d[x]=4$，如图 8.4(e) 所示。x 的邻点都已经搜索完，因而对 x 的搜索结束，其完成搜索的时间为 $f[x]=5$，并标记 x 为深灰色，如图 8.4(f) 所示，在 x 的符号 4/5 中，4 表示第一次访问 x 的时间，5 表示完成对 x 搜索的时间。然后回退至顶点 y，由于 y 没有其他邻点为白色，因此完成对 y 的搜索，其完成搜索的时间为 $f[y]=6$，并标记 y 为深灰色，如图 8.4(g) 所示。接着回退至顶点 v，由于 v 没有其他邻点为白色，因此完成对 v 的搜索，其完成搜索的时间为 $f[v]=7$，并标记 v 为深灰色，如图 8.4(h) 所示。最后回溯至顶点 u，由于 u 没有其他邻点为白色，因此完成对 u 的搜索，其完成搜索的时间为 $f[u]=8$，并标记 u

为深灰色,如图 8.4(i)所示。如果图 G 中还有白色的顶点,则选择一个顶点继续搜索,如图 8.4(j)选择白色顶点 w,进行类似前面的搜索过程,得到图 8.4(k)~(m)所示的结果。

类似于对宽度优先搜索的分析,下面分析深度优先搜索算法 DFS(G)的运行时间。在 DFS(G)中,初始化只需要 $O(|V|)$ 次,且在伪代码的第 5 行中,对于顶点 u,除了调用 DFSVisit(u)的时间外,只需要执行 $O(|V|)$ 次。对于调用 DFSVisit(u)所花的时间,可以利用 3.2 节介绍的合计方法进行分析。对于 u,只有当该顶点为白色时,才会调用 DFSVisit(u),因而 DFSVisit(u)最多调用一次。在执行 DFSVisit(u)时,第 4 行的 **for** 循环只执行 $|\text{Adj}[u]|$ 次,因而第 4~7 行共执行 $\sum_{u \in V} |\text{Adj}[u]| = O(|E|)$ 次,因此可得以下结论。

定理 8.3 给定图 $G = (V, E)$,算法 DFS(G)的时间复杂度为 $O(|V| + |E|)$。

深度优先搜索还有许多有趣的性质,例如,深度优先搜索的子图 G_π 构成的是一片森林,该森林由许多深度优先树构成。当深度优先搜索完成后,有向图 $G = (V, E)$ 的边被分成 4 类:属于深度优先树中的边,常称为树边;不在深度优先树中,但是由树中的顶点指向其父顶点或是指向顶点本身的边,常称为后向边(B);不在深度优先树中,但是由树中的顶点指向其子辈顶点的边,常称为前向边(F);其他的边统称为交叉边(C),如图 8.4(n)所示。

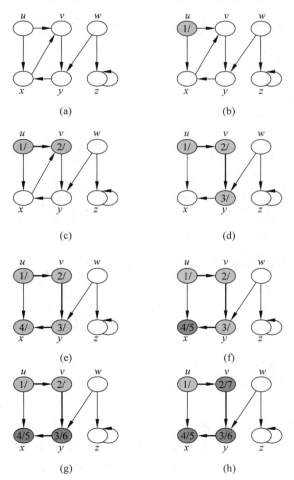

图 8.4 深度优先搜索

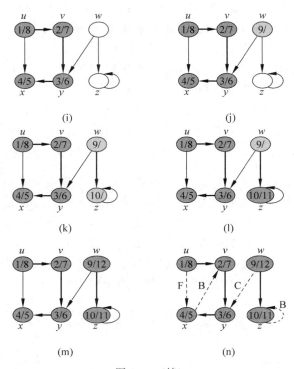

图 8.4 （续）

下面介绍深度优先搜索的应用。

（1）拓扑排序。

给定一个有向非循环图 $G=(V,E)$，图 G 的拓扑排序是所有顶点的一种线性排序，使得如果图 G 包含边 (u,v)，那么在该顶点序列中，u 一定在 v 的前面。图 G 的拓扑排序可看作水平方向的一个顶点序列，使所有的有向边从左指向右。拓扑排序可以用来表示事件之间的优先关系，如图 8.5 所示。图 8.5 展示了一个人在起床时，各个事件之间的先后顺序，其中，短裤指向长裤，表示应该先穿短裤，再穿长裤。

利用深度优先搜索算法进行拓扑排序的具体过程如算法 TopologicalSort(G)所示。

```
TopologicalSort(G)
1    call DFS(G) to compute finishing time f[v] for each vertex v
2    as each vertex is finished, insert it into the front of a linked list
3    return the linked list of vertices
```

算法 TopologicalSort(G)首先调用 DFS(G)，以便计算顶点 v 的完成时间 $f[v]$；当每个顶点搜索完后，将该顶点插入到链表的最前端，最后返回链表（Linked List）的所有顶点即可。

图 8.5 展示了执行 TopologicalSort(G)的过程，在调用 DFS(G)后，得到深度优先森林，如图 8.5(a)所示。图 8.5(b)展示了 TopologicalSort(G)的执行结果。

TopologicalSort(G)的运行时间主要由 DFS(G)决定，因此其时间复杂度为 $O(|V|+|E|)$。

拓扑排序算法有许多应用，例如，指令调度、数据序列化。

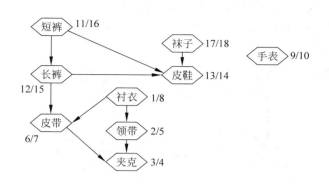

(a) 调用DFS(G)得到的深度优先森林

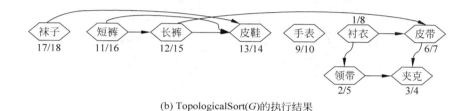

(b) TopologicalSort(G)的执行结果

图 8.5 TopologicalSort(G)的执行过程

（2）强连通分支。

有向图 $G=(V,E)$ 的一个强连通分支是一个最大顶点集 $C\subseteq V$，使对于 C 的一对顶点 u 和 v 互相可达，即存在一条路径，从 u 可以到 v，也可以从 v 到 u。图 8.6 展示了一个连通分支的例子，其中圈起来的顶点集均构成连通分支。

为了找到图 $G=(V,E)$ 的所有连通分支，需要用到计算图 G 的转置图 $G^T=(V,E^T)$ 的算法，其中，$E^T=\{(v,u):(u,v)\in E\}$。假设图 $G=(V,E)$ 用邻接表表示，则可以在 $O(|V|+|E|)$ 时间内构造出 G^T（见习题 8-3）。

找连通分支的算法 StronglyConectedComponents(G) 如下。

```
StronglyConectedComponents(G)
1    call DFS(G) to compute finishing time f[u] for each vertex u
2    compute G^T
3    call DFS(G^T), but in the main loop of DFS, consider the vertices in order of decreasing f[u]
4    output the vertices of each tree in the depth-first forest formed in line 3 as a separate
     strongly connected component
```

算法 StronglyConectedComponents(G) 首先调用 DFS(G)，计算每个顶点的完成时间 $f[u]$，然后在第 2 行计算图 G 的转置图 G^T；调用 DFS(G^T)，但在算法的主循环中，按照 $f[u]$ 递减的顺序进行递归调用。第 4 行输出第 3 行生成的深度优先森林中每棵树的顶点，作为各自独立的强连通分支（Strongly Connected Component）。

在图 8.6(a)中，强连通分支用大圈表示，例如，$C=\{a,b,e\}$。图 8.6(a)中每个顶点旁边标记了 $d[u]/f[u]$，树的边用粗箭头表示。图 8.6(b)展示了图 8.6(a)所示图的转置图的深度优先森林,其中,灰色顶点就是深度优先搜索树的树根。输出深度优先森林中每棵树的顶点,便可以得到相应的连通分支,例如,对于树 a、b、e,输出其顶点,便可以得到一个连通分支 $C=\{a,b,e\}$。

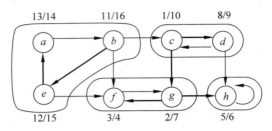

(a) 图 G 的强连通分支

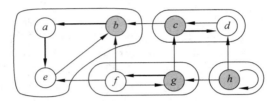

(b) 转置图 G^T 的深度优先森林

图 8.6　强连通分支例子

　　由于 StronglyConectedComponents(G) 的时间复杂度主要取决于深度优先搜索算法及找转置图的算法。如果图 G 用邻接表实现,则找转置图的算法的时间复杂度为 $O(|V|+|E|)$,因此,算法 StronglyConectedComponents(G) 的时间复杂度为 $O(|V|+|E|)$。

　　强连通分支算法有许多应用,比如在社交网络中,寻找一群关系密切的人,并根据他们共同的兴趣爱好提供个性化建议。

视频讲解

8.2　最小生成树问题

　　最小生成树(Minimum Spanning Trees,MST)问题可以描述为:给定一个无向连通图 $G=(V,E)$,对任意一条边 $(u,v)\in E$,有一个相应的权值 $w(u,v)$,表示连通顶点 u 与顶点 v 的代价;希望找到一个无环子集 $T\subseteq E$,连通图 G 的所有顶点,且总权值 $\sum\limits_{(u,v)\in T} w(u,v)$ 最小。

　　下面介绍求解最小生成树问题的两种贪心算法——Kruskal 算法与 Prim 算法。

8.2.1　Kruskal 算法

　　Kruskal 算法利用贪心算法的思想,每一次从剩余的边中选一条权值最小的边,然后将这条边加入一个边的集合 A。这个集合构成一片森林。因为每一步其加到森林中的都是权值最小的边。这条边要么连接两棵树,要么加到一棵树上,生成一棵新树。当所有的顶点都连接后,算法停止。Kruskal 算法求解最小生成树问题的算法 KruskalMST(G,w) 的伪代码如下。

```
KruskalMST(G, w)
1     A←∅
2     for each vertex v∈V do
3         MakeSet(v)
4     sort the edges of E into nondecreasing order by weight w
5     for each edge (u, v)∈E do
6         if FindSet(u)≠FindSet(v) then
7             A←A∪{(u, v)}
8             Union(u, v)
9     return A
```

在 KruskalMST(G，w) 中，A 表示 Kruskal 算法找到的边的集合（简称边集）；MakeSet(v)表示构造一个新的集合，其代表性元素为 v；FindSet(u)返回包含 u 的集合的代表性元素；伪代码的第 6 行测试顶点 u 和顶点 v 是否属于同一棵树；Union 实现树的合并。上述运算均是关于不相交集合数据结构的基本操作，详细内容可以参考《算法导论》[2]，这里就不再介绍。KruskalMST(G,w)首先将每个顶点初始化为一个集合；然后对图 G 中的边按照由小到大的顺序对权值进行排序；最后依次选择一条边，如果 FindSet(u)≠FindSet(v)，则表示顶点 u 和顶点 v 不属于同一棵树，因此把边(u,v)加入边集 A 中，然后合并顶点 u 和 v 到同一棵树中。

下面给出一个例子。对于图 8.7(a)，选择权值最小的边(g,f)，并选择(a,b)，如图 8.7(b)所示。选择剩余边中权值最小的边(c,f)，因为 FindSet(c)≠FindSet(f)，所以将其加入最小生成树，如图 8.7(c)所示。选择剩余边中权值最小的边(a,d)，由于 FindSet(a)≠FindSet(d)，故可将其加入最小生成树，如图 8.7(d)所示。此时，剩余边中权值最小的边为(c,g)，因为 FindSet(c)＝FindSet(g)，所以该边被抛弃。然后选择剩余边中权值最小的边(e,f)，因为 FindSet(e)≠FindSet(f)，所以加入最小生成树，如图 8.7(e)所示。最后选择剩余边中权值最小的边(a,e)，因为 FindSet(a)≠FindSet(e)，所以加入最小生成树，同时将两棵子树合并成一棵最小生成树，如图 8.7(f)所示。此时，所有顶点均连接，算法终止。

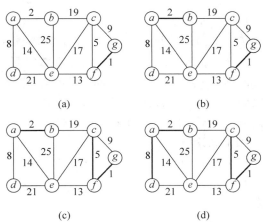

图 8.7　KruskalMST(G,w)的求解过程

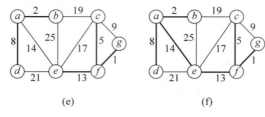

图 8.7 （续）

下面证明 KruskalMST(G,w) 的正确性，即找到了最小生成树。

定理 8.4 任给带权连通无向图，KruskalMST(G,w) 都能找到该图的一棵最小生成树。

证明：要证明这个定理，只需证明存在下述循环不变量：在每次往集合 A 中增加一条边时，此时的 A 是最小生成树边集的一个子集。令 T 为一棵最小生成树，A^* 是 T 的边集，则只需证明，A 是 A^* 的一个子集即可，即 $A \subseteq A^*$。也就是说，每一步贪心选择的边都在最小生成树中，具体如下。

初始步：伪代码的第 1 行结束后，$A = \varnothing$，显然是 A^* 的子集，循环不变量为真。

归纳步：假设 A 在加入边 (u,v) 之前，是 A^* 的一个子集，令 $A' = A \bigcup (u,v)$，那么只需证明 A' 也是 A^* 的一个子集。根据归纳假设可知，$A \subset A^*$。如果 A^* 包含边 (u,v)，则结论显然成立。如果 A^* 不包含边 (u,v)，由于 T 中的顶点是连通的，则 $A^* \bigcup (u,v)$ 刚好包含一个回路，边 (u,v) 是其中的一条边，而且是当前选择的要加入 A 的边。令 X 是当前包含顶点 u 的子树的顶点集，由于 (u,v) 连接 X 中的一个顶点 u 与 $(V-X)$ 中的另一顶点 v，A^* 必须包含另外一条边 (x,y)，使 $x \in X$ 且 $y \in (V-X)$，同时该边不在 KruskalMST(G,w) 所得的生成树中，这样的边一定能够找到，否则 A^* 的边会全部在 KruskalMST(G,w) 所得的生成树中。现在考虑边 (u,v) 和边 (x,y) 权值的大小。由于边 (x,y) 不在 A 中，故一定有 $w(u,v) \leqslant w(x,y)$，否则，KruskalMST(G,w) 将会选择边 (x,y)，这与此时选择边 (u,v) 矛盾。令 $A^{**} = \{A^* - (x,y)\} \bigcup (u,v)$，那么 A^{**} 也是一棵最小生成树。由于 $A' \subset A^{**}$，因此，A' 也是最小生成树边集的一个子集。

终止步：当 KruskalMST(G,w) 结束时，所有被加入 A 的边都在最小生成树中，所以第 9 行返回的 A 必为最小生成树。证毕。

下面分析 KruskalMST(G,w) 的时间复杂度。KruskalMST(G,w) 的时间复杂度取决于数据结构不相交集运算的实现；MakeSet(v) 运算需要常数时间，利用等级合并和路径压缩技术；FindSet(u) 和 Union(u,v) 运算分别需要时间 $O(\lg|E|)$，详细地介绍可参考文献[2]。KruskalMST(G,w) 伪代码的第 2~3 行，共执行 $|V|$ 次 MakeSet(v) 运算；第 4 行耗时 $O(|E|\lg|E|)$；第 5 行共循环 $|E|$ 次，因此，KruskalMST(G,w) 第 5~8 行共需要时间 $O(|E|\lg|E|)$。由此可得如下结论。

定理 8.5 KruskalMST(G,w) 的时间复杂度为 $O(|E|\lg|E|)$。

8.2.2 Prim 算法

Prim 算法的特点是集合 A 的所有边来自一棵独立的树，这棵树开始于任意一个根顶

点 r，然后逐步生长，直到能包含 V 中的所有顶点为止。Prim 算法求解最小生成树问题的算法 PrimMST(G,w,r) 伪代码如下。

```
PrimMST(G, w, r)
1    for each u∈V do
2        key[u]←∞
3        π[u]←NIL
4    key[r]←0
5    Q←V
6    while Q≠∅ do
7        u←ExtractMIN(Q)
8        for each v∈Adj[u] do
9            if v∈Q and w(u, v)<key[v] then
10               π[v]←u
11               key[v]←w(u, v)
12               DecreaseKey(Q, v, key)
```

其中，ExtractMIN(Q) 表示将 Q 中包含最小 key 值的顶点删除，并返回一个指向该顶点的指针；DecreaseKey(Q,v,key) 表示将 key 值赋给 Q 中的顶点 v。PrimMST(G,w,r) 首先将每个顶点的 key 值初始化为 ∞，并令根顶点 r 的 key 值为 0，然后按照每个顶点的 key 值建立一个最小优先队列 Q。当 Q 不为空时，执行 ExtractMIN(Q)，从队列里找出具有最小 key 值的顶点 u，然后依次更新 u 的每个邻接顶点的 key 值，重复这个过程直到 Q 为空。当算法结束时，最小生成树的边集 $A=\{(v,\pi[v])：v\in V-\{r\}\}$。

图 8.8 展示了 PrimMST(G,w,r) 的求解过程。对图 8.8(a) 进行初始化后，得到图 8.8(b)，其中，符号 ∞/b 表示顶点 b 的 $\text{key}(b)=\infty$。队列 Q 包含图 8.8(a) 中的所有顶点。从 Q 中取出 key 值最小的顶点 a，并更新 a 的所有邻点的 key 值，如图 8.8(c) 所示，然后从 Q 中取出 key 值最小的顶点 b，并更新 b 的所有邻点的 key 值，此时 $\pi[b]=a$，如图 8.8(e) 所示。接着从 Q 中取出 key 值最小的顶点 d，并更新 d 的所有邻点的 key 值，此时 $\pi[d]=a$，如图 8.8(e) 所示。同样地，从 Q 中取出 key 值最小的顶点 e，并更新 e 的所有邻点的 key 值，此时 $\pi[e]=a$，$\text{key}[c]=17$，$\text{key}[f]=13$，如图 8.8(f) 所示。依然从 Q 中取出 key 值最小的顶点 f，并更新 f 的所有邻点的 key 值，此时，$\pi[f]=e$，$\text{key}[c]=5$，$\text{key}[g]=1$，如图 8.8(g) 所示。最后从 Q 中取出 key 值最小的顶点 g，并更新 g 的所有邻点的 key 值，此时，$\pi[g]=f$，顶点 c 的 key 值不变，如图 8.8(h) 所示。这时，Q 中只有顶点 c 出队列，因而找到最小生成树，如图 8.8(i) 中的粗边所示。

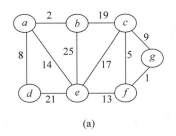
(a)

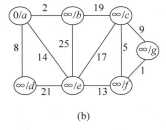
(b)

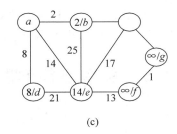
(c)

图 8.8 PrimMST(G,w,r) 的求解过程

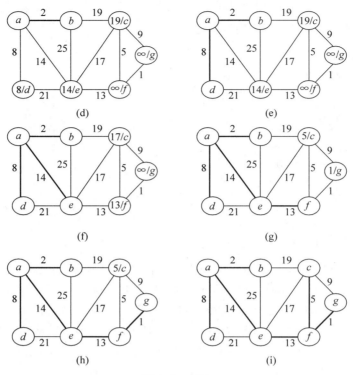

图 8.8 （续）

PrimMST(G,w,r) 的性能取决于最小优先队列的实现方式。如果用最小堆的数据结构实现，那么利用建立最小堆的程序，PrimMST(G,w,r) 伪代码的第 1~5 行，可以在 $O(|V|)$ 时间内完成；第 6 行的 **while** 循环执行 $|V|$ 次；每个 ExtractMIN(Q) 运算需要花费 $O(\lg|V|)$，因而第 7 行总共执行 $O(|V|\lg|V|)$ 次。由于每个顶点出队列一次，利用 3.2 节介绍的合计方法进行分析，第 8 行的 **for** 循环对顶点 u 只执行 $|\mathrm{Adj}[u]|$ 次，因此 PrimMST(G,w,r) 中，第 8 行 **for** 循环共执行 $\sum_{u \in V} |\mathrm{Adj}[u]| = O(|E|)$ 次。由于 DecreaseKey(Q,v,key) 需要时间 $O(\lg|V|)$，因此执行第 12 行需要的时间为 $O(|E|\lg|V|)$。综上所述，可得如下结论。

定理 8.6 PrimMST(G,w,r) 的时间复杂度为 $O(|E|\lg|V|)$。

类似于 KruskalMST(G,w) 正确性的证明，可证明 PrimMST(G,w,r) 的正确性，见习题 8-10。

求解最小生成树问题的算法可应用于网络设计，例如，运输网络、计算机网络、电信网络、供电网络等，也可用于求解旅行商问题的近似算法、图的聚类分析、图像分割等。

8.3 最短路径问题

最短路径问题可以描述为：给定一个带权有向图 $G=(V,E)$，图 G 的每条边 (u,v) 有一个实数权值 $w(u,v)$，路径 $p\colon v_0,v_1,\cdots,v_k$ 的权值是路径 p 中边的总权值，即

$$w(p) = \sum_{i=1}^{k} w(v_{i-1}, v_i)$$

从 u 到 v 的最短路径权值可以定义为

$$\delta(u, v) = \begin{cases} \min\{w(p) : u \xrightarrow{\ p\ } v\}, & \text{如果存在一条从 } u \text{ 到 } v \text{ 的路径 } p \\ \infty, & \text{其他} \end{cases}$$

因此,从 u 到 v 的最短路径是所有从 u 到 v 的路径中,具有最小权值 $w(p) = \delta(u, v)$ 的路径 p。

对于不带权的无向图的最短路径,可以利用图的宽度优先搜索算法 $\mathrm{BFS}(G, s)$ 计算,这里就不多介绍。下面主要考虑的最短路径问题如下。

(1) 单个源点的最短路径问题。

给定图 $G = (V, E)$,找出从一个给定的源点 $s \in V$ 到顶点 $v \in V$ 的最短路径。

(2) 两个顶点的最短路径问题。

给定顶点 u 和顶点 v,寻找它们之间的最短路径。

(3) 所有点对的最短路径问题。

对所有点对 u 和 v,寻找它们之间的最短路径。

虽然还有很多其他有关最短路径的问题,但是大多数问题可以看作是上述问题的特例或者扩展,例如,谷歌、百度、高德公司等提供的地图,从一个地点到另一个地点的导航就可以建模为最短路径问题或者非常接近的变种。在介绍求解这些问题的算法之前,下面先介绍一些有关概念。

定理 8.7　给定一个带权有向图 $G = (V, E)$,带权意味着对于任意的边 $(u, v) \in E$,有一个实数值 $w(u, v)$ 与边 (u, v) 对应。令从顶点 v_1 到顶点 v_k 的最短路径为 $p: v_1, v_2, \cdots, v_k$ 对于任意的 i 及 j,有 $1 \leqslant i \leqslant j \leqslant k$,令 $p_{ij} : v_i, v_{i+1}, \cdots, v_j$ 为 p 中从顶点 v_i 到顶点 v_j 的子路径,则 p_{ij} 为从 v_i 到 v_j 的最短路径。

证明：可用反证法证明。假设 p_{ij} 不是最短路径,则一定可以找到另外一条从顶点 v_i 到顶点 v_j 的子路径 p'_{ij},且有 $w(p'_{ij}) < w(p_{ij})$。这样,可以构造一条从 v_1 到 v_k 的路径 p',该路径除了经过路径 p'_{ij} 外,其他与路径 p 相同,即有

$$w(p') = \delta(v_1, v_i) + w(p'_{ij}) + \delta(v_j, v_k) < \delta(v_1, v_i) + w(p_{ij}) + \delta(v_j, v_k) = w(p)$$

这与 p 已经是最短路径矛盾。故所证成立,证毕。

最短路径通常用子图 $G_\pi = (V_\pi, E_\pi)$ 表示,其中,$V_\pi = \{v \in V : \pi[v] \neq \mathrm{NIL}\} \bigcup \{s\}$,$E_\pi = \{(\pi[v], v) \in E : v \in V_\pi - \{s\}\}$。

接下来要介绍的求解最短路径问题的算法,将用到一种很有用的松弛(Relax)技术。对每个图中的顶点 $v \in V$,我们在算法的每一步计算一个属性值 $d[v]$,该属性值是当前迭代步中,从源点 s 到顶点 v 的最短路径权值的上界,并随着算法的运行不断地被更新。令 $\pi(v)$ 表示当前路径中,顶点 v 的父顶点,可以利用以下算法 $\mathrm{InitializeSingleSource}(G, s)$ 初始化每个顶点的属性值 $d[v]$。

```
InitializeSingleSource(G, s)
1      for each vertex v ∈ V do
2          d[v] ← ∞
3          π[v] ← NIL
```

```
4      d[s] ← 0
```

为了不断地更新 $d[v]$ 值,利用松弛技术 Relax(u,v,w) 松弛一条边。Relax(u,v,w) 主要通过顶点 u,测试是否能改进目前找到的一条路径的权值,如果能改进,则更新 $d[v]$ 和 $\pi(v)$。一个松弛过程可能减少最短路径估计值 $d[v]$,以及改变 $\pi(v)$ 的值。对一条边进行松弛的过程如下。

```
Relax(u, v, w)
1      if d[v] > d[u] + w(u, v) then
2          d[v] ← d[u] + w(u, v)
3          π[v] ← u
```

图 8.9 展示了一个应用松弛技术的例子。在图 8.9(a)中,考虑边(u,v),当前顶点 u 的估计值 $d[u]=5$,顶点 v 的估计值 $d[v]=9$。由于 $d[v]>w(u,v)+d[u]=5+2=7$,因此,更新 $d[v]$,得到 $d[v]=7$。在图 8.9(b)中,由于 $d[v]\leqslant w(u,v)+d[u]=5+2=7$,因此,执行松弛过程后,$d[v]$ 值不变。

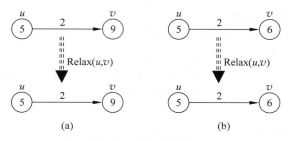

图 8.9　松弛技术例子

下面介绍有关最短路径问题的 4 个经常用到的性质。

（1）三角不等式。

对于任意一条边(u,v)$\in E$,有 $\delta(s,v)\leqslant\delta(s,u)+w(u,v)$。

（2）上界性质。

对于所有的顶点 $v\in V$,有 $d[v]\geqslant\delta(s,v)$,并且一旦 $d[v]$ 的值达到 $\delta(s,v)$ 后,就不会再改变。

（3）无路径的性质。

若从 s 到 v 没有路径,则 $d[v]=\delta(s,v)=\infty$。

（4）收敛性质。

对于图 $G=(V,E)$ 中的顶点 $u,v\in V$,若 $s\sim u\rightarrow v$ 为图 G 的一条最短路径,并且若 $d[u]=\delta(s,u)$,此时执行 Relax(u,v,w),则有 $d[v]=\delta(s,v)$。

详细的证明可参考文献[2],这里不给出上述性质的证明。

8.3.1　单个源点的最短路径问题

1. BellmanFord 算法

给定一个带权有向图 $G=(V,E)$,并指定其中的一个顶点 s 为源点。BellmanFord 算

法对图 G 中的每条边进行松弛,最后返回一个布尔值,该值表示是否有一条从源点 s 可达的回路。如果回路的总权值为负,则该回路称为负权回路。如果图 G 中有一条负权回路,则算法返回 False,表示问题没有解;若图 G 中不存在负权回路,则算法返回 True,并产生所有从源点可达每个顶点的路径及路径的权值。BellmanFord 算法 BellmanFord(G,w,s) 的伪代码如下。

```
BellmanFord(G, w, s)
1      InitializeSingleSource(G, s)
2      for i ←1 to |V| − 1 do
3          for each edge (u, v)∈E do
4              Relax(u, v, w)
5      for each edge (u, v)∈E do
6          if d[v] > d[u] + w(u, v) then return False
7      return True
```

BellmanFord(G,w,s) 首先初始化每个顶点 v 的估计值 $d[v]$,然后,第 2～4 行对每个从 s 可达的顶点 v,逐步减少其估计值 $d[v]$,直到 $d[v]=\delta(s,v)$ 为止。当且仅当图 G 不含从 s 可达的负权回路,算法返回 True。

由于第 1 行的初始化需要时间 $O(|V|)$,第 2 行迭代 $|V|$ 次,每次松弛 $|E|$ 条边,共需要时间 $O(|E||V|)$;而第 5 行和第 6 行,共需执行 $|E|$ 次,因此,BellmanFord(G,w,s) 的时间复杂度为 $O(|E||V|)$。

下面给出一个 BellmanFord(G,w,s) 求解过程的例子。给定图 8.10(a),对图 G 初始化后得到图 8.10(b),并对所有边执行一次松弛,得到图 8.10(c)。其次对所有边执行第二次松弛,得到图 8.10(d)。再次对所有边执行第三次松弛,得到图 8.10(e)。最后对所有边执行第四次松弛,得到图 8.10(f)。图 G 总共有 5 个顶点,算法执行 4 次松弛后结束。由于图 8.10(f)中不含从 s 可达的负权回路,算法返回 True。在图 8.10(f)中,每个顶点内的数字即为从源点 s 到该顶点的最短路径权值。

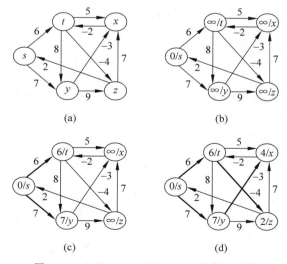

图 8.10 BellmanFord(G,w,s) 的求解过程

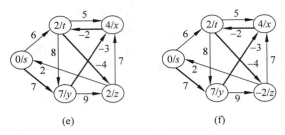

图 8.10 （续）

BellmanFord 算法能够求解带负权边的单个源点的最短路径问题，但是算法的时间复杂度比较高。对于有些单个源点的最短路径问题，可以利用更有效的算法。

2. Dijkstra 算法

给定一个带权有向图 $G=(V,E)$，并且此图中任意边的权值非负，对于图 G 的单个源点的最短路径问题，可以用 Dijkstra 算法来求解。Dijkstra 算法由 Edsger Dijkstra 于 1956 年提出，该算法维持一个集合 S，从源点 s 到集合 S 中每个顶点的最短路径都已确定。这个算法反复选取 $V-S$ 中具有最短路径估计的顶点 u，然后把 u 加入 S，并对所有与 u 相邻的边进行松弛。详细的算法 Dijkstra(G,w,s) 的伪代码如下。

```
Dijkstra(G, w, s)
1       InitializeSingleSource(G, s)
2       S←∅
3       Q←V
4       while Q≠∅ do
5           u←ExtractMin(Q)
6           S←S∪{u}
7           for each vertex v∈Adj[u] do
8               Relax(u, v, w)
```

算法 Dijkstra(G,w,s) 的第 1～3 行对图 G 初始化，当队列 $Q\neq\varnothing$，执行 ExtractMin(Q)，取出一个具有最短路径估计的顶点 u，然后对所有与 u 相邻的边进行松弛。

图 8.11 展示了一个 Dijkstra(G,w,s) 求解过程的例子。对图 8.11(a) 所示的图 G 进行初始化，得到图 8.11(b)，此时 $d[s]=0$，顶点 s 出队列，并加入集合 S，然后对 s 的邻边进行松弛，得到图 8.11(c)。此时顶点 z 出队列，并加入集合 S，然后对 z 的邻边进行松弛，得到图 8.11(d)。此时顶点 y 出队列，并加入集合 S，然后对 y 的邻边进行松弛，得到图 8.11(e)。此时顶点 t 出队列，并加入集合 S，然后对 t 的邻边进行松弛，得到图 8.11(f)。此时队列 Q 中只有一个顶点 x，出队列并加入集合 S。最后队列为空，算法结束。

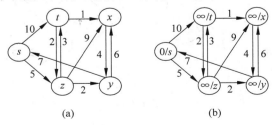

图 8.11　Dijkstra(G,w,s) 的求解过程

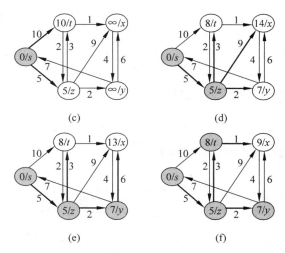

图 8.11 （续）

定理 8.8 对带非负权函数 w，源点为 s 的有向图 $G=(V,E)$ 运用 Dijkstra(G,w,s)。当算法终止时，对于所有 $u\in V$，有 $d[u]=\delta(s,u)$。

证明：考虑循环不变量。

在算法伪代码的第 4～8 行 **while** 循环的每一次迭代开始之前，对任意的 $v\in S$，有 $d[v]=\delta(s,v)$。

初始步：在 **while** 循环开始执行之前，$S=\varnothing$，因此循环不变量为真。

归纳步：在每一次迭代中，对加入集合 S 的顶点 u，有 $d[u]=\delta(s,u)$。为了证明此结论，可以利用反证法。为了导出矛盾，令 u 为迭代过程中加入集合 S 的顶点中第一个满足 $d[u]\neq\delta(s,u)$ 的顶点。具体证明如下。

从 s 到 u 肯定存在最短路径 p，如果没有路径的话，则有 $d[u]=\delta(s,u)=\infty$，这与假设矛盾。在把 u 加入 S 之前，路径 p 连接一个顶点 $s\in S$ 到另一个集合 $V-S$ 中的点 u。如果路径 p 除了 u 外，不含 $V-S$ 中其他顶点，则由收敛性质可得，$d[u]=\delta(s,u)$，因此不妨设沿着从 S 到 u 的路径 p 中，第一个属于 $V-S$ 的顶点为 y，并设 $x\in S$ 为路径 p 中顶点 y 的父顶点，如图 8.12 所示。

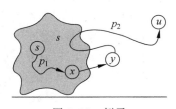

图 8.12 例子

当 u 被加入到 S 后，由于 $d[x]=\delta(s,x)$，而 y 是路径 p 中紧挨着顶点 x 的点，根据最短路径的收敛性质，有 $d[y]=\delta(s,y)$。

现在，为了得到一个与假设 $d[u]\neq\delta(s,u)$ 矛盾的结果，只需证明 $d[u]=\delta(s,u)$。因为在从 s 到 u 的最短路径中，y 在 u 之前出现，并且所有边非负，所以有 $\delta(s,y)\leqslant\delta(s,u)$。根据最短路径的上界性质 $\delta(s,u)\leqslant d[u]$，有
$$d[y]=\delta(s,y)\leqslant\delta(s,u)\leqslant d[u]$$
但是由于当 u 被选中时（Dijkstra(G,w,s) 伪代码的第 5 行），u 和 y 都属于 $V-S$，故有
$$d[u]\leqslant d[y]$$
根据上面两式，有
$$d[y]=\delta(s,y)=\delta(s,u)=d[u]$$

即 $d[u]=\delta(s,u)$，这与选择顶点 u 使 $d[u]\neq\delta(s,u)$ 矛盾，因此可以断定在 u 被加入 S 后，肯定有 $d[u]=\delta(s,u)$，并且在之后的每一次迭代中都保持成立。

终止步：当 Dijkstra(G,w,s) 终止时，队列 Q 为非空集，与循环开始前 $Q=V-S$ 一起，暗示着 $S=V$。因此，对所有点 $u\in V$ 有 $d[u]=\delta(s,u)$。证毕。

Dijkstra(G,w,s) 的时间复杂度为 $O(|V|^2)$，类似于 PrimMST 算法，可利用合计方法进行分析（见习题 8-19）。

8.3.2   所有点对的最短路径问题

给定一个图 G，可以调用单个源点的最短路径问题的算法 $|V|$ 次，从而求解所有点对的最短路径问题，即以每一个顶点作为源点，调用一次单个源点的最短路径问题的算法，但是这样做的话，其时间复杂度为原来单个源点的最短路径问题算法时间复杂度的 $|V|$ 倍。如果图 G 中的边的权值非负，单源最短路径算法可以用 Dijkstra 算法，否则只能用效率比较低的 BellmanFord 算法。

那么能得到效率更好的算法吗？这一节将给出一个时间复杂度更低的算法，它采用动态规划算法的思想。与单个源点的最短路径问题算法用邻接表表示图的方法不同，下面用邻接矩阵表示给定的图。

为方便起见，将顶点编号为 $1,2,\cdots,|V|$。令图的输入 W 为 $|V|\times|V|$ 的权值矩阵，$W=(w_{ij})$，表示有 $|V|$ 个顶点的有向图 $G=(V,E)$ 中每条边的权值，其中

$$w_{ij}=\begin{cases}0, & i=j\\ w(i,j), & i\neq j \text{ 且 } (i,j)\in E\\ \infty, & i\neq j \text{ 且 } (i,j)\notin E\end{cases}$$

虽然权值为负的边是允许的，但是本节假设图中没有负权的回路。

前面已经证明最短路径问题具有最优子结构性质，因此可以利用动态规划算法求解所有点对的最短路径问题。

（1）基于一个子问题的动态规划求解算法

考虑从顶点 i 到 j 的最短路径 p，并且假设路径 p 最多包括 m 条边。由于假设没有负权的回路，且 m 是有限数，若 $i=j$，那么路径 p 上没有边，其权和为 0；若 i 与 j 不同，则把 p 分解成从 i 到 k 的路径 p' 和边 (k,j)，如图 8.13 所示。

$$i p' k \longrightarrow j$$

图 8.13   最短路径划分例子

其中，路径 p' 至多包含 $m-1$ 条边，由前面的定理 8.7 可知，p' 是从 i 到 k 的最短路径，且有

$$\delta(i,j)=\delta(i,k)+w_{kj}$$

令 $l_{ij}^{(m)}$ 为至多包含 m 条边的任意一条从 i 到 j 的路径 p 的最小权和。当 $m=0$ 时，有一条从 i 到 j 的不包含边的最短路径，当且仅当 $i=j$，因此有

$$l_{ij}^{(0)}=\begin{cases}0, & i=j\\ \infty, & i\neq j\end{cases} \tag{8.2}$$

对于 $m\geqslant1$，可以检查所有与顶点 j 相邻的顶点 k，然后选取具有最小权值的一条路

径,即

$$l_{ij}^{(m)} = \min_{1 \leqslant k \leqslant |V|} \{l_{ik}^{(m-1)} + w_{kj}\} \tag{8.3}$$

若图不包含负权回路,那么对满足 $\delta(i,j) < \infty$ 的每一个点对 i 和 j,有包含至多 $|V|-1$ 条边的简单路径。一条多于 $|V|-1$ 条边的从 i 到 j 的路径不可能比最短路径 $\delta(i,j) = l_{ij}^{(|V|-1)}$ 的权值更小,即有 $\delta(i,j) = l_{ij}^{(|V|-1)} = l_{ij}^{(|V|)} = l_{ij}^{(|V|+1)} = \cdots$。令 $L^{(m)} = (l_{ij}^{(m)})$,可以依次计算 $L^{(1)}, L^{(2)}, \cdots, L^{(|V|-1)}$,其中,$L^{(|V|-1)}$ 就是所求解,包含了所有点对之间最短路径的权值。

关于这个算法的伪代码及时间复杂度的分析见习题 8-23。事实上,这个算法的时间复杂度比较高,下面介绍一种更有效的动态规划算法。

(2)基于两个子问题的 FloydWarshall 算法

FloydWarshall 算法考虑一条最短路径的"中间"顶点,给定一条简单路径 p:v_1, $v_2, \cdots, v_l$,中间顶点是 p 中除了 v_1 及 v_l 外的任意顶点,也就是集合 $\{v_2, \cdots, v_{(l-1)}\}$ 的任意顶点。

前面已经假设对 G 的顶点进行编号,即 $V = \{1, 2, \cdots, |V|\}$,对某个给定的 k,考虑顶点子集 $\{1, 2, \cdots, k\}$。对任意的一对顶点 $i, j \in V$,考虑所有从 i 到 j 的路径,它的中间顶点为集合 $\{1, 2, \cdots, k\}$ 中的顶点。令 p 为其中的一条具有最小权值的路径,这里路径 p 为简单路径。

FloydWarshall 算法利用路径 p 与中间顶点取自 $\{1, 2, \cdots, k-1\}$ 的从 i 到 j 的最短路径之间的关系来求最短路径,这个关系取决于 k 是否为路径 p 上的中间顶点。

若 k 不是路径 p 上的中间顶点,则路径 p 的中间顶点都在集合 $\{1, 2, \cdots, k-1\}$ 中。这样,一条所有中间顶点都在集合 $\{1, 2, \cdots, k-1\}$ 中的从顶点 i 到顶点 j 的最短路径也是一条中间顶点取自 $\{1, 2, \cdots, k\}$ 的从 i 到 j 的最短路径。

若 k 是最短路径 p 上的中间顶点,其中 p 的中间顶点为集合 $\{1, 2, \cdots, k\}$ 中的顶点,那么把 p 分解成两条路径 p_1 和 p_2,如图 8.14 所示。p_1 为从 i 到 k 的最短路径,它的中间顶点为集合 $\{1, 2, \cdots, k-1\}$ 中的顶点,p_2 为从 k 到 j 的最短路径,它的中间顶点为集合 $\{1, 2, \cdots, k-1\}$ 中的顶点。

图 8.14　最短路径划分例子

令 $d_{ij}^{(k)}$ 表示从 i 到 j,并且中间顶点取自集合 $\{1, 2, \cdots, k\}$ 的最短路径的权值。当 $k = 0$ 时,从 i 到 j 的一条路径中没有编号大于 0 的中间顶点,这样的路径至多包含一条边,因此 $d_{ij}^{(0)} = w_{ij}$。当 $k \geqslant 1$,k 要么是路径 p 上的中间顶点,要么不是,因此从中选取权值最小的路径,即 $d_{ij}^{(k)} = \min\{d_{ij}^{(k-1)}, d_{ik}^{(k-1)} + d_{kj}^{(k-1)}\}$。根据上面的分析,可得到递归方程为

$$d_{ij}^{(k)} = \begin{cases} w_{ij}, & k = 0 \\ \min\{d_{ij}^{(k-1)}, d_{ik}^{(k-1)} + d_{kj}^{(k-1)}\}, & k \geqslant 1 \end{cases}$$

对于图中任意一条路径,中间顶点均在 $\{1, 2, \cdots, |V|\}$ 中,令矩阵 $\boldsymbol{D}^{(k)} = (d_{ij}^{(k)})$,则对任意点对 $i, j \in V$,$d_{ij}^{(|V|)} = \delta(i,j)$ 即为所求。

根据上述递归方程可以得到,求解所有点对最短路径问题的动态规划算法

FloydWarshall(W)，其伪代码如下。

```
FloydWarshall(W)
1       D^(0) ← W
2       for k ← 1 to |V| do
3           for i ← 1 to |V| do
4               for j ← 1 to |V| do
5                   if d_ij^(k-1) < d_ik^(k-1) + d_kj^(k-1) then
6                       d_ij^(k) ← d_ij^(k-1)
7                   else
8                       d_ij^(k) ← d_ik^(k-1) + d_kj^(k-1)
9       return D^(|V|)
```

FloydWarshall(W)从$D^{(0)}$开始，以从下向上的方式计算$D^{(|V|)}$，其时间复杂度为$O(|V|^3)$。

为了构造出最短路径，可以采用类似于计算$\boldsymbol{D}^{(k)}$的方式，计算矩阵$\boldsymbol{\Pi}$。令$\boldsymbol{\Pi}^{(k)} = (\pi_{ij}^{(k)})$，其中，$\pi_{ij}^{(k)}$表示从$i$到$j$的最短路径$p$上，顶点$j$的父顶点，$p$的中间顶点在$\{1, 2, \cdots, k\}$中。下面递归定义$\pi_{ij}^{(k)}$。当$k=0$，从$i$到$j$的最短路径上，根本没有中间顶点，因此有

$$\pi_{ij}^{(0)} = \begin{cases} \text{NIL}, & i=j \text{ 且 } w_{ij} = \infty \\ i, & i \neq j \text{ 或 } w_{ij} < \infty \end{cases}$$

当$k \geqslant 1$，如果从i到j的最短路径p含有顶点k，则p中顶点j的父顶点与从k到j的最短路径中顶点j的父顶点相同，否则p中顶点j的父顶点与从i到j的最短路径p'中顶点j的父顶点相同，其中，p'中的中间顶点为$\{1, 2, \cdots, k-1\}$中的顶点，即

$$\pi_{ij}^{(k)} = \begin{cases} \pi_{ij}^{(k-1)}, & d_{ij}^{(k-1)} \leqslant d_{ik}^{(k-1)} + d_{kj}^{(k-1)} \\ \pi_{kj}^{(k-1)}, & d_{ij}^{(k-1)} > d_{ik}^{(k-1)} + d_{kj}^{(k-1)} \end{cases}$$

将上述求父顶点的递归方程结合到FloydWarshall(W)中，就可以构造最优解，见习题8-24。

给定图8.15所示的一个有向图，下面给出了FloydWarshall(W)的求解过程。

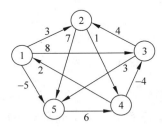

图8.15　一个有向图

$$\boldsymbol{D}^{(0)} = \begin{bmatrix} 0 & 3 & 8 & \infty & -5 \\ \infty & 0 & \infty & 1 & 7 \\ \infty & 4 & 0 & \infty & 3 \\ 2 & \infty & -4 & 0 & \infty \\ \infty & \infty & \infty & 6 & 0 \end{bmatrix} \qquad \boldsymbol{D}^{(1)} = \begin{bmatrix} 0 & 3 & 8 & \infty & -5 \\ \infty & 0 & \infty & 1 & 7 \\ \infty & 4 & 0 & \infty & 3 \\ 2 & 5 & -4 & 0 & -3 \\ \infty & \infty & \infty & 6 & 0 \end{bmatrix}$$

$$\boldsymbol{D}^{(2)} = \begin{bmatrix} 0 & 3 & 8 & 4 & -5 \\ \infty & 0 & \infty & 1 & 7 \\ \infty & 4 & 0 & 5 & 3 \\ 2 & 5 & -4 & 0 & -3 \\ \infty & \infty & \infty & 6 & 0 \end{bmatrix} \qquad \boldsymbol{D}^{(3)} = \begin{bmatrix} 0 & 3 & 8 & 4 & -5 \\ \infty & 0 & \infty & 1 & 7 \\ \infty & 4 & 0 & 5 & 3 \\ 2 & 0 & -4 & 0 & -3 \\ \infty & \infty & \infty & 6 & 0 \end{bmatrix}$$

$$\boldsymbol{D}^{(4)} = \begin{bmatrix} 0 & 3 & 0 & 4 & -5 \\ 3 & 0 & -3 & 1 & -2 \\ 7 & 4 & 0 & 5 & 2 \\ 2 & 0 & -4 & 0 & -3 \\ 8 & 6 & 2 & 6 & 0 \end{bmatrix} \qquad \boldsymbol{D}^{(5)} = \begin{bmatrix} 0 & 1 & -3 & 1 & -5 \\ 3 & 0 & -3 & 1 & -2 \\ 7 & 4 & 0 & 5 & 2 \\ 2 & 0 & -4 & 0 & -3 \\ 8 & 6 & 2 & 6 & 0 \end{bmatrix}$$

FloydWarshall(W)是一种非常有效的算法,Robert W·Floyd 因在该算法上的贡献而获得 1978 年的图灵奖。

8.4 小结

图算法是计算机科学领域的基本内容之一,本章内容主要取材于《算法导论》[2]。本章介绍了图的遍历算法及其应用、最小生成树算法及最短路径算法,其中,图遍历算法常作为底层算法,用于许多图算法的设计中。对于最小生成树算法,文献[8]给出了当前渐近最快的随机算法,该算法的期望运行时间为 $O(|E|)$。对于 Dijkstra 算法,如果采用 Fibnaci 堆,则可以使时间复杂度降为 $O(|E|+|V| \lg |V|)$。对于一些特殊图,还有效率更高的算法[9]。对于所有点对的最短路径算法,有兴趣的读者可以参考《算法导论》[2]提及的 Johnson 算法。对其他图算法感兴趣的读者,还可以参考文献[9,10]。

习题

8-1 完成以下练习。

(1) 对图 8.3(a),从顶点 y 开始,产生类似于图 8.3 的一棵宽度优先生成树。

(2) 对图 8.4(a),从顶点 y 开始,产生类似于图 8.4 的一棵深度优先生成树。

8-2 重写 DFS 算法,用数据结构栈消除递归。

8-3 有向图 $G=(V,E)$ 的转置是图 $G^T=(V,E^T)$,其中 $E^T=\{(v,u)\in V\times V: (u,v)\in E\}$,即 G^T 就是 G 中所有边反向所构成的图。按邻接表和邻接矩阵两种形式分别设计一种由 G 计算 G^T 的有效算法,并分析算法的时间复杂度。

8-4 给出一个反例说明下列猜想不成立:在有向图 G 中如果存在一条从 u 到 v 的路径,且对 G 进行深度优先搜索时,有 $d[u]<d[v]$,则在搜索产生的深度优先森林中,v 是 u 的子顶点。

8-5 设计一种算法来确定一给定无向图 $G=(V,E)$ 中是否包含回路,要求所设计算法的时间复杂度为 $O(|V|)$,与 $|E|$ 无关。

8-6 设计一种时间复杂度为 $O(|V|+|E|)$ 的算法,计算有向图 $G=(V,E)$ 的连通分支,并且保证所设计算法计算出的连通分支中的每两个顶点间至多存在一条边。

8-7　给定一个无向图 $G=(V,E)$，它的传递闭包是一个 0/1 数组 T，当且仅当 G 中存在一条边数大于 1 的从 i 到 j 的路径时，$T[i,j]=1$。试设计一种计算 G 的传递闭包矩阵的算法，且使其时间复杂度为 $O(|V|^2)$。

8-8　假设图 $G=(V,E)$ 用邻接矩阵表示，试设计一种运行时间为 $O(|V|^2)$ 的 Prim 算法。

8-9　给定一个图 $G=(V,E)$ 及其一棵最小生成树，假设我们减少图中不属于最小生成树的一条边的权值，试设计一种算法，找出修改边后新图的一棵最小生成树。

8-10　证明 PrimMST 算法的正确性。

8-11　是否存在这样的图，对这些图，PrimMST 算法要慢于 KruskalMST 算法？

8-12　给出一个图 G，G 中边的权值可以为负数，对于顶点 i 和 j，从顶点 i 到顶点 j 没有最短路径，但从顶点 i 到顶点 j 仍然存在路径。

8-13　修改 BellmanFord 算法，使得对任意顶点 v，当从源点到 v 的某些路径上存在一个负权回路时，则设置 $d[v]=-\infty$。

8-14　试设计一种有效算法统计有向无回路图中的全部路径数，并分析该算法。

8-15　令顶点 z 为源点，对图 8.10(a)所示的有向图运行 BellmanFord 算法。在每趟运行中，按图中的顺序对边进行松弛，显示每一趟运行后的 d 值和 π 值。现在把边 (z,x) 的权值改为 4，并把 z 作为源点再运行该算法的结果。

8-16　给定一个不含负权回路的有向带权图 $G=(V,E)$，对于所有顶点对 $u,v\in V$，设 m 是从 u 到 v 的具有最少边数的最短路径所包含的边数的最大值。这里最短路径是按权和定义的，而不是按包含的边数定义的。试对 BellmanFord 算法作简单修改，使其可在 $m+1$ 趟运算中完成计算。

8-17　令顶点 s 和顶点 y 分别为源点，对图 8.10(a)所示的有向图运行 Dijkstra 算法，类似于图 8.11 所示的方式，给出 while 循环的每次迭代后的 d 和 π 值及集合 S 中的顶点。

8-18　给出一个带负权边的有向图的简单实例，说明使用 Dijkstra 算法计算该例子会产生错误的结果。如果允许图中边的权为负，则说明定理 8.8 的证明不能成立的原因。

8-19　利用合计方法分析 Dijkstra 算法的时间复杂度。

8-20　假设将 Dijkstra 算法伪代码的第 4 行改为

```
while |Q| > 1 do
```

这一修改使 while 循环执行 $|V|-1$ 次而不是 $|V|$ 次，算法是否仍然正确？

8-21　给定一有向图 $G=(V,E)$，令其每条边 $(u,v)\in E$ 对应一实数值 $r(u,v)\in[0,1]$，表示从顶点 u 到顶点 v 的通信线路的可靠性，即 $r(u,v)$ 表示从 u 到 v 的线路不中断的概率，并假设这些概率是相互独立的，试设计一种找出两个指定顶点间最可靠线路的有效算法。

8-22　设 $G=(V,E)$ 为一带权有向图，其权函数 $w:E\rightarrow\{0,1,\cdots,W\}$，其中，$W$ 为某非负整数。修改 Dijkstra 算法，使其能够在 $O(W|V|+|E|)$ 时间内计算出给定源点 s 的最短路径。

8-23　根据式(8.2)和式(8.3)所示的递归方程，写出动态规划算法的伪代码，并分析其时间复杂度。

8-24 修改 FloydWarshall(W)算法，以便构造出最优解。

8-25 给定图 8.16，运行 FloydWarshall 算法，并写出外层循环中每次迭代所生成的矩阵 $\boldsymbol{D}^{(k)}$。

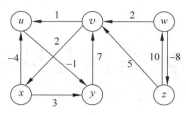

图 8.16 一个有向图

8-26 由于要计算 $d_{ij}^{(k)}$，$i, j, k = 1, 2, \cdots, |V|$，FloydWarshall 算法的空间要求为 $O(|V|^3)$。给出仅仅去掉 $d_{ij}^{(k)}$ 中所有上标所得的算法 FloydWarshall(W) 其伪代码如下。

```
FloydWarshall(W)
1      D←W
2      for k←1 to |V| do
3          for i←1 to |V| do
4              for j←1 to |V| do
5                  if d_{ij} < d_{ik} + d_{kj} then
6                      d_{ij}←d_{ij}
7                  else
8                      d_{ij}←d_{ik} + d_{kj}
9      return D
```

证明该算法是正确的，而且所需空间复杂度仅为 $O(|V|^2)$。

8-27 如何利用 FloydWarshall 算法的输出检测负权回路的存在？

8-28 令 $\varphi_{ij}^{(k)}$ 是从 i 到 j 的最短路径中具有最高编号的中间顶点，其中 $i, j, k = 1, 2, \cdots, |V|$，在 FloydWarshall 算法中，利用 $\varphi_{ij}^{(k)}$ 可以得到另一种构造最短路径的方法。写出 $\varphi_{ij}^{(k)}$ 的递归方程，修改 FloydWarshall 以计算 $\varphi_{ij}^{(k)}$，并用矩阵 $\boldsymbol{\Phi} = (\varphi_{ij}^{(|V|)})$ 作输入构造最短路径的算法。矩阵 $\boldsymbol{\Phi}$ 与 6.3 节的矩阵链乘法问题中的 s 表有何相似之处？

实验题

8-29 编程实现求解最短路径问题的类似矩阵乘法的动态规划算法和 FloydWarshall 算法，并用实验分析方法比较两种动态规划算法。

第9章

网络流与匹配

视频讲解

9.1 最大流问题

道路交通图可以转化为有向图,从而得到从一点到另一点的最短路径问题。有向图也可以转化为网络流,从而解决某些有关物质流的实际问题,例如,流经管子的液体流、装配线上的零件流、流过电路的电流、互联网上的信息流、运输网络的物品流等。因此,网络流是科学和工程领域中的一个非常重要的问题。在通信、运输、电力、工程规划、任务分派、设备更新、计算机辅助设计等众多领域中,具有广泛的应用。

为了求网络流问题,下面先给出网络流(Network Flow)的概念。

定义 9.1 给定有向图 $G=(V,E)$,对于图 G 的每一条边 $(u,v)\in E$,有一个非负的容量 $c(u,v)\geqslant 0$,如果 $(u,v)\notin E$,则 $c(u,v)=0$。给定图中两个特殊的顶点 s 和 t,其中,顶点 s 只有出边,顶点 t 只有入边,并且图 G 中至少存在一条从 s 到 t 的路径,这样的有向图称为网络,其中,顶点 s 称为网络的源点,顶点 t 称为网络的汇点。

图 9.1 展示了一个网络的例子,其中,图 9.1(a)表示实际输油管道,图 9.1(b)为图 9.1(a)的抽象表示,边上数值表示该边的容量,和图 9.1(a)中输油管道大小对应,例如 $c(v_1,v_2)=0$,$c(v_1,v_3)=3$。

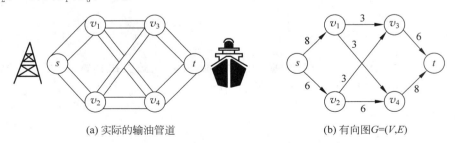

(a) 实际的输油管道   (b) 有向图 $G=(V,E)$

图 9.1 网络流例子

定义 9.2 给定一个网络 $G=(V,E)$,如果一个实值函数 $f:V\times V\rightarrow \mathbf{R}$ 满足下列 3 个性质:

(1) 容量约束性质,即任取 $u,v\in V$,均有 $f(u,v)\leqslant c(u,v)$;

（2）反对称性质，即任取 $u,v \in V$，均有 $f(u,v) = -f(v,u)$；

（3）流守恒性质，即任取 $u \in V - \{s,t\}$，均有 $\sum\limits_{v \in V} f(u,v) = 0$。

则称 f 为网络 G 的流，其中，$f(u,v)$ 表示从顶点 u 到顶点 v 的流量。流 f 的大小可定义为

$$|f| = \sum\limits_{v \in V} f(s,v)$$

其中，$|f|$ 表示从源点 s 流出的流量大小。对于具有流为 f 的网络，称之为流网络，并用 $f(u,v)/c(u,v)$ 表示边 (u,v) 具有流量 $f(u,v)$ 及容量 $c(u,v)$。如果 $f(u,v) = 0$，则省略 $f(u,v)/$，只用 $c(u,v)$ 表示。如果 $f(u,v) = c(u,v)$，则称边 (u,v) 为饱和边。

图 9.2(a) 给出了一个流网络，其中，边 (s,v_1) 上的值 11/16 表示流量/容量，"11" 表示 $f(s,v_1) = 11$，"16" 表示 $c(s,v_1) = 16$。边 (v_1,v_2) 的值 10 表示该边的流量 $f(v_1,v_2) = 0$，容量 $c(v_1,v_2) = 10$。图 9.2(a) 中每条边上的流满足容量约束性质，例如，在边 (s,v_1) 上，$f(s,v_1) < c(s,v_1)$。由反对称性质可知，$f(v_1,s) = -f(s,v_1) = -11$。除了源点和汇点外的其他顶点，它们流进的流量和等于流出的流量和，例如，对于顶点 v_2，有 $\sum\limits_{v \in V} f(v_2,v) = f(v_2,v_1) + f(v_2,v_4) + f(v_2,s) + f(v_2,v_1) + f(v_2,v_3) = 1 + 11 + (-8) + (-0) + (-4) = 0$。由此可见，图 9.2(a) 所示的网络流满足流守恒性质，其网络流的大小为 $|f| = \sum\limits_{v \in V} f(s,v) = 8 + 11 = 19$。

值得注意的是，在一些实际问题中会出现如图 9.2(b) 所示情况。图 9.2(b) 左侧显示，$f(u,v) = 8$，$f(v,u) = 3$，不满足反对称性质，这时可以抵消 3 个单位的流量，变成如图 9.2(b) 右侧所示。直观上可以这样理解，顶点 u 送 8 个单位的流量给顶点 v，而 v 送 3 个单位的流量给 u。实际上，u 送 5 个单位的流量给 v 就可以了，这样做既避免了麻烦，又使流满足反对称性质。

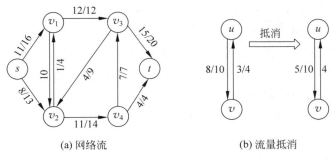

(a) 网络流　　　　　　(b) 流量抵消

图 9.2　网络流及流量抵消

下面介绍在实际问题中经常碰到的最大流问题，其问题描述为
给定一个网络 $G = (V,E)$，如何寻找从源点到汇点的流 f，使其流量值 $|f|$ 最大。
下面介绍求解最大流问题的方法。

9.1.1　FordFulkerson 算法

FordFulkerson 算法是一种非常经典的求解最大流问题的方法，它的基本思想是从任

何一个可行流开始,沿增广路径对流进行增广,并不断地重复此过程,直到网络中不存在增广路径为止。求解最大流问题的关键是如何有效地找到增广路径,并保证算法在有限次增广后一定会终止。这种算法包含 3 个重要的概念:剩余网络、增广路径和网络的割。在具体介绍 FordFulkerson 算法之前,先介绍上述概念。

定义 9.3 给定一个网络 G,其流为 f,容量为 c。关于流 f 的剩余容量 c_f 的定义如下:

对于任意一对顶点 $u,v \in V$,有 $c_f(u,v) = c(u,v) - f(u,v)$。流 f 的剩余网络是一个有向图 $G_f = (V, E_f)$,其容量函数由 c_f 定义,边集由 $E_f = \{(u,v): c_f(u,v) > 0\}$ 确定。

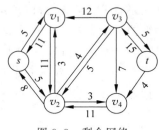

图 9.3 剩余网络

由定义 9.3 可以看出,剩余容量 $c_f(u,v)$ 表示在超出边容量 $c(u,v)$ 之前,从顶点 u 到 v 还能够增加的流量的大小。例如,图 9.3 展示了图 9.2(b)所示网络的剩余网络。在图 9.2(b)中,$c(v_3,v_2) = 9$ 且 $f(v_3,v_2) = 4$,则在边 (v_3,v_2) 上能增加不超过 $c_f(v_3,v_2) = c(v_3,v_2) - f(v_3,v_2) = 5$ 个单位的流量。如果流 $f(u,v)$ 为负,则边的剩余容量 $c_f(u,v)$ 一定比 $c(u,v)$ 大,例如,$f(u,v) = -4$,$c(u,v) = 16$,则 $c_f(u,v) = 20$,这表示从 v 到 u 有 4 个单位的流量,通过从 u 到 v 送 4 个单位的流量,能够抵消这 4 个单位的流量,这样从 u 到 v 只需送 20 个单位的流量。

根据定义 9.3,剩余网络的每条边要么是原来网络 G 的边,要么是原来网络 G 中边的逆边(原 G 中没有的边),剩余网络的每条边上的容量均大于零,例如,图 9.3 中边 (v_2,v_3) 没有出现在图 9.2(a)中。根据剩余网络的定义可知,剩余网络本身也是一个网络。

定义 9.4 给定一个网络 G,令 f_1、f_2 是 G 的流,令 $(f_1 + f_2)(u,v) = f_1(u,v) + f_2(u,v)$,则称 $f_1 + f_2$ 为流 f_1 与 f_2 的和。

引理 9.1 给定一个网络 $G = (V,E)$,令 f 为 G 的流。令 G_f 为 G 关于流 f 的剩余网络,令 f' 为 G_f 的流,则流和 $f + f'$ 仍然是 G 的流,且有 $|f + f'| = |f| + |f'|$。

证明:要证明流和 $f + f'$ 仍然是 G 的流,只需证明 $f + f'$ 满足流的 3 个性质。

对于容量约束性质,由于 f' 为剩余网络 G_f 的流,因此对于任意顶点 $u,v \in V$,有 $f'(u,v) \leqslant c_f(u,v)$。由定义 9.4 可知

$$(f + f')(u,v) = f(u,v) + f'(u,v)$$

由上述可知

$$(f + f')(u,v) \leqslant f(u,v) + c_f(u,v) = f(u,v) + (c(u,v) - f(u,v)) = c(u,v)$$

因此,$f + f'$ 满足容量约束性质。

由于流 f 和 f' 满足反对称性质,有

$$
\begin{aligned}
(f + f')(u,v) &= f(u,v) + f'(u,v) \\
&= -f(v,u) - f'(v,u) \\
&= -(f(v,u) + f'(v,u)) \\
&= -(f + f')(v,u)
\end{aligned}
$$

因此,流 $f + f'$ 也满足反对称性质。

对任意的 $u \in V - \{s,t\}$,有

$$\sum_{v \in V} (f+f')(u,v) = \sum_{v \in V} (f(u,v) + f'(u,v))$$

$$= \sum_{v \in V} f(u,v) + \sum_{v \in V} f'(u,v)$$

$$= 0 + 0 = 0$$

因此，$f+f'$ 满足流守恒性质。

最后，根据流的大小定义，有

$$|f+f'| = \sum_{v \in V} (f+f')(s,v)$$

$$= \sum_{v \in V} f(s,v) + \sum_{v \in V} f'(s,v)$$

$$= |f| + |f'|$$

证毕。

定义 9.5 给定一个网络 G，令 f 为图 G 的一个流，称剩余网络 G_f 中从 s 到 t 的一条有向路径 p 为增广路径。

由于剩余网络 G_f 的增广路径 p 上的每条边的容量大于零，因此在不违反容量约束的情况下，这条路径上的流量能增加多少呢？

定义 9.6 给定剩余网络 G_f 中从 s 到 t 的一条增广路径 p，将 p 上的最小剩余容量 $c_f(p)$ 称为瓶颈容量，其中，$c_f(p) = \min\{c_f(u,v) : (u,v) \in p\}$；并记 $|p|$ 表示路径 p 包含的边数。

瓶颈容量的定义给出了增广路径 p 上，在不违反容量约束的情况下，能增加的最大流量。

例如，在图 9.3 中，路径 $p : s, v_2, v_3, t$，就是一条增广路径，它的瓶颈容量 $c_f(p) = 4$。

引理 9.2 给定一个网络 $G = (V, E)$，令 f 为 G 的流。令 G_f 为 G 中关于流 f 的剩余网络，令 p 为 G_f 中从 s 到 t 的一条增广路径。定义函数 $f_p : V \times V \rightarrow \mathbf{R}$ 为

$$f_p(u,v) = \begin{cases} c_f(p), & \text{如果边}(u,v)\text{在路径}p\text{上} \\ -c_f(p), & \text{如果边}(u,v)\text{在路径}p\text{上} \\ 0, & \text{其他} \end{cases}$$

则 f_p 是 G_f 的流，且 $|f_p| = c_f(p) > 0$。

证明见习题 9-4。

由引理 9.1 和引理 9.2 可以得到如下推论。

推论 9.1 给定一个网络 $G = (V, E)$，令 f 为 G 的流。令 G_f 为 G 中关于流 f 的剩余网络，令 p 为 G_f 中从 s 到 t 的一条增广路径。若 f_p 如引理 9.2 定义，则 $f + f_p$ 为 G 的流，且 $|f + f_p| = |f| + |f_p| > |f|$。

图 9.4 给出了一个网络流和增广路径的例子。图 9.4(a) 表示图 9.3 所示剩余网络 G_f 及其增广路径，沿着这条路径推送 4 个单位的流量，可得流 f_p，如粗线箭头所示。对原来的网络（如图 9.2(a)）增加 f_p 后，得到如图 9.4(b) 所示的网络，此时 $f = 23$。

推论 9.1 表明，如果能找到一条增广路径，那么就可以增加 f_p 到 f 上，从而可以得到流量值更大的网络 G。重复这个过程，就能不断地增加网络的流量。如果在剩余网络中再也找不到增广路径，那么所得流就是最大流吗？网络 G 的流 f 最大是否等价于剩余网络 G_f 不再包含增广路径？下面要介绍的最大流最小割定理将回答这些问题，为了证明该定理，先

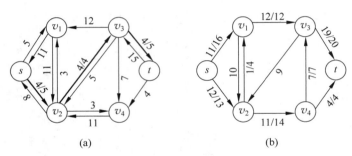

图 9.4 网络流及增广路径

介绍流网络的割。

定义 9.7 给定一个网络 $G=(V,E)$，网络的一个割 (S,T) 是把网络 G 的顶点集 V 分成两个子集 S 和 T，$T=V-S$，$s \in S$，$t \in T$，其中，割 (S,T) 的容量记为 $c(S,T)$，定义为 $c(S,T) = \sum\limits_{u \in S, v \in T} c(u,v)$；流过割 (S,T) 的流量记为 $f(S,T)$，定义为 $f(S,T) = \sum\limits_{u \in S, v \in T} f(u,v)$。

图 9.5 给出了一个割 (S,T) 的例子，其中，割 (S,T) 见虚线，将 V 分为 $S=\{s,v_1,v_2\}$ 和 $T=\{v_3,v_4,t\}$。流经割 (S,T) 的容量和流量为

$$c(S,T) = c(v_1,v_3) + c(v_2,v_4) = 12 + 14 = 26$$

$$f(S,T) = f(v_1,v_3) + f(v_2,v_4) + f(v_2,v_3) = 12 + 11 + (-0) = 23$$

由定义 9.7 可知，越过割 (S,T) 的流包括从 S 到 T 的流，也包括从 T 到 S 的流，只是方向不同，而割的容量只包括从 S 到 T 的边的容量。

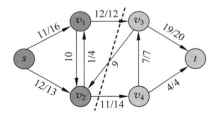

图 9.5 割 (S,T) 的例子

引理 9.3 给定一个网络 $G=(V,E)$，令 f 为 G 的流。对于 G 的任意一个割 (S,T)，有 $f(S,T) = |f|$。

证明：对 S 的顶点数进行归纳证明。

如果 $S=\{s\}$，由定义 9.2 可知显然成立。

假设对割 (S,T) 成立，则可以证明当 $w \in T-\{t\}$，结论对割 $(S \cup \{w\}, T-\{w\})$ 也成立。事实上，

$$f(S \cup \{w\}, T-\{w\}) = f(S, T-\{w\}) + f(w, T-\{w\})$$
$$= f(S,T) - f(S,w) + f(w,T) - f(w,w)$$
$$= f(S,T) - f(S,w) + f(w,T) - 0$$
$$= f(S,T) + f(w,S) + f(w,T)$$

$$= f(S,T) + f(w,V)$$
$$= f(S,T) = |f|$$

故所证成立。证毕。

引理 9.3 表明，流过网络的任意割的流量是相同的，且等于网络流的值。

推论 9.2 网络 G 中任意流 f 的值被 G 的任意割的容量所限制，即 $|f| \leqslant c(S,T)$。

证明：

$$|f| = f(S,T)$$
$$= \sum_{u \in S} \sum_{v \in T} f(u,v)$$
$$\leqslant \sum_{u \in S} \sum_{v \in T} c(u,v)$$
$$= c(S,T)$$

推论 9.2 表明，割的容量能用来限制网络流量的大小。下面给出最大流最小割定理。

定理 9.1 给定一个网络 $G = (V,E)$，令 f 为 G 的流，则下列 3 个结论相互等价。

（1） f 是 G 的最大流。

（2）剩余网络 G_f 不存在增广路径。

（3）存在一个割 (S,T)，使 $|f| = c(S,T)$。

证明：（1）$\Rightarrow$（2）：利用反证法。已知 f 是 G 的最大流，假设剩余网络 G_f 存在增广路径 p，则可以通过式 $f' = f + f_p$ 增加 G 的流。按照推论 9.1，这样可以得到一个比 f 更大的流 f'，这与假设 f 是最大流相矛盾，故所证成立。

（2）$\Rightarrow$（3）：已知剩余网络 G_f 不存在增广路径。定义

$$S = \{v \in V: G_f \text{ 中存在从 } s \text{ 到 } v \text{ 的路径}\}, \quad T = V - S$$

因为 $s \in S$，且 G_f 不存在从 s 到 t 的增广路径，所以 $t \notin S$，因而划分 (S,T) 是一个割 (S,T)，对于任意一对顶点 $u \in S$ 和 $v \in T$，可知边 (u,v) 处于饱和状态，即 $f(u,v) = c(u,v)$，否则 $(u,v) \in E_f$，顶点 v 将属于 S，这与 $v \in T$ 矛盾，因而 $f(S,T) = c(S,T)$。按照引理 9.3 可得，$f(S,T) = |f| = c(S,T)$，故所证成立。

（3）$\Rightarrow$（1）：已知存在一个割 (S,T)，使 $|f| = c(S,T)$，由于对任意割 (S,T)，按照推论 9.2，均有 $|f| \leqslant c(S,T)$，这表示 f 是 G 的最大流，故所证成立。证毕。

由推论 9.1 可知如何增广流，由定理 9.1 可知当找不到增广路径时，我们就找到了最大流，因此，再次重述 FordFulkerson 方法的基本思想：对于给定的网络 $G = (V,E)$，从 G 的任意一个可行流 f 开始，求出该网络的剩余网络 G_f，找到 G_f 的增广路径后，再沿增广路径对流进行增广，重复此过程，直到网络中不存在增广路径为止。具体算法 FordFulkerson (G,s,t,c) 的伪代码如下。

```
FordFulkerson(G, s, t, c)
1    for each edge (u,v) ∈ E do
2        f(u,v)←0
3    G_f ← G
4    while there is an augmenting path p in G_f do
5        let c_f(p) be the bottleneck capacity of p
6        for each edge (u,v) in p do
7            f(u,v)←f(u,v) + c_f(p)
8        update the residual graph G_f
```

FordFulkerson 算法的时间复杂度主要取决于伪代码的第 4 行中，增广路径（Augmenting Path）是如何确定的。如果增广路径选择不好，算法有可能不会终止。随着连续增广，算法甚至不会收敛到最大流量。如果增广路径选择适当，比如下面要介绍的最短路径方法，则算法的时间复杂度可以达到多项式时间复杂度。现在先给出 Fordfulkerson 方法时间复杂度的上界。

伪代码的第 1~3 行需要时间 $O(|E|)$，第 5 行找增广路径 p 的瓶颈容量（bottleneck capacity）最多耗时 $O(|E|)$。第 6 行沿着路径 p 增广及第 8 行更新剩余网络 G_f，其耗时都不会超过 $O(|E|)$。由于第 4~8 行的 **while** 循环中，每次增加的流量至少为 1，假设 $|f^*|$ 是算法能够找到的最大流量，则 **while** 循环至多执行 $|f^*|$ 次，因此算法的时间复杂度为 $O(|E||f^*|)$。在实际应用中，如果容量是有理数，通常将其变为整数，从而导致很大的容量，因此 FordFulkerson 算法执行起来效率很低，例如，图 9.6 所示，FordFulkerson 算法 **while** 循环要执行 20 000 次。

图 9.6 给出了 FordFulkerson 算法求解最大流问题的过程。图 9.6(a)给出一个网络，然后从 0 流开始初始化该网络，如图 9.6(b)所示，其剩余网络如图 9.6(c)所示，其中，增广路径用粗箭头表示。沿着增广路径对流增广，得到如图 9.6(d)所示网络，该网络的剩余网络如图 9.6(e)所示，其中，增广路径用粗箭头表示。沿着增广路径对流增广，得到如图 9.6(f)所示网络，该网络的剩余网络如图 9.6(g)所示，重复上述过程，增广 20 000 次后，才能得到最大流，如图 9.6(h)所示。

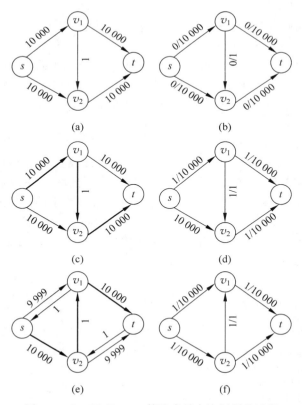

图 9.6　FordFulkerson 算法求最大流问题的过程

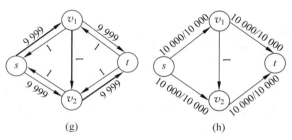

图 9.6 （续）

由于 FordFulkerson 算法并没有告诉我们如何确定增广路径,已经有不少的学者提出多种找增广路径的算法,从而得到不同的找最大流的算法,例如,使用宽度优先搜索的 Edmonds-Karp 算法。下面介绍 3 种基于分层思想的算法。

9.1.2 最短路径增广算法

下面介绍一种最短路径增广(Shortest Path Augmentation,SPA)算法,该算法提出了路径最短的增广路径先增广的思想,从而极大地改进了 FordFulkerson 方法的时间复杂度,并且克服了 FordFulkerson 方法可能依赖具体实例的缺点。

定义 9.8 给定一个网络 $G=(V,E)$,定义层次图 $G_L=(V,E')$,其中 $E'=\{(u,v):(u,v)\in E$,且 $d[v]=d[u]+1\}$,$d[v]$ 也称为顶点 v 的层次,是从源点 s 到 v 的路径中最短路径的边数。

图 9.7(a)给出了一个网络,图 9.7(b)是该网络的层次图。

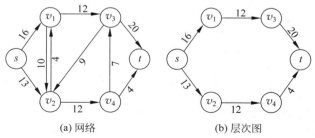

(a) 网络 (b) 层次图

图 9.7 网络及其层次图

给定一个网络 $G=(V,E)$,如何找到该网络的层次图呢? 可以利用宽度优先算法找到层次图。找到了层次图,就知道找增广路径的方法,即利用宽度优先搜索找到具有最短路径长度的增广路径,并在当前的流上,沿着增广路径 p 增广 $c_f(p)$ 个单位的流量。最短路径增广算法 ShortestPathAugmentation(G,s,t)的伪代码如下。

```
ShortestPathAugmentation(G, s, t)
1    for each edge (u,v)∈E do
2        f(u,v)←0
3    Gf ←G
4    find the level graph GL of Gf
5    while t is a vertex in GL do
6        while there is a path p from s to t in GL do
```

```
7              let c_f(p) be the bottleneck capacity on p
8              augment the current flow f by c_f(p)
9              update G_L and G_f along the path p
10        use G_f to compute a new level graph G_L
```

ShortestPathAugmentation(G,s,t)开始先初始化流为零流，并设网络的剩余网络G_f为原始图，计算其层次图(Level Graph)，然后执行 **while** 循环。**while** 循环分阶段进行，每个阶段由下面两步组成。

(1) 只要G_L中有从s到t的路径p，就用f_p对当前的流f进行增广，即$f+f_p$，从G_L和G_f中移去饱和边，并相应地更新G_L和G_f。

(2) 根据剩余网络G_f计算出层次图G_L，若t不在G_L中，则停止，否则继续。

由定义 9.8 可知，在层次图中，从s到t的路径具有同样的长度，但在不同阶段中，层次图的最短路径长度都不同，而且随着阶段的进行，路径长度会逐渐增大。当前阶段的路径长度会严格地比上一阶段的路径长度大。如果层次图中没有从s到t的路径，则算法停止。

图 9.8 给出了 ShortestPathAugmentation(G,s,t)求解最大流问题的过程。图 9.8(a)表示该算法从 0 流开始增广。图 9.8(a)的剩余网络，也就是原始图，如图 9.8(b)所示，其层次图如图 9.8(c)所示。图 9.8(c)中存在一条从s到t的增广路径$p:s,v_1,v_3,t$，其瓶颈容量$c_f(p)=12$。沿着该路径进行增广，得到图 9.8(d)。沿着路径p更新图 9.8(b)，得到图 9.8(e)所示的剩余网络，其层次图如图 9.8(f)所示。图 9.8(f)中只有一条从s到t的增广路径$p:s,v_2,v_4,t$，其瓶颈容量$c_f(p)=4$，沿着该路径对流进行增广，得到图 9.8(g)。沿着路径p更新图 9.8(e)，得到图 9.8(h)所示的剩余网络，其层次图如图 9.8(i)所示。图 9.8(i)中只有一条从s到t的增广路径$p:s,v_2,v_4,v_3,t$，其瓶颈容量$c_f(p)=7$，沿着该路径进行增广，得到图 9.8(j)。沿着路径p更新图 9.8(h)，得到图 9.8(k)所示的剩余网络，其层次图如图 9.8(l)所示。此时图中找不到从s到t的增广路径，ShortestPathAugmentation(G,s,t)算法终止，最终得到$|f|=23$。

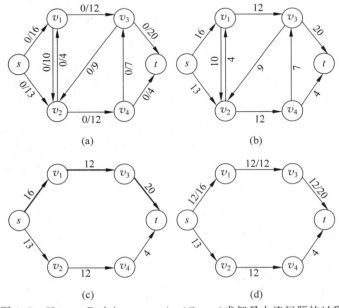

图 9.8 ShortestPathAugmentation(G,s,t)求解最大流问题的过程

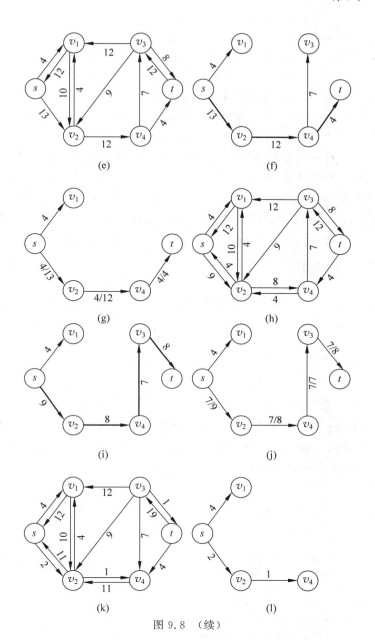

图 9.8 （续）

下面分析 ShortestPathAugmentation(G,s,t) 的时间复杂度。

引理 9.4 在 ShortestPathAugmentation(G,s,t) 的伪代码中，第 5 行的 **while** 循环最多执行 $|V|$ 次。

证明：只需要证明 ShortestPathAugmentation(G,s,t) 产生的层次图至多为 $|V|$ 个。

首先，证明该算法在前后层次图中找到的增广路径的长度序列是严格递增的。设 p 为当前层次图中任意一条增广路径，在对 p 增加流量后，路径 p 中至少有一条边将饱和，并在剩余网络中消失。至多有 $|p|$ 条新边会在剩余网络中出现，但它们是后向边，因而不会影响从 s 到 t 的最短路径。当沿着同一层次图中所有增广路径对流依次进行增广后，下一层次

图的增广路径会更长，故所证成立。

如果 t 在 G_L 中再也不能从 s 到达，则找不到增广路径。因为任何增广路径长度在 1 和 $|V|-1$ 之间，所以用作增广的层次图个数最多为 $|V|-1$。又因为 t 不出现的层次图也要计算一次，因此计算的层次图总数最多是 $|V|$。证毕。

定理 9.2 给定一个网络 G，用 ShortestPathAugmentation(G,s,t) 找到最大流所需要的时间为 $O(|V||E|^2)$。

证明：因为每次有一条边在层次图中消失，所以层次图中最多可能有 $|E|$ 条增广路径，即沿着同样长度的路径至多只能增广 $|E|$ 次。根据引理 9.4，用来增广而计算的层次图个数最多是 $|V|$，因此，增广的次数最多为 $|V||E|$。算法伪代码的第 9 行沿着增广路径 p 更新 G_L 和 G_f，最多需要的时间为 $O(|E|)$，那么寻找所有增广路径的时间复杂度为 $O(|V||E|^2)$，因而用 ShortestPathAugmentation(G,s,t) 找到最大流所需要的时间为 $O(|V||E|^2)$。

在 ShortestPathAugmentation(G,s,t) 中，对于每个层次图的增广路径，找每条路径是分开进行并分别增广的。除此之外，算法也存在一些没有必要的计算，因此，可以对算法进一步优化，以提高计算效率。下面介绍的算法能够更有效地找层次图的增广路径，降低算法的时间复杂度，提高计算效率。

9.1.3 Dinic 算法

定义 9.9 给定一个网络 $G=(V,E)$，G_L 是 G 的子图，且包含 s 和 t。f 是 G_L 的流，如果在 G_L 中每一条从 s 到 t 的路径中至少有一条饱和边，则称 G_L 的流 f 为阻塞流。

Dinic 算法就是找出层次图，然后按照深度优先的方式找增广路径，并按照阻塞流对当前流进行增广。Dinic 算法的伪代码如下。

```
Dinic(G, s, t, c)
1    for each edge (u,v)∈E do
2        f(u,v)←0
3    G_f←G
4    find the level graph G_L of G_f
5    while t is a vertex in G_L do
6        u←s; p←{u}
7        while outdegree(s)> 0 do
8            while u≠t and outdegree(s)> 0 do
9                if outdegree(u)> 0 then
10                   let (u,v) is an edge in G_L
11                   p←p∪{v}; u←v
12               else
13                   delete u and all adjacent edges from G_L
14                   remove u from the end of p
15                   set u to the last vertex in p (u may be s)
16           if u = t then
17               let c_f(p) be the bottleneck capacity along p
18               augment the current flow along p by c_f(p)
19               adjust residual graph and delete saturated edges from level graph G_L
20               set u to the last vertex on p reachable from s (Note that u may be s)
```

21   compute a new level graph G_L from G_f

$\text{Dinic}(G,s,t,c)$ 的主要过程分为 3 个循环,外部 **while** 循环(第 5 行)的每次迭代对应一个阶段,按照引理 9.4 可知,至多有 $|V|$ 个阶段,中间 **while** 循环(第 7 行)执行深度优先搜索找增广路径,然后沿着增广路径对流进行增广。内部 **while** 循环(第 8 行)有两个判断条件,如果当前路径 p 的末端顶点 u 不是汇点且有出边(outdegree$(u)>0$),则执行两个运算:(1)如果顶点 u 有出边(u,v),则在第 11 行将顶点 v 加入路径 p 的后面,并令 $u \leftarrow v$,继续往下搜索;(2)否则第 13 行从 G_L 中删除 u 及与 u 相邻的边,第 14 行从路径 p 中去掉 u,第 15 行将路径 p 的末端顶点作为 u。当内部 **while** 循环执行完后,如果顶点 u 就是汇点 t,则执行增广过程。

$\text{Dinic}(G,s,t,c)$ 的高效之处在于,找到增广路径,并对其进行增广后,算法会回溯到路径上某个有可能继续增广的顶点(不一定是源点),然后开始寻找从该顶点出发的另一条增广路径。而 $\text{ShortestPathAugmentation}(G,s,t)$ 则需要从源点 s 出发找增广路径。

图 9.9 给出了 $\text{Dinic}(G,s,t,c)$ 求解最大流问题的过程。$\text{Dinic}(G,s,t,c)$ 从 0 流开始计算。图 9.9(a)给出了关于 0 流的剩余网络,其对应的层次图如图 9.9(b)所示。由于 t 在层次图中,因此执行算法伪代码的第 6 行,由于源点 s 的出度大于 0,因此执行第 8 行。满足 **while** 循环条件,继续执行第 9 行,同样满足 **if** 条件,执行第 10 行和第 11 行,$p:s,v_1,u=v_1$。由于 $u \neq t$ 且 outdegree$(u)>0$,因此继续执行第 10 行和第 11 行,直到 $p:s,v_1,v_3,t$,$u=t$。由于 $u=t$,执行第 17$\sim$20 行,沿着增广路径对流进行增广,更新剩余网络,如图 9.9(c)所示,删除饱和边(v_3,t),此时 $p:s,v_1,v_3,u=v_3$,如图 9.9(d)所示。继续执行第 8 行的 **while** 循环,由于 outdegree$(u)=0$,因此不断执行第 12$\sim$15 行,从 G_L 中删除 u 及所有邻接 u 的边,从路径 p 中删除末端顶点 u,直到 $u=s$。由于源点 s 的出度大于 0,类似于上述过程,继续执行第 8 行的 **while** 循环。最后得到如图 9.9(e)所示的剩余网络。执行第 21 行,得到新的层次图如图 9.9(f)所示。由于 t 在层次图中,因此执行第 6 行,又因源点 s 的出度大于 0,所以执行第 8 行。满足 **while** 循环条件,继续执行第 9 行,同样满足 **if** 条件,因此执行第 10 行和第 11 行,$p:s,v_1,u=v_1$。由于 $u \neq t$ 且 outdegree$(u)>0$,因此继续执行第 10 行和第 11 行,直到 $p:s,v_1,v_3,v_4,t,u=t$ 为止。由于 $u=t$,执行第 17$\sim$20 行,沿着增广路径对流进行增广,更新剩余网络,如图 9.9(g)所示,删除饱和边(v_3,v_4),此时 $p:s,v_1,v_3,u=v_3$,如图 9.9(h)所示。继续执行第 8 行的 **while** 循环,由于 outdegree$(u)=0$,因此不断执行第 12$\sim$15 行,从 G_L 中删除 u 及所有邻接 u 的边,从路径 p 中删除末端顶点 u,直到 $u=v_1$。继续执行第 8 行的 **while** 循环,由于 u 的出度大于 0,执行第 10 行和第 11 行,重复此过程,直到 $p:s,v_1,v_2,v_4,t$。由于 $u=t$,执行第 17$\sim$20 行,最后得到图 9.9(i)所示的剩余网络。执行第 21 行,得到新的层次图如图 9.9(j)所示。类似于上述过程,得到如图 9.9(k)所示的剩余网络。删除饱和边后,得到对应的层次图如图 9.9(l)所示。此时,找不到增广路径,$\text{Dinic}(G,s,t,c)$ 终止,最终有 $|f|=15$。

$\text{Dinic}(G,s,t,c)$ 如同 $\text{ShortestPathAugmentation}(G,s,t)$ 一样,分为 $|V|$ 个阶段,每个阶段找一个层次图,最后找每个层次图的阻塞流,然后按照当前阻塞流进行增广。对于 $\text{Dinic}(G,s,t,c)$ 的时间复杂度,有如下结论。

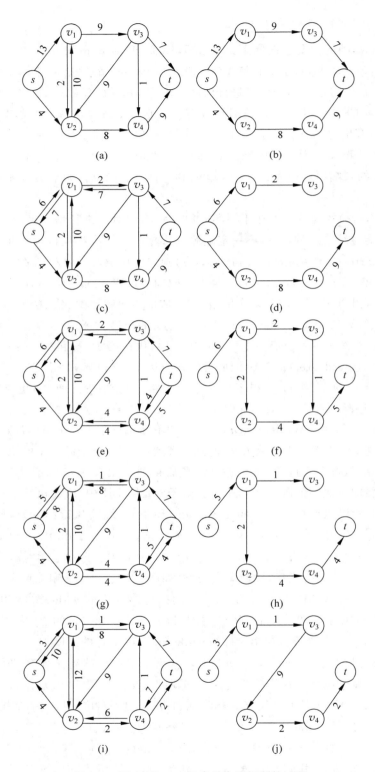

图 9.9　Dinic(G,s,t,c)求最大流问题的过程

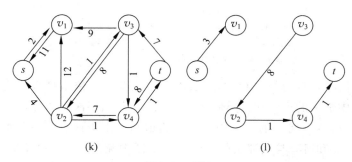

图 9.9　（续）

定理 9.3　给定一个网络 $G=(V,E)$，$\mathrm{Dinic}(G,s,t,c)$ 找到最大流的时间为 $O(|V|^2|E|)$。

证明：用宽度优先搜索找层次图 G_L，需要时间 $O(|E|)$。第 7 行 **while** 循环最多执行 $O(|E|)$，第 8 行 **while** 循环最多执行 $O(|V|)$ 次，第 16～20 行执行 $O(|V|)$ 次，因此第 7～20 行共需要时间 $O(|V||E|)$。第 5 行的 **while** 循环最多执行 $|V|$ 次，因此执行第 5～21 行所需要的时间均不超过 $O(|V|^2|E|)$，故所证成立。证毕。

Dinic 算法只往层数高的方向增广，可以保证不走回头路也不绕圈子，因此效率比较高，是目前广泛应用的网络流算法之一。

9.1.4　MPM 算法

虽然 Dinic 算法找到最大流的时间为 $O(|V|^2|E|)$，但是如果路径长度很长，如果用深度优先搜索找阻塞流并增广，则需要花比较长的时间。Malhortra、Pramodh-Kumar 和 Maheshwari(MPM) 对找阻塞流的方法进行改进，得到了一种更有效的算法。

定义 9.10　给定一个网络 $G=(V,E)$，对于网络 G 的顶点 v，定义 v 的吞吐量 $C(v)$ 为该顶点入边的总容量和出边的总容量的最小值，即对于 $v\in V-\{s,t\}$，有

$$C(v)=\min\left\{\sum_{u\in V}c(u,v),\sum_{u\in V}c(v,u)\right\}$$

对于源点 s 和汇点 t，分别定义其吞吐量为

$$C(s)=\sum_{v\in V-\{s\}}c(s,v),\quad C(t)=\sum_{v\in V-\{t\}}c(v,t)$$

MPM 算法找阻塞流的方法是，在层次图中找到吞吐量最小的顶点 v；然后从该顶点沿着出边推出 $C(v)$ 个单位的流量，即将流量分配到出边，先分配的边先饱和，直到有一条边部分饱和为止，类似地，对入边也类似分配；最后，将该顶点以及相邻的边删除。

MPM 算法的伪代码如下。

```
MPM(G, s, t, c)
1     for each edge (u, v)∈E do f(u,v)←0
2     G_f←G; find the level graph G_L of G_f
3     while t is a vertex s in G_L do
4         while t is reachable from s in G_L do
5             find a vertex v of minimum C(v)
```

```
6              push C(v) units of flow from v to t
7              pull C(v) units of flow from s to v
8              update f, G_L and G_f
9      use G_f to compute a new level graph G_L
```

MPM(G,s,t,c)在执行第 6 行时,从层次图的顶点 v 一路上推大小为 $C(v)$ 的流到 t,尽量使 v 的出边中更多的边饱和。类似地,执行第 7 行,从层次图的源点 s 一路上拉大小为 $C(v)$ 的流到顶点 v,尽量使 v 的入边中更多的边饱和。由于顶点 v 的吞吐量最小,删除所有饱和边后,顶点 v 和所有与其邻接的边将从层次图中删除。对于 MPM(G,s,t,c),有下列结论。

定理 9.4 给定一个网络 $G=(V,E)$,MPM(G,s,t,c)找到最大流的时间为 $O(|V|^3)$。

证明: 用宽度优先搜索找层次图 G_L,需要时间 $O(|E|)$。在算法伪代码的第 5 行从层次图中,找具有最小吞吐量的顶点需要时间 $O(|V|)$;在第 6 行和第 7 行中,包括部分饱和一些边、删除所有饱和边及将大小为 $C(v)$ 的流从 s 推向 t,需要的时间均不超过 $O(|V|)$;第 8 行更新 f、G_L 和 G_f 需要时间 $O(|V|)$;第 4 行的 **while** 循环最多执行 $|V|$ 次,因此执行第 5～8 行所需要的时间均不超过 $O(|V|^2)$。而第 3 行 **while** 循环最多迭代 $|V|$ 次,因此,MPM(G,s,t,c)找到最大流的时间为 $O(|V|^3)$。

9.1.5 最大流问题的变形

很多组合优化问题可以很容易地转化为最大流问题,这样便可以利用前面介绍的算法求解了。

在许多实际问题中,例如,某些最大流问题可能不只有一个源点和汇点。对于这类问题,可以引入一个超级源点和一个超级汇点,从而可以把这种最大流问题转化为单源点和单汇点的最大流问题。如图 9.10 所示。图 9.10(a)给出了多源点和多汇点的网络,通过引入超级源点和超级汇点,得到图 9.10(b)所示的单源点和单汇点的最大流问题。

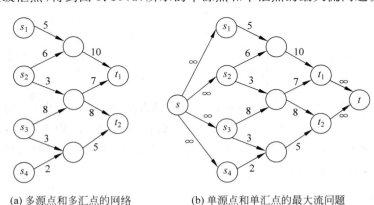

(a) 多源点和多汇点的网络   (b) 单源点和单汇点的最大流问题

图 9.10 网络流问题的构造

最大流问题的求解算法有许多应用,例如,用于航空公司调度,安排航班机组人员;用于图像分割,在图像中找到背景和前景。

9.2 最小费用流问题

在带权网络 $G=(V,E)$ 上,除了给定容量函数外,还增加如下实值权函数 $w: V\times V\to$
$\mathbf{R}$。任给 $(u,v)\in E$,对应的权值记为 $w(u,v)$,表示边 (u,v) 的单位流量的费用或成本,也就是说,通过一条边的单位流所需要的费用。

给定一个流 f,流 f 的总费用定义为

$$w(f)=\sum_{(u,v)\in E}w(u,v)f(u,v)$$

如果 f 在流量为 $|f|$ 的所有流中具有最小的费用,则称流 f 为最小费用流。我们知道,对于一个流 f,往往可以用多种不同的方式达到,所以现在要求不同方式中,找到总费用最少的一种方式。最小费用流问题就是在网络中寻找总费用最小的可行流。

最小费用流问题通常有两种表现形式,一种是在网络 $G=(V,E)$ 中计算给定流量为 $|f|$ 的最小费用流;另一种是在不给定流量时,计算流量最大的最小费用流,此问题常称最小费用最大流问题。事实上,前面介绍的最短路径问题及最大流问题都是最小费用流问题的特例。

在给出求解最小费用流问题的算法之前,类似于最大流问题的剩余网络,带权网络流 f 的剩余网络是一个有向图 $G_f=(V,E_f)$,可确定如下。

定义 9.11 给定一个带有容量 c 及权函数 w 的网络 $G=(V,E)$,任给 $(u,v)\in E$,用两条边 (u,v) 和 (v,u) 代替原来的边 (u,v)。边 (u,v) 的权值 $w(u,v)$ 不变,其剩余容量为 $c_f(u,v)=c(u,v)-f(u,v)$,而新边 (v,u) 的权值为 $w(v,u)=-w(u,v)$,其剩余容量为 $c_f(v,u)=f(u,v)$。由所有剩余容量为正的边构成的带权网络称为流 f 的剩余网络 $G_f=(V,E_f)$。

图 9.11(a) 给出了一个网络,边 (u,v) 上的符号对应 $f(u,v)/c(u,v),w(u,v)$,例如,边 (s,v_1) 上的符号 3/4,2 表示 $f(s,v_1)=3,c(s,v_1)=4,w(s,v_1)=2$。图 9.11(b) 给出了相应的剩余网络。值得注意的是,剩余网络 G_f 中边上的符号对应 $c(u,v),w(u,v)$,例如,边 (s,v_1) 上的符号 1,2 表示 $c(s,v_1)=1,w(s,v_1)=2$。

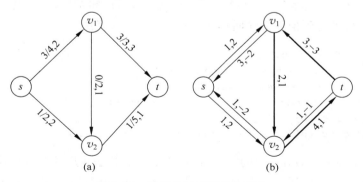

图 9.11 带容量和权函数的网络

下面介绍一些求解最小费用流问题的算法。

9.2.1 消除回路算法

定义 9.12 给定一个带权网络 $G=(V,E)$，相应剩余网络的增广回路(Cycle)是一条增广路径 p，路径 p 的起点和终点相同。具体来说，它是一个顶点序列为 $\langle v_1,v_2,\cdots,v_n(=v_1)\rangle$ 的有向回路，并且回路中每条边 (v_i,v_{i+1}) 的剩余容量 $c_f(v_i,v_{i+1})>0(1\leqslant i<n)$。定义增广回路中最小的剩余容量 $c_f(p)=\min\limits_{1\leqslant i<n} c_f(v_i,v_{i+1})$，则增广回路中能够增广的流量最多为 $c_f(p)$。定义增广回路 p 的费用为

$$w(p)=\sum_{(u,v)\in p} w(u,v)$$

在图 9.11(b)中，增广回路 $p\langle v_2,t,v_1,v_2\rangle,c_f(p)=2,w(p)=-1$。

如果剩余网络 G_f 中存在费用为负的增广回路 p，即 $w(p)<0$，则可以沿增广回路 p 对当前流 f 进行增广，以便获得流量相等但费用更小的流。只要剩余网络中存在费用为负的增广回路，就可以重复上述过程，把一个最大流转化为另一个最大流，而且使总费用逐步减少。

引理 9.5 设 p 为网络 $G=(V,E)$ 对应剩余网络的一条增广回路，则存在流量为 $|f|$ 的流 f'，且其费用为

$$w(f')=w(f)+w(p)c_f(p)$$

引理 9.5 说明，如果流 f 的剩余网络 G_f 中存在费用为负的回路，则该流就不是最小费用流。定理 9.5 表明，引理 9.5 的逆命题也成立。

定理 9.5 可行流 f 为最小费用流，当且仅当 G_f 中不存在费用为负的增广回路。

证明：已知可行流 f 为最小费用流，假设 G_f 中含有费用为负的增广回路，则由引理 9.5 可知，f 不可能是最小费用流，这是因为沿着该回路增广流，可以得到一个流量相等但费用比 $w(f)$ 更小的流，这与已知 f 为最小费用流矛盾，故所证成立。

反过来，已知 f 是可行流，G_f 中不存在费用为负的增广回路。假设 f 不是最小费用流，则存在不同于 f 的最小费用流 f' 且其流量值为 $|f|$。现在由 f 沿着增广回路通过一系列的增广得到流 f'，由于回路的费用非负，剩余容量非负，因此，不论如何增广，都得不到流 f'。要想得到流 f'，必须存在一条费用为负的回路，这与已知矛盾，故假设不成立。证毕。

由定理 9.5 可以得到如下消除回路(Canceling Cycle)算法。

```
CancelingCycle(G, s, t, c, w)
1    establish a feasible flow f in the network
2    while G_f contains a negative cycle do
3        use some algorithm to identify a negative cycle p
4        compute c_f(p)
5        augment c_f(p) units of flow in the cycle p and update G_f
```

CancelingCycle(G,s,t,c,w) 的第 1 行，可用最大流算法找出一个可行流 f。第 2 行确定 G_f 中是否含有一条费用为负的增广回路(Negative Cycle)，可用 BellmanFord 算法在 $O(|V||E|)$ 时间内找出一条费用为负的回路。第 4 行计算增广回路中最小的剩余容量 $c_f(p)$。第 5 行沿着增广回路增加 $c_f(p)$ 个单位的流，然后更新 G_f。令 w' 表示初始最大流 f 所具有的费用，从最大流 f 开始，可以在 $O(|V||E|w')$ 时间内找到流量值为 $|f|$ 的最

小费用流,即可以得到下列结论。

定理 9.6 给定网络 $G=(V,E)$ 及一个最大流 f,CancelingCycle(G,s,t,c,w) 可以在 $O(|V||E|w')$ 时间内找到流量值为 $|f|$ 的最小费用流。

由定理 9.6 可以看出,CancelingCycle(G,s,t,c,w) 的时间复杂度取决于初始最大流 f 所具有的费用 w',因此,该算法不是多项式时间算法。如果按照一些特定次序消除回路,可得到一些多项式时间算法。

图 9.12 给出了 CancelingCycle(G,s,t,c,w) 的求解过程。图 9.11(a) 给出了一个初始网络,其对应的剩余网络如图 9.11(b) 所示。从该图中可以找出一条费用为负的增广回路 $p=\langle v_2,t,v_1,v_2\rangle$,$c_f(p)=2$,因此沿着该回路增广 2 个单位的流量,得到如图 9.12(a) 的网络,其对应的剩余网络如图 9.12(b) 所示。从该图中可以找出一条费用为负的回路 $p=\langle v_1,s,v_2,t,v_1\rangle$,$c_f(p)=1$,因此沿着该回路增广 1 个单位的流量,得到如图 9.12(c) 的网络,其对应的剩余网络如图 9.12(d) 所示,此时找不到费用为负的回路,算法终止,找到最小费用流。此时 $f=4$,$w(f)=14$。

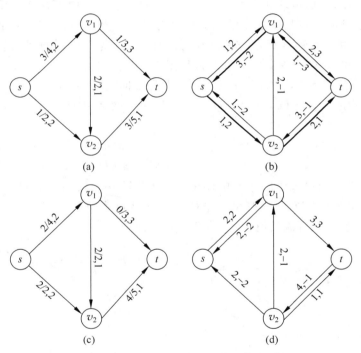

图 9.12 CancelingCycle(G,s,t,c,w) 的求解过程

9.2.2 最小费用路算法

消除回路算法是在给定流 f 的网络 $G=(V,E)$ 中通过重复消去费用为负的增广回路,从而找到最小费用流。下面从一个 0 流开始,沿着具有最小费用的增广路径,通过一系列的增广过程,获得具有最小费用的最大流。

对于剩余网络 G_f 的一条从 s 到 t 的有向路径 p,它一定对应于原网络 $G=(V,E)$ 的一条增广路径，即可以通过沿路径 p 对当前流 f 进行增广，获得流量值更大的可行流 f'。定义 p 的费用为

$$w(p) = \sum_{(u,v) \in p} w(u,v)$$

为了获得最小费用流，我们希望沿费用最小的增广路径对当前流 f 进行增广，以最小的费用增加获得流量值更大的可行流 f'。设最小费用路径 p 中最小的剩余容量为 $c_f(p)$，则有

$$w(f') = w(f) + w(p)c_f(p)$$

定理 9.7 保证了沿着最小费用路径对流进行增广，能够找到最小费用流。

定理 9.7 设 f 为流量值为 $|f|$ 的最小费用流，p 为相应剩余网络 G_f 中从 s 到 t 的一条最小费用增广路，且沿 p 所能增广的流量为 $c_f(p)$，则增广后得到的流 f' 是最小费用流，且流量值为 $|f| + c_f(p)$。

证明： 由定理 9.5 可知，只需证明关于流 f' 的剩余网络中不存在费用为负的增广回路。可以用反证法证明。假设沿路径 p 进行增广后，存在关于 f' 的费用为负的增广回路 H。由于 f 为最小费用流，根据定理 9.5 可知，关于流 f 的剩余网络中不存在费用为负的增广回路。由于除 p 以外的边及其流量在增广前后没有发生改变，于是 p 和 H 至少有一条公共边，这样当该公共边发生改变后，才有可能与其他的边构成关于 f' 的费用为负的增广回路 H。不妨假设 p 和 H 有一条公共边 (u,v)，如图 9.13 所示，如果边 (u,v) 在 p 中是正向边，则在 H 中是反向边；反之，如果边 (u,v) 在 p 中是反向边，则在 H 中是正向边，这样才能导致增广回路。因此，$\{p - (u,v)\} \bigcup \{H - (v,u)\}$ 也是网络中关于 f 的增广路径。又由于 $w(H) < 0$，有

$$w(\{p - (u,v)\} \bigcup \{H - (v,u)\}) = w(p) - w(u,v) + w(H) - w(v,u)$$
$$= w(p) + w(H) < w(p)$$

这表明关于流 f 的剩余网络 G_f 中存在一条比路径 p 的费用还小的路径，这与 p 是最小费用路径矛盾，故关于流 f' 的剩余网络中不存在费用为负的增广回路。由定理 9.5 可知，流 f' 是最小费用流，且流量值为 $|f| + c_f(p)$。证毕。

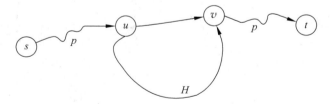

图 9.13 用反证法证明定理 9.7 示意

由定理 9.7 可以得到最小费用路（Minimum Weight Path）算法，即从 0 流开始，反复应用定理 9.7 计算一个具有最小费用的最大流。最小费用路算法 MinimumWeightPath(G, s, t, c, w) 的伪代码如下。

```
MinimumWeightPath(G, s, t, c, w)
1    for each edge (u, v)∈E do
2        f(u,v)←0
3    G_f←G
4    while there is a minimum weight path p in G_f do
```

```
5        let c_f(p) be the bottleneck capacity on p
6        augment the current flow f by c_f(p)
7        update G_f along the path p
```

在伪代码的第 4 行中,可以利用第 8 章介绍过的 BellmanFord 算法计算 G_f 的一条最小费用路径,其时间复杂度为 $O(|V||E|)$。由于每次增加的流量至少为 1 个单位,因此 **while** 循环至多执行 $|f^*|$ 次,这里 $|f^*|$ 是算法能够找到的具有最小费用的最大流量。因此,MinimumWeightPath(G,s,t,c,w) 的时间复杂度为 $O(|f^*||V||E|)$。

给定一个流量为 0 的网络,如图 9.14(a) 所示,其对应的剩余网络见图 9.14(b),其最小费用路径 $p = \langle s, v_2, v_1, t \rangle$,$w(p)=3$,$c_f(p)=2$。因此,沿着路径 p 增广 2 个单位的流量,得到网络图 9.14(c),其对应的剩余网络见图 9.14(d),其最小费用路径 $p = \langle s, v_1, v_2, t \rangle$,$w(p)=5$,$c_f(p)=1$。因此,沿着路径 p 增广 1 个单位的流量,得到网络图 9.14(e),其对应的剩余网络见图 9.14(f),由于在剩余网络中找不到增广路径,算法终止。可得流量值为 3,费用为 11。

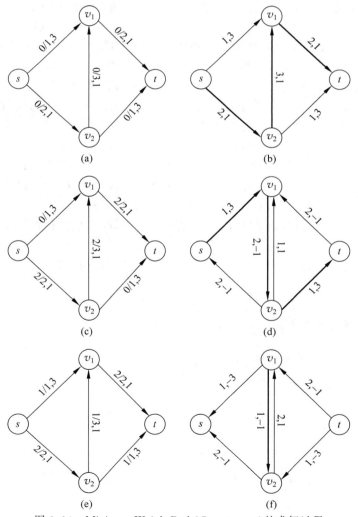

图 9.14 MinimumWeightPath(G,s,t,c,w) 的求解过程

9.2.3 最小费用路算法的改进

在求剩余网络的最小费用路径时，由于剩余网络中，费用可能为负，所以只能利用第 8 章介绍的时间复杂度为 $O(|V||E|)$ 的 BellmanFord 算法。如果能够改变剩余网络中边的费用，使所有边的费用为非负数，则可以调用第 8 章介绍的时间复杂度为 $O(|E|\lg|V|)$ 的 Dijkstra 算法，从而得到更有效的最小费用路算法。下面介绍改变剩余网络中各边费用的方法。

定义 9.13 给定流为 f 的网络 $G=(V,E)$，其对应的剩余网络为 G_f。令 $d_f(v)$ 表示剩余网络 G_f 中源点 s 到顶点 v 的最小增广费用路径的总费用，令 f' 表示沿着一条最小增广费用路径增大 f 后而得到的流，则定义剩余网络 $G_{f'}$ 中任意边 (u,v) 的费用为

$$w'_{f'}(u,v)=w_f(u,v)+d_f(u)-d_f(v) \tag{9.1}$$

定理 9.8 在剩余网络 G_f 中，每条边 (u,v) 的费用 $w'_f(u,v) \geqslant 0$，且剩余网络 $G_{f'}$ 按照式（9.1）所定义费用的最小费用路径也是 G_f 的一条最小费用路径。

证明：对于剩余网络 G_f 的边，有的边在原来的 G_f 中，有的边则不在原来的 G_f 中，因此分两种情况加以证明。

（1）如果边 (u,v) 在 G_f 中，则源点 s 到顶点 v 的费用 $d_f(v)$ 一定不超过源点 s 到顶点 u 的费用 $d_f(u)$ 与 $w(u,v)$ 之和，即 $d_f(v) \leqslant d_f(u)+w(u,v)$，且有 $w_f(u,v)=w(u,v)$，由式（9.1）可得，$w'_{f'}(u,v)=w_f(u,v)+d_f(u)-d_f(v) \geqslant 0$。

（2）如果边 (u,v) 不在 G_f 中，则边 (v,u) 一定在增大流 f 得到流为 f' 的最小费用路径 p 上，且有 $d_f(u)=d_f(v)+w(v,u)$，由于 $w_f(u,v)=-w(v,u)$，因此，由式（9.1）可得

$$w'_{f'}(u,v)=w_f(u,v)+d_f(u)-d_f(v)=0.$$

例如，如图 9.14(d) 所示，边 (v_2,v_1) 在原来的 G_f 中（如图 9.14(b) 所示），因此有 $d_f(v_1) \leqslant d_f(v_2)+w(v_2,v_1)$。边 (v_1,v_2) 不在原来的 G_f 中（如图 9.14(b) 所示），因此有

$$d_f(v_1)=d_f(v_2)+w(v_2,v_1).$$

下面证明，对于 G_f 中各边的费用改变，得到 $G_{f'}$ 后，G_f 的最小费用路径仍然是 $G_{f'}$ 的最小费用路径。

给定 G_f 的任一条路径 $p=\langle s,v_1,v_2,\cdots,v_n,t \rangle$，该路径的费用为

$$w(p)=w(s,v_1)+\sum_{i=1}^{n-1}w(v_i,v_{i+1})+w(v_n,t)$$

对 $G_{f'}$ 中同样这条路径 $p=\langle s,v_1,v_2,\cdots,v_n,t \rangle$，其费用为

$$w'(p)=w'(s,v_1)+\sum_{i=1}^{n-1}w'(v_i,v_{i+1})+w'(v_n,t)$$

按照权值改变式（9.1）可得

$$w'(p)=w(s,v_1)+d_f(s)-d_f(v_1)+\sum_{i=1}^{n-1}(w(v_i,v_{i+1})+d_f(v_i)-d_f(v_{i+1}))$$
$$+w(v_n,t)+d_f(v_n)-d_f(t)$$
$$=w(s,v_1)+d_f(s)+\sum_{i=1}^{n-1}w(v_i,v_{i+1})+w(v_n,t)-d_f(t)$$
$$=w(p)-d_f(t)$$

上式表明，G_f 的任一条路径 p 的费用与 $G_{f'}$ 的路径 p 的费用只差一个常数，因此，G_f 的最小费用路径仍然是 $G_{f'}$ 的最小费用路径。

综上所述，故所证成立。证毕。

例如，给定一个流量为 0 的网络，如图 9.15(a)所示，其剩余网络如图 9.15(b)所示。顶点旁边的数字表示剩余网络中，源点 s 到达该顶点的最小费用路径的总费用。例如，在图 9.15(b)中，顶点 $d_f(v_1)=2$ 表示从源点 s 到顶点 v_1 的最小费用路径的总费用。由于最小费用路径 $p=\langle s,v_2,v_1,t\rangle$，增广 2 个单位的流得到图 9.15(c)。如果按照最小费用路算法，那么会得到图 9.14(d)所示的剩余网络，其中，边上的费用是由图 9.15(b)中相应边的费用及各顶点的费用按照式(9.1)计算得到的新费用，显然各边新费用非负。此时其最小费用路径 $p=\langle s,v_1,v_2,t\rangle$，$w(p)=2$，$c_f(p)=1$，因此，沿着路径 p 增广 1 个单位的流量，得到图 9.15(e)所示的网络，其对应的剩余网络如图 9.15(f)所示。由于在该剩余网络中找不到增广路径，算法终止。最终可得流量值为 3，费用为 11。

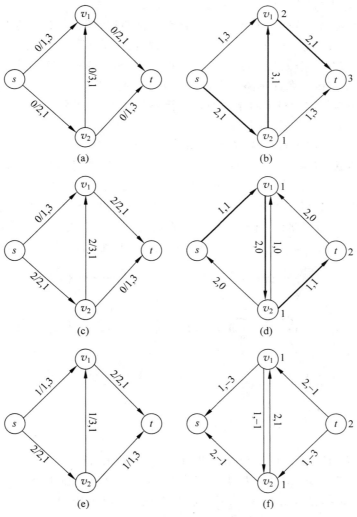

图 9.15　最小费用路算法的求解过程

9.3 匹配问题

匹配问题（Matching Problem）在资源规划、机器调度、人员分配等领域有许多实际的应用，下面介绍一些基本概念。

定义 9.14 给定一个无向图 $G=(V,E)$，一种匹配是一个边的集合 $M\subseteq E$，使得对任意的顶点 $v\in V$，M 中至多有一条边与 v 相连。如果 M 中某条边与顶点 v 相连，则认为顶点 v 被 M 匹配，否则认为 v 是未匹配的，并称 M 的边为匹配边，E 中不在 M 的边为未匹配边。

令匹配 M 的大小为 $|M|$，即 M 中边的条数，最大匹配问题就是在图 $G=(V,E)$ 中找出 $|M|$ 最大的集合 M。

定义 9.15 给定一个无向图 $G=(V,E)$，设 M 是图 G 的一个匹配，如果 G 的每一个顶点被 M 匹配，则称 M 是完全匹配（Perfect Matching）。

一般地，并不是每个无向图 $G=(V,E)$ 存在完全匹配，即存在最大匹配的图 G 不一定存在完全匹配。反过来，如果图 G 存在完全匹配，则该完全匹配一定是最大匹配。

定义 9.16 给定一个无向图 $G=(V,E)$，设 M 是图 G 的一个匹配，则称 G 中由匹配边和未匹配边交错出现的一条简单路径为一条关于 M 的交错路径。如果交错路径 p 的起点和终点重合，则该路径称为交错回路。如果交错路径 p 的起点和终点都不是匹配顶点，则该路径称为关于 M 的一条增广路径。

例如，给定一个无向图 $G=(V,E)$，如图 9.16 所示。图 9.16(a) 中粗线给出了一个大小为 $|M|=3$ 的匹配 $M=\{(v_1,v_6),(v_2,v_7),(v_4,v_8)\}$，$M$ 的边为匹配边，其他边均为未匹配边。灰色顶点 v_1,v_2,v_6,v_7,v_8,v_4 被 M 匹配，白色顶点未匹配。路径 $p=\langle v_1,v_2,v_7,v_8,v_4,v_3\rangle$ 是交错路径，交错路径 v_1,v_2,v_7,v_6,v_1 为交错回路。交错路径 $p=\langle v_5,v_6,v_1,v_2,v_7,v_8,v_4,v_3\rangle$ 为增广路径。图 9.16(b) 中粗线给出了一个大小为 $|M|=4$ 的匹配 $M=\{(v_1,v_2),(v_6,v_5),(v_7,v_8),(v_3,v_4)\}$，该匹配是最大匹配，而且是完全匹配。

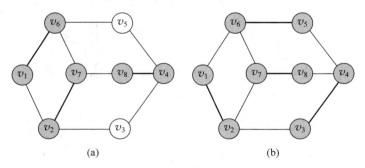

图 9.16 匹配的例子

定义 9.17 给定两个边的集合 M_1 和 M_2，定义 $M_1\oplus M_2=(M_1\bigcup M_2)-(M_1\bigcap M_2)$。

根据定义 9.17 可知，$M_1\oplus M_2$ 是边的集合，其中，边或者在集合 M_1 中，或者在集合 M_2 中，但不能同时都在 M_1 和 M_2 中。例如，在图 9.16(a) 中，$M=\{(v_1,v_6),(v_2,v_7),(v_4,v_8)\}$，增广路径 $p=\{(v_5,v_6),(v_6,v_1),(v_1,v_2),(v_2,v_7),(v_7,v_8),(v_8,v_4),(v_4,$

v_3)}。值得注意的是,这里增广路径用边的集合表示,由于考虑的是无向图,因此边(v_i,v_j)与边(v_j,v_i)视为同一条边。则 $M \oplus p = \{(v_1, v_2), (v_6, v_5), (v_7, v_8), (v_3, v_4)\}$,恰好是图 9.16(b)的最大匹配。

引理 9.6 给定一个无向图 $G = (V, E)$,设 M 是图 G 的一个匹配,p 是关于 M 的一条增广路径,则 $M \oplus p$ 是图 G 的一个匹配,且有 $|M \oplus p| = |M| + 1$。

证明:首先证明 $M \oplus p$ 是图 G 的一个匹配,只要证明 $M \oplus p$ 的任意两条边没有公共的顶点即可。用反证法证明。假设 $M \oplus p$ 存在两条边有公共的顶点,则这两条边中一定有一条边属于 M,一条边属于 p,即出现图 9.17 所示的情形,其中,$M \oplus p$ 的边集是图中去掉叉号(×)的边后剩下的边集,v_3 是 $M \oplus p$ 中边(v_3, v_4)和(v_3, v_6)的公共顶点。值得注意的是,(v_3, v_6)一定是匹配边,否则,它不会出现在 $M \oplus p$ 中。这表明 M 中有两条边与 v_3 相连,与定义 9.14 矛盾,故假设不成立。

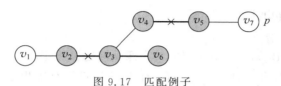

图 9.17 匹配例子

由定义 9.17 可知 $|M \oplus p| = |M \cup p| - |M \cap p| = |M| + |p| - |M \cap p| - |M \cap p| = |M| + |p| - 2|M \cap p|$,又由于 p 是关于 M 的一条增广路径,因此有

$$|p| = 2|M \cap p| + 1$$

其中,$|p|$ 是指路径 p 上的边数。综合这两个式子可得,$|M \oplus p| = |M| + 1$。故所证成立。证毕。

定理 9.9 给定一个无向图 $G = (V, E)$,图 G 的一个匹配 M 是最大匹配的充要条件是 G 不包含关于 M 的增广路径。

证明:首先证明如果图 G 的一个匹配 M 是最大匹配,则 G 不包含关于 M 的增广路径。假设 G 包含关于 M 的增广路径,则可以根据引理 9.6,构造出一个比 M 还大的匹配,这与 M 是最大匹配矛盾,故结论成立。

下面证明 G 不包含关于 M 的增广路径,则 M 是最大匹配。假设 M 不是最大匹配,即存在一个比 M 还大的匹配,不妨设为 M'。考虑子图 $G' = (V, M \oplus M')$,则图 G' 中每个顶点至多连接两条边,而且图 G' 中某个顶点连接的两条边一定分属于集合 M 和 M'。这样,G' 中任何连通子图要么是一个孤立顶点,要么是一条路径,要么是一条偶数条边的回路,且所有这些路径是关于 M 和 M' 的交错路径。值得注意的是,连通子图不会是具有奇数条边的回路,否则回路中总有相邻的边来自同一个匹配。对于每个回路,它来自 M' 的边数一定等于来自 M 的边数,因此,一定有一条具有奇数条边的路径,来自 M' 的边数一定大于来自 M 的边数,而且路径的起点和终点是未匹配的,即这条路是关于 M 的增广路径,这与已知矛盾。故所证成立。证毕。

类似地可以证明下列结论,分别见习题 9-16 和习题 9-17。

推论 9.3 给定一个无向图 $G = (V, E)$,M 和 M' 是图 G 的两个匹配,且有 $|M'| > |M|$,则 $M \oplus M'$ 至少包含 $|M'| - |M|$ 条顶点不相交的关于 M 的增广路径。

定理 9.10 给定一个无向图 $G = (V, E)$,M 是图 G 的一个匹配,s 是未匹配顶点,如果

无向图中不存在以 s 为起点的增广路径，则图 G 中存在最大匹配 M^*，使 s 关于匹配 M^* 也是未匹配顶点。

根据定理 9.10 可以得到下列找最大匹配（Maximum Matching）的一般方法 MaximumMatching(G)，其伪代码如下。

```
MaximumMatching(G)
1    M←0
2    repeat
3        find an augmenting path p
4        M←M⊕p
5    until no augmenting path in G
6    return M
```

9.3.1 二分图匹配

现在考虑二分图（Bipartite Graph）的最大匹配问题。假定图 $G=(V,E)$ 的顶点能够被划分为两个顶点集合 L 和 R，即 $V=L\cup R$，且 L 的顶点没有边相连，R 的顶点也没有边相连；E 的边都跨过集合 L 和 R，V 的每个顶点至少有一条边与之相连。二分图的最大匹配问题就是找 $|M|$ 最大的一个匹配集合 M。如图 9.18 所示。在图 9.18(a)中，$|M|=3$。在图 9.18(b)中，$|M|=4$。

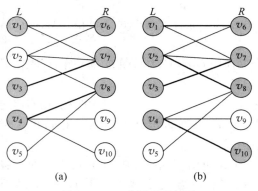

图 9.18　二分图匹配例子

二分图匹配问题有许多实际的应用。例如，给定一个机器的集合 L 和一个任务的集合 R，边(u,v)，表示特定的机器 u 能够执行指定的任务 v，$u\in L$，$v\in R$，二分图匹配问题就是希望找到最大的匹配。下面介绍寻找二分图最大匹配的算法。

1. 最大流方法

对于二分图的最大匹配问题，可以将该问题转化为最大流问题，从而可以利用最大流算法求解。

给定二分图 $G=(V,E)$，相应的网络 $G'=(V',E')$ 可以构造如下。设源点 s 和汇点 t 是不属于 V 的新顶点，$V'=V\cup\{s,t\}$，如果 G 的顶点划分为 $V=L\cup R$，则 G' 的有向边由下式给出。

$$E' = \{(s,u): u \in L\} \bigcup \{(u,v): u \in L, v \in R \text{ 且 } (u,v) \in E\} \bigcup \{(v,t): v \in R\}$$

同时,对 E' 的每条边赋单位容量。设 $G' = (V', E')$ 是按照上述方法构造的网络,则可以得到定理 9.11。

定理 9.11 给定二分图 $G = (V, E)$,其顶点集 V 划分为 L 和 R,且 $V = L \bigcup R$。如果 M 是 G 的匹配,则 G' 中存在一个整数流 f,且 $|f| = |M|$;反过来,如果 f 是 G' 的整数流,则 G 中有一个匹配 M,满足 $|M| = |f|$。

证明: 首先证明匹配 M 对应 G' 中一个整数流。定义流 f 如下。如果 $(u,v) \in M$,则 $f(s,u) = f(u,v) = f(v,t) = 1$ 且 $f(u,s) = f(v,u) = f(t,v) = -1$。对所有其他的边 $(u,v) \in E'$,定义 $f(u,v) = 0$。容易验证流 f 满足流的 3 个性质。

由流 f 的定义可知,匹配 M 的边 $(u,v) \in M$ 对应 G' 的一个单位流,而且流过的路径为 $\langle s, u, v, t \rangle$。这些由匹配边引出的路径,除了源点和汇点外,其他顶点是独立的,因而流过割 $(L \bigcup \{s\}, R \bigcup \{t\})$ 的流量值等于 $|M|$。按照引理 9.3 可得,$|f| = |M|$。

现在证明如果 f 是 G' 的整数流,则 G 有一匹配 M 满足 $|M| = |f|$。为了证明这个结论,令 f 是 G' 的整数流,且

$$M = \{(u,v): u \in L, v \in R \text{ 且 } f(u,v) > 0\}$$

每个属于 L 的顶点 u,只有一条入边 (s,u),它的容量为 1,这样对于每个 $u \in L$,至多有 1 个单位的正向流量流进 u。按照流守恒性质,此时必须有一个单位的正向流量流出 u。由于 f 是整数流,这样一个单位的流至多流入一条边或者流出一条边,因此,一个单位的正向流量进入顶点 u,当且仅当有一个顶点 $v \in R$,使 $f(u,v) = 1$,且至多一条边运送正向流量离开顶点 u。类似地,对每个顶点 $v \in R$,可同样证明最多有一个单位的正向流量进入顶点 v,且 $f(v,t) = 1$。从而得出上述定义的 M 是一个匹配。

为了证明 $|M| = |f|$,注意到对每个匹配顶点 $u \in L$,有 $f(s,u) = 1$ 且对于每条边 $(u,v) \in E - M$,有 $f(u,v) = 0$,因此,有

$$|M| = f(L,R) = f(L,V') - f(L,L) - f(L,s) - f(L,t)$$

由流守恒性质可得 $f(L,V') = 0$,由反对称性质可得 $-f(L,s) = f(s,L)$,由于 t 与 L 的顶点没有边相连,因此有 $f(L,t) = 0$。由定义 9.7 可知,有 $f(L,L) = 0$。

综上可得

$$|M| = f(s,L) = |f|$$

故所证成立。证毕。

根据定理 9.11,可以推出二分图 G 的最大匹配对应其相应网络流 G' 的最大流,因此可以利用前面介绍的求解最大流问题的方法,求出 G' 的最大流,从而得到二分图 G 的最大匹配。

2. 匈牙利树方法

算法 MaximumMatching(G) 虽然给出了找最大匹配的方法,但是并没有具体告诉我们如何找增广路径。定理 9.10 则告诉我们如何寻找增广路径,具体如下:从图 G 的任意匹配(如空匹配)M 开始,首先对 G 中关于 M 的一个未匹配点,寻找关于 M 的一条增广路径。若关于 M 的所有未匹配点不存在增广路径,则 M 为最大匹配;若存在,则将关于 M 的增广路径的匹配边与未匹配边互换,从而得到比 M 多一条边的匹配 M',再对 M' 重复上述过程。下面介绍如何利用上述方法求解二分图匹配问题。

给定二分图 $G = (V, E)$,其顶点划分为 $V = L \bigcup R$,M 为 G 的匹配。下面介绍一下如何

构造一棵交错路径树（Alternating Path Tree）。首先从 L 中找一个未匹配顶点 r，从 r 开始，加上一条连接顶点 r 的未匹配边 (r,b)，然后再找一条连接顶点 b 的匹配边 (b,c)，这样未匹配边和匹配边交替的加入，直到这条路径不再扩大，即路径已经遇到一个未匹配顶点或者所有的顶点已经加入树中。再从顶点 r 出发，按照上述过程，搜索另一条交错路径。重复上述过程，直到从顶点 r 出发的所有交错路径已经被搜索出为止。在上述过程中，如果一条交错路径以未匹配顶点结束，则该交错路径是一条增广路径。如果交错路径树的叶子顶点均是匹配顶点，则称交错路径树为匈牙利树（Hungarian Tree）。上述找交错路径树的方法是深度优先搜索，当然也可以采用宽度优先搜索来构造交错路径树。匈牙利数学家 Jack Edmonds 基于宽度优先搜索构造交错路径树的思想，于 1965 年提出匈牙利算法。求解二分图匹配问题的匈牙利算法 HungryBipartiteGraph(G) 的伪代码如下。

```
HungryBipartiteGraph(G)
1    begin with any matching M
2    while there exists an unmatched vertex in L and R respectively do
3        let r is an unmatched vertex in L
4        grow an alternating path tree T with root r using BFS
5        if T is a Hungarian tree then
6            G←G - T
7        else
8            find an augmenting path p in T
9            M←M⊕p
10   return M
```

HungryBipartiteGraph(G) 的运行时间主要用来构造交错路径树。用宽度优先搜索需要 $O(|V|+|E|)$，由于匹配 M 的未匹配顶点最多有 $O(|V|)$，因此，算法最多能构造 $O(|V|)$ 棵交错路径树，因此有下列结论。

定理 9.12 HungryBipartiteGraph(G) 的时间复杂度是 $O[|V|(|V|+|E|)]$。

图 9.19(a) 给出了对图 9.18(a) 按照深度优先搜索得到的交错路径树；图 9.19(b) 给出了对图 9.18(a) 按照宽度优先搜索得到的交错路径树；图 9.19(c) 给出了对图 9.18(b) 按照宽度优先搜索得到的交错路径树，该树是一棵匈牙利树。从中可以看出，在寻找交错路径树时，用宽度优先搜索更有效，因为它能帮助我们更快地找到一条增广路径。

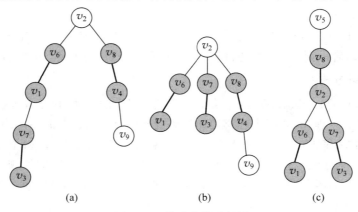

图 9.19 构造交错路径树

现在给出一个例子,介绍 HungryBipartiteGraph(G)找交错路径树,并对其中的增广路径进行增广的求解过程。例如,对于图 9.20(a),其交错路径树为图 9.20(d),树中有一条增广路径 $p = \{(l_2, r_3), (r_3, l_3), (l_3, r_5)\}$。将路径 p 的匹配边与未匹配边互换,得到图 9.20(b),其交错路径树如图 9.20(e)所示,树中有一条增广路径 $p = \{(l_4, r_4), (r_4, l_5), (l_5, r_6)\}$。将路径 p 的匹配边与未匹配边互换,得到图 9.20(c),其交错路径树如图 9.20(f)所示,为匈牙利树,算法终止,得到匹配 $M = \{(l_1, r_2), (l_2, r_3), (l_3, r_5), (l_4, r_4), (l_5, r_6), (l_6, r_7)\}$。

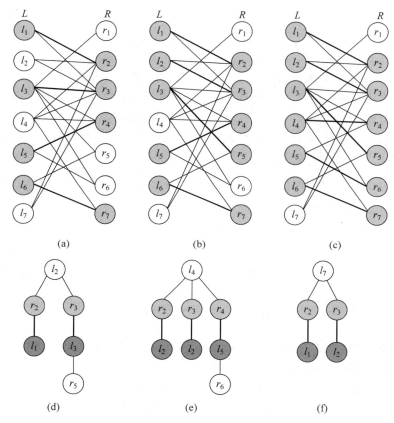

图 9.20 HungryBipartiteGraph(G)的求解过程

二分图的匹配算法有许多应用,例如,学生考大学、毕业生找工作、确定顶点覆盖、交通理论中解决出行资源配置和优化问题等。好的匹配算法,可以带来重大的经济价值和社会价值。2012 年的诺贝尔经济学奖授予美国经济学家 Alvin E. Roth 和 Lloyd S. Shapley,表彰他们在稳定匹配理论和市场设计实践上所做的贡献。

9.3.2 一般图的匹配

前面介绍了二分图的匈牙利算法,不难看出该算法不适合求解一般图的匹配问题,这主要是因为一般图中可能存在含有奇数条边的回路,而二分图中不存在这样的回路。对于图 9.21 所示的一般图的匹配问题,如果从未匹配点 v_1 出发搜索交错路径树,那么将得到

图 9.21(b)所示的匈牙利树，这时算法停止。事实上，图 9.21(a)中存在一条增广路径 $p = \langle v_1, v_2, v_3, v_4, v_5, v_6, v_7, v_8 \rangle$，之所以出现这种找不到增广路径的情形，是因为图中存在一种花的结构。下面给出花的有关定义。

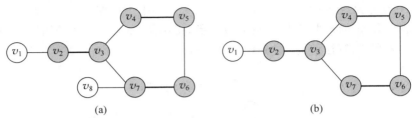

图 9.21 一般图的匹配问题

定义 9.18 给定一个无向图 $G = (V, E)$，M 是图 G 的一个匹配。花茎是一条由偶数条未匹配边和匹配边构成的交错路径，如果花茎的起点等于花茎的终点，则花茎为空。花是一条由奇数条未匹配边和匹配边构成的交错回路，花的起点和终点均为花茎的终点，除了花茎的终点外，花与花茎没有其他的公共顶点。花的起点和终点是同一顶点，这个顶点称为花基。

图 9.22 给出了两朵花，其中，图 9.22(a)中的花为 $\langle v_1, v_2, v_3, v_4, v_5, v_6, v_7, v_1 \rangle$，花茎为空，花基为 v_1；图 9.22(b)中的花为 $\langle v_3, v_4, v_5, v_6, v_7, v_3 \rangle$，花茎为 $\langle v_1, v_2, v_3 \rangle$，花基为 $\langle v_3 \rangle$。

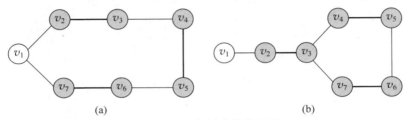

图 9.22 一般图中花的表示

对于含有花的图，为了找到其增广路径，Edmonds J 提出了一种非常大胆而有趣的想法，那就是将花压缩成一个超级顶点，然后在图中继续寻找增广路径。

给定一个无向图 $G = (V, E)$，M 是图 G 的一个匹配，令 B 为超级顶点，用方形顶点表示，代表图 G 的一朵花。令 G' 表示将图 G 的一朵花压缩后得到的图。压缩花就是将花中的所有顶点用超级顶点 B 代替，同时保留花与其他顶点相连的边，删除花中的边。图 9.23 给出一个图 9.21(a)中花压缩后的例子，可以看出，花 $\langle v_3, v_4, v_5, v_6, v_7, v_3 \rangle$ 被超级顶点 B 代替，与花相连的边留下，花中的边被删除，这样就找到了一条增广路径 $\langle v_1, v_2, B, v_8 \rangle$。为了得到图 9.21(a)中的增广路径，只需要展开超级顶点 B。花中与 v_8 相连的顶点是 v_7，由于 B 代表的花从花基 v_3 有两条路径过顶点 v_7 可以到达顶点 v_8，分别是一条具有奇数条边的路径 $\langle v_3, v_7 \rangle$ 和一条具有偶数条边的交错路径 $\langle v_3, v_4, v_5, v_6, v_7 \rangle$，那么只需要用具有偶数条边的路径直接取代增广路径 $\langle v_1, v_2, B, v_8 \rangle$ 的超级顶点 B，即可得到图 9.21(a)的增广路径 $\langle v_1, v_2, v_3, v_4, v_5, v_6, v_7, v_8 \rangle$。事实上，上述扩展花的方法具有一般性，其合理性也可见定理 9.13 的证明过程。

图 9.23 压缩图中花的表示

定理 9.13 给出了一个重要结论：求解一般图的最大匹配问题的 Edmonds 算法的核心思想，是该算法正确性的基础。

定理 9.13　令 G' 是将图 G 的花压缩后得到的图，则 G' 含有一条增广路径，当且仅当 G 含有一条增广路径。

证明：首先证明 G' 含有一条增广路径，则 G 含有一条增广路径。令 G' 的一条增广路径为 p'，现在分两种情形给予证明。

（1）假设 p' 与压缩花后的超级顶点 B 不相交，那 p' 一定也是 G 的一条增广路径，该结论显然成立。

（2）假设 p' 与压缩花后的超级顶点 B 相交，不妨设路径 p' 在与 B 相交前的第一个顶点为 v_h，相交后的第一个顶点为 v_n。根据定义 9.18，则 (v_h, B) 一定是匹配边，(B, v_n) 一定是未匹配边，如图 9.24(a) 所示。假设 B 与 v_n 相连的顶点为 v_k，路径 p' 的起点为 v_1，终点为 v_t，因 (B, v_n) 是未匹配边，则只需要花中从花基到花中顶点 v_k 的交错路径具有偶数条边，就可以构造一条交错路径 p。由于路径的起点 v_1 和终点 v_t 均为未匹配点，因此，p 是增广路径，故所证成立。证毕。

图 9.24(b) 给出了花中从花基 v_i 到顶点 v_k 的交错路径，可知增广路径 $p = \langle v_1, v_2, \cdots, v_h, v_i, v_j, v_k, v_n, \cdots, v_s, v_t \rangle$。

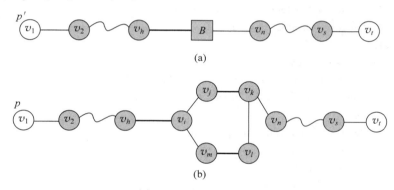

图 9.24　花的交错路径

反过来也可以用类似的方法证明，见习题 9-18。

定理 9.13 表明，如果图 G 有一条增广路径，对图 G 的花进行压缩后得到图 G'，G' 中仍然有一条增广路径，因此，要在一般图中找到最大匹配，就要确定图中是否能够找到一条增广路径。为了找到增广路径，可以修改算法 HungryBipartiteGraph(G)，使之可以发现花。一旦发现花，就将花压缩成一个超级顶点，然后在新图中继续寻找增广路径。如果图中还存在花，则重复上述过程，直到图中找到一条增广路径或者找不到增广路径为止。如果找到 G' 的增广路径，则可以把该路径上经过的超级顶点展开，以便寻找到图 G 的增广路径，从而得到新的匹配。如果找不到增广路径，则根据定理 9.9，可知找到了最大匹配。

给定一个无向图 $G = (V, E)$，M 是图 G 的一个匹配。令 U 表示未匹配顶点的集合，T 表示交错路径树。令 B 为超级顶点。为了方便找到花，可以从一个未匹配的顶点开始，依次对搜索过的顶点和边进行标记（Mark），匹配顶点被依次标记为内部的（Inner）和外部的（Outer）。

下面给出求解一般图匹配问题的算法 GeneralGraphMatching(G)的伪代码。

```
GeneralGraphMatching(G)
1   begin with any matching M
2   maximum←False
3   while maximum = False do
4     determine the set of unmatched vertices U with respect to M
5     augment←False
6     while U ≠ ∅ and augment = False do
7       empty stack, unmark edges and remove labels from vertices
8       let u be a vertex U
9       U←U - {u}; T←u
10      label u outer
11      hungarian←False
12      while augment = False do
13        choose an outer vertex u and an unmarked edge (u,v)
14        if (u,v) exists then mark (u,v)
15        else
16          hungarian←True
17          exit this while loop and go to line 28
18        if v is inner then do nothing
19        else
20          if v is outer then
21            place the blossom on top of the stack, shrink it
22            replace blossom with a vertex B and label B outer
23          else
24            if v is an unmatched vertex then
25              augment←True
26              U←U - {v}
27            else
28              let (v,w) be in M and add it and (u,v) to T
29              label v inner and w outer
30      if hungarian = True then G←G - T
31      else
32        if augment = True then
33          construct p by popping blossoms from the stack
34          expand them and add the even - length path
35          M←M⊕p
36    if augment = False then maximum←True
37  return M
```

GeneralGraphMatching(G)主要包括 3 层 **while** 循环。最外层 **while** 循环（从第 3～36 行）主要判断是否找到最大匹配，由 maximum 判断。中间层 **while** 循环（从第 6～35 行）判断未匹配顶点集合 U 是否为空，以及是否找到一条增广路径，由 augment 判断。内层循环（从第 12～29 行）通过逐步加入边寻找增广路径，在每次循环中，它选择一个外部（Outer）顶点 u 及未标记

(Unmarked)的边(u,v)。如果这样的边不存在,则找到了一颗匈牙利树(Hungarian Tree),退出内层循环,否则,对边进行标记,同时根据顶点v的标记情况,依次判断:

(1) 如果v是内部的(Inner),则选择的这条边没有什么用;

(2) 如果v是外部的(Outer),则说明找到了花,对花进行压缩;

(3) 如果v是未匹配的(Unmatched),则说明找到了一条增广路径;

(4) 否则,继续增广交错路径树。

在第30行中,如果找到了一棵匈牙利树,则可以将该树从图中删除,而不影响匹配的大小。否则,执行第32行,对花进行扩展,以便构造出原图的增广路径。

下面分析 GeneralGraphMatching(G)的时间复杂度。由于搜索中可能找到花,而花至少含有3个顶点,因而每次搜索使顶点数至少减少两个,每次搜索到一条增广路径所执行的压缩次数最多不超过$|V|/2$次,展开超级顶点的次数也不超过$|V|/2$次,由此可知压缩和展开花所需要的时间最多为$O(|V|^2)$,而寻找一条增广路径和用这条路径来增广当前的匹配所需要的时间为$O(|E|)$,因此可得下列结论。

定理 9.14 GeneralGraphMatching(G)的时间复杂度为$O(|V|^3)$。

下面给出 GeneralGraphMatching(G)的求解过程。给定一个无向图$G=(V,E)$,M是图G的一个匹配,如图9.25(a)所示。$U=\{v_1,v_{10}\}$,从U中选择v_1,此时$U=\{v_{10}\}$,v_1标记为外部的,选择(v_1,v_2),标记(v_1,v_2)。v_2未标记,执行第28行,加入边(v_2,v_3),执行第29行,v_2标记为内部的,v_3标记为外部的。然后选择(v_3,v_5),并标记它,v_5未标记,故加入边(v_5,v_4),并标记v_5为内部的,标记v_4为外部的。选择v_4,选择(v_4,v_3),由于v_3标记为外部,找到了花$\langle v_3,v_5,v_4,v_3\rangle$,将其压缩为超级顶点$B_1$,并标记$B_1$是外部的,如图9.25(b)所示。$B_1$是外部的,继续加入边$(B_1,v_7)$,并标记它。由于$v_7$未标记,故加入$(v_7,v_6)$,并标记$v_7$为内部的,标记$v_6$为外部的,加入边$(v_6,B_1)$。由于$B_1$是外部的,故找到了花,将其压缩为超级顶点$B_2$,如图9.25(c)所示。

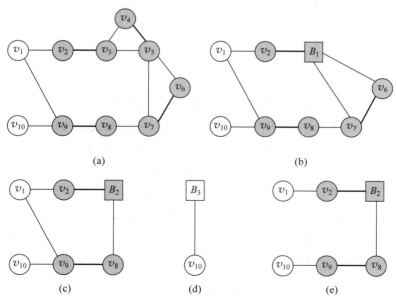

图 9.25 GeneralGraphMatching(G)的求解过程

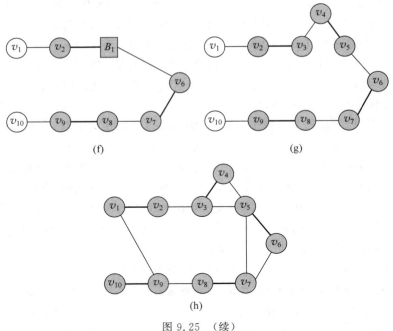

图 9.25　（续）

　　类似于上述过程,可以得到图 9.25(d),找到增广路径 B_3,v_{10}。为了构造图 9.25(a)的增广路径,先对图 9.25(d)的超级顶点进行展开。由于顶点 v_{10} 与超级顶点 B_3 代表的顶点 v_9 相连,只需要将花 B_3 中从花基 v_1 到花基 v_9 的偶数条边的交错路径代替 B_3,从而得到如图 9.25(e)所示的路径。类似地,用 $\langle B_1,v_6,v_7 \rangle$ 代替 B_2,得到如图 9.25(f)所示的路径;用 $\langle v_3,v_4,v_5 \rangle$ 替换 B_1,得到如图 9.25(g)所示的路径,从而找到如图 9.25(a)所示的增广路径,并对其进行增广,得到如图 9.25(h)所示的匹配。此时未匹配顶点集合 U 为空集,算法停止。

9.4　小结

　　本章网络流和匹配的内容主要取材于文献[5],部分内容参考了文献[2,6],主要介绍了最大流、最小费用流及不带权匹配问题的算法。对于一般的最大流问题,本章介绍了 3 种基于增广路径的网络流算法——SAP 算法、Dinic 算法、MPM 算法,其中,MPM 算法的时间复杂度为 $O(|V|^3)$,是一种非常有效的算法。文献[2]也给出了几种有效的算法。而在稀疏图中,对于更有效的算法,读者可以参考文献[9]。对于二分图的最大匹配问题,目前最有效的是基于网络流的单位容量最大流算法,其时间复杂度达到 $O(\sqrt{|V|}|E|)$[11]。对于一般图的最大匹配问题,目前最有效的算法,其时间复杂度也达到了 $O(\sqrt{|V|}|E|)$[12]。对于带权图的匹配问题,尚未找到有效算法。关于网络流和匹配的详细介绍,有兴趣的读者可以参考文献[9]。

习题

9-1　定义 9.4 定义的流和,满足流的 3 个性质吗? 如果满足,请证明;如果不满足,最有可能违背哪一个性质。

9-2　亚当教授有两个孩子,不幸的是两个孩子互不喜欢。他们拒绝一同上学,甚至不愿意走对方当天走过的街区,但是对拐角处交叉的路径并不会产生排斥。幸运的是,教授的房子和学校都是在拐角处。但是,教授并不确定是否该把他的两个孩子送到同一所学校。教授有镇上的一份地图。试说明如何将两个孩子是否可以上同一所学校的问题建模为一个最大流问题。

9-3　在图 9.2(a)中,通过割 $(\{s,v_2,v_4\},\{v_1,v_3,t\})$ 的流是多少? 该割的容量是多少?

9-4　证明引理 9.2。

9-5　证明对任意一对顶点 u 和 v,任意的容量函数 c 和流 f,有
$$c_f(u,v)+c_f(v,u)=c(u,v)+c(v,u)$$

9-6　给定一个网络 $G=(V,E)$,证明 G 的最大流总可以被至多由 $|E|$ 条增广路径所组成的序列找到。(提示:找出最大流后再确定路径)

9-7　若一个网络中所有的容量值不同,则存在一个唯一的最小割,把源点和汇点分割开。该结论正确吗? 如果正确,请证明;否则,请说明理由。

9-8　说明如何有效地在一个给定的剩余网络中,找到一条增广路径。

9-9　设计一种有效的算法,该算法在一个给定的有向无回路图中寻找具有最大瓶颈容量的增广路径。

9-10　设计一种有效算法,以找出一个给定的有向无回路图的层次图(Level Graph)。

9-11　针对多个源点和多个汇点的问题,扩展流的性质和定义,并证明多个源点和多个汇点的流网络的任意流均对应于通过增加一个超级源点和超级汇点所得到的单源点单汇点的流,且流值相同。反之亦然。

9-12　在最大流的应用一节中,我们通过增加具有无限容量的边,把一个多源点和多汇点的流网络转换为单源点单汇点的流网络。证明如果初始的多源点和多汇点网络的边具有有限的容量,则转换后所得到的网络的任意流均为有限值。

9-13　假定多源点多汇点问题中,每个源点 s_i 产生 p_i 单位的流,即 $f(s_i,V)=p_i$。同时假定每个汇点 t_j 消耗 q_j 单位的流,即 $f(V,t_j)=q_j$,其中,$\sum p_i=\sum p_j$。说明如何把寻找一个流 f,以满足这些附加条件的问题可以转化为在一个单源点单汇点流网络中寻找最大流的问题。

9-14　假设有若干队伍参加一种比赛,队伍之间要进行多场比赛。其中的 5 支队伍的胜负情况见下表(其中,A 为联赛第一名,E 为联赛最后一名)。

场次 队伍	胜	负	剩余
A	75	59	28
B	72	62	28

续表

场次 队伍	胜	负	剩余
C	69	66	27
D	60	75	27
E	49	86	27

剩余比赛的状况见表。

队　伍	A	B	C	D	E
A	0	3	8	7	3
B	3	0	2	7	4
C	8	2	0	0	0
D	7	7	0	0	0
E	3	4	0	0	0

如何用网络流模型求解一支队,比如 E,是否有夺得第一名的可能。

9-15 有向图 $G=(V,E)$ 的一条路径覆盖是一个顶点不相交路径的集合 p,且 V 的每一个顶点仅属于 p 的一条路径。路径可以开始和结束于任意顶点,且其长度为任意值,包括 0。G 的一个最短路径覆盖是指包含尽可能少的路径数的路径覆盖。

(1) 设计一种有效算法,以找出有向无回路图 $G=(V,E)$ 的一个最短路径覆盖。提示:假设 $V=\{1,2,\cdots,|V|\}$,构造图 $G'=(V',E')$,其中,$V'=\{x_0,x_1,\cdots,x_{|V|}\}\bigcup\{y_0,y_1,y_2,\cdots,y_{|V|}\}$,$E'=\{(x_0,x_i):i\in V\}\bigcup\{(y_i,y_0):i\in V\}\bigcup\{(x_i,y_j):(i,j)\in E\}$,然后运行最大流算法。

(2) 说明所给的算法是否适用于包含回路的有向图。

9-16 证明推论 9.3。

9-17 证明定理 9.10。

9-18 证明定理 9.13 结论的第二部分:G 含有一条增广路径,则 G' 含有一条增广路径。

9-19 史密斯教授评审了 n 篇论文,并将每篇论文的评审结果用信封装好(共计 n 个信封),准备第二天邮寄出去。不幸的是,教授调皮的儿子小史密斯当晚就把这 n 封信都拿出了信封玩耍,之后,不知道如何将拿出的信正确地装回信封中。着急的小史密斯只好求助于你,假设他所提供的 n 封信的编号依次为 $1,2,\cdots,n$,且 n 个信封也依次编号为 $1,2,\cdots,n$。小史密斯唯一能提供的信息是:第 i 封信肯定不是装在信封 j 中。请设计一种有效的算法,帮助小史密斯尽可能多地将信正确地装回信封中。

9-20 在西方神话中,被爱神丘比特之箭射中的那对男女会相爱。假定丘比特之箭的射程为 d,给定 n 对男女,已知每个人的位置 (x,y),以及男女之间的缘分值,请设计一种算法,使每对男女被爱神丘比特之箭射中一次,且他们之间的缘分值的和最大。注意箭的轨迹只能是一条直线。

9-21 给定一个无向图 $G=(V,E)$,M 是图 G 的一个匹配,如图 9.26 所示。试写出算法 GeneralGraphMatching(G) 求该图最大匹配的过程。

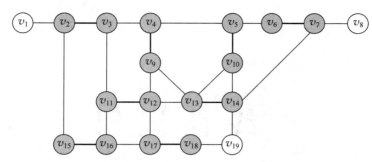

图 9.26 例 9.21 中 $G=(V,E)$

实验题

9-22 编程实现求解最大流问题的最短路径增广算法、Dinic 算法及 MPM 算法,并用实验分析方法比较这 3 种算法的效率。

第10章

线 性 规 划

工业及管理工程等领域的许多实际问题,都可以建模为线性规划问题或者整数规划问题。对线性规划问题,利用如单纯形算法(Simplex Algorithm)可以很快找到问题的最优解。对于整数规划问题,目前无法在多项式时间内获得它的最优解。线性规划问题与整数规划问题密不可分,对整数规划问题的求解,可以转化为对线性规划问题的求解,从而有效地获得整数规划问题的近似解,进而快速求解一大批 NP 难(NP-hard)问题,满足实际领域的需要,因此,下面介绍线性规划问题和整数规划问题的有关知识。

10.1　线性规划问题

把优化问题的目标函数指定为若干个变元的线性函数,并以等式或不等式的形式约束变量的范围,便可以建立线性规划(Linear Programming,LP)模型。

例如,某工厂计划在下一季度生产 $A_1, A_2, \cdots, A_n$ 种产品,要消耗 $B_1, B_2, \cdots, B_m$ 种资源,已知产品 j 消耗资源 i 的数量为 a_{ij},资源 i 的数量限制为 b_i,以及产品 j 可获得的利润为 c_j,那么如何安排生产计划,才能充分利用现有的资源,使获得的总利润最大?

令产品 j 生产的数量为 x_j,则上述问题可以形式化为

$$\max \sum_{j=1}^{n} c_j x_j$$

s. t.

$$\sum_{j=1}^{n} a_{ij} x_j \leqslant b_i, \quad i = 1, 2, \cdots, m$$

$$x_j \geqslant 0, \qquad\quad j = 1, 2, \cdots, n$$

其中,s. t. 为 Subject to 的缩写,表示并且满足的意思。

一般地,给定一组实数的集合 $a_1, a_2, \cdots, a_n$,以及一组变量的集合 $x_1, x_2, \cdots, x_n$,关于这些变量的目标函数定义为

$$f(x_1, \cdots, x_n) = a_1 x_1 + \cdots + a_n x_n = \sum_{j=1}^{n} a_j x_j$$

其线性约束包括以下内容。

（1）线性等式：$f(x_1, x_2, \cdots, x_n) = d$。

（2）线性不等式：$f(x_1, \cdots, x_n) \leqslant d, f(x_1, \cdots, x_n) \geqslant d$。

形式上，线性规划问题是基于有限个线性约束的求目标函数最大或最小值的问题。例 10.1 便是一个最小化线性规划问题。

例 10.1

$$\min -2x_1 + 3x_2$$
$$\text{s. t.}$$
$$x_1 + x_2 = 7$$
$$x_1 - 2x_2 \leqslant 4$$
$$x_1 \geqslant 0$$

10.1.1　线性规划问题的标准形式

给定 n 个实数 $c_1, c_2, \cdots, c_n$，m 个实数 $b_1, b_2, \cdots, b_m$，以及 $m \times n$ 个实数 $a_{ij}, i = 1, 2, \cdots, m, j = 1, 2, \cdots, n$，希望找到 n 个实数 $X = \{x_1, x_2, \cdots, x_n\}$，使

$$\max \sum_{j=1}^{n} c_j x_j$$
$$\text{s. t.}$$
$$\sum_{j=1}^{n} a_{ij} x_j \leqslant b_i, \quad i = 1, 2, \cdots, m \tag{10.1}$$
$$x_j \geqslant 0, \quad j = 1, 2, \cdots, n \tag{10.2}$$

如果满足约束条件式(10.1)和式(10.2)，则解 X 称为可行解；如果至少有一个约束条件不满足，则解 X 称为不可行解。使目标函数值 $\sum_{j=1}^{n} c_j x_j$ 达到最大的可行解就是最优解，其目标函数值称为最大值。如果一个线性规划问题没有可行解，则该问题是不可行的。如果一个线性规划问题有可行解，但目标函数值是无限的，则说线性规划问题无界。

令

$$c = \begin{bmatrix} c_1 \\ c_2 \\ \vdots \\ c_n \end{bmatrix}, \quad A \begin{bmatrix} a_{11} & a_{12} & \cdots & a_{1n} \\ a_{21} & a_{22} & \cdots & a_{2n} \\ \vdots & \vdots & \ddots & \vdots \\ a_{m1} & a_{m2} & \cdots & a_{mn} \end{bmatrix}, \quad x = \begin{bmatrix} x_1 \\ x_2 \\ \vdots \\ c_n \end{bmatrix}, \quad b = \begin{bmatrix} b_1 \\ b_2 \\ \vdots \\ b_m \end{bmatrix}$$

上述线性规划问题的标准形式（Standard Form）可以简记为

$$\max c^{\mathrm{T}} x$$
$$\text{s. t.}$$
$$Ax \leqslant b$$
$$x \geqslant 0$$

为了便于分析问题，本书后面一般基于标准形式进行讨论。如果一个线性规划问题不满足标准形式的定义，则可以将其转化为标准形式。事实上，任何形式的线性规划问题可以

很方便地转化为标准形式，具体转化过程如下。

（1）如果线性规划问题是关于目标函数的最小值问题，即
$$\min f(x_1, x_2, \cdots, x_n)$$
则将目标函数值反号，求新目标函数的最大值即可。令 $f' = -f$，那么原来的目标函数变为
$$\max f'(x_1, x_2, \cdots, x_n)$$
对例 10.1 所示的目标函数反号，可得

$$\max 2x_1 - 3x_2$$
$$\text{s. t.}$$
$$x_1 + x_2 = 7 \tag{10.3}$$
$$x_1 - 2x_2 \leqslant 4$$
$$x_1 \geqslant 0$$

（2）如果某个变元 x_j 没有非负约束，则可以引入两个新变元 x_j' 和 x_j''，然后用 $x_j' - x_j''$ 代替每个式子中的变元 x_j，同时增加两个新变元的非负约束 $x_j' \geqslant 0$ 和 $x_j'' \geqslant 0$ 即可。具体地，如果目标函数包括项 $c_j x_j$，则将其替换为 $c_j x_j' - c_j x_j''$；如果约束条件中包括项 $a_{ij} x_j$，则将其替换为 $a_{ij} x_j' - a_{ij} x_j''$。例如式（10.3）中的 x_2 可用 $x_2' - x_2''$ 替换为

$$\max 2x_1 - 3x_2' + 3x_2''$$
$$\text{s. t.}$$
$$x_1 + x_2' - x_2'' = 7 \tag{10.4}$$
$$x_1 - 2x_2' + 2x_2'' \leqslant 4$$
$$x_1, x_2', x_2'' \geqslant 0$$

（3）如果约束条件是线性等式，即 $f(x_1, x_2, \cdots, x_n) = d$，则其可转化为
$$f(x_1, x_2, \cdots, x_n) \leqslant d \text{ 且 } f(x_1, x_2, \cdots, x_n) \geqslant d$$
例如，对式（10.4）约束条件中的等式进行处理，可得

$$\max 2x_1 - 3x_2' + 3x_2''$$
$$\text{s. t.}$$
$$x_1 + x_2' - x_2'' \leqslant 7$$
$$x_1 + x_2' - x_2'' \geqslant 7 \tag{10.5}$$
$$x_1 - 2x_2' + 2x_2'' \leqslant 4$$
$$x_1, x_2', x_2'' \geqslant 0$$

（4）如果线性约束为 $f(x_1, x_2, \cdots, x_n) \geqslant d$，则将两边同时乘以一个负号，变为 $-f(x_1, x_2, \cdots, x_n) \leqslant -d$。例如对式（10.5）进行处理，可得

$$\max 2x_1 - 3x_2' + 3x_2''$$
$$\text{s. t.}$$
$$x_1 + x_2' - x_2'' \leqslant 7$$
$$-x_1 - x_2' + x_2'' \leqslant -7 \tag{10.6}$$
$$x_1 - 2x_2' + 2x_2'' \leqslant 4$$
$$x_1, x_2', x_2'' \geqslant 0$$

根据上述过程,例 10.1 所描述的线性规划问题便可转化为标准形式。为了简便,将变元 x_2' 和 x_2'' 依次用变元 x_2 和 x_3 替换,可得标准形式为

$$\max 2x_1 - 3x_2 + 3x_3$$

s. t.

$$x_1 + x_2 - x_3 \leqslant 7$$
$$-x_1 - x_2 + x_3 \leqslant -7$$
$$x_1 - 2x_2 + 2x_3 \leqslant 4$$
$$x_1, x_2, x_3 \geqslant 0$$

值得注意的是,上述每一个转化过程中,读者不难验证老问题与新问题是等价的。

10.1.2 线性规划问题的松弛形式

为了有效地用单纯形算法求解线性规划问题,需要将线性规划问题的标准形式转化为线性规划问题的松弛形式(Slack Form)。具体转化过程如下。

(1) 将不等式约束 $\sum\limits_{j=1}^{n} a_{ij}x_j \leqslant b_i$,转化为

$$x_{n+i} = b_i - \sum_{j=1}^{n} a_{ij}x_j$$

$$x_{n+i} \geqslant 0$$

其中,变元 x_{n+i} 度量 b_i 和 $\sum\limits_{j=1}^{n} a_{ij}x_j$ 之间的差值大小,因此被称为松弛变元。读者不难验证转化前后的问题是等价的。例如例 10.1 的标准形式据此可以转化为

$$\max 2x_1 - 3x_2 + 3x_3$$

s. t.

$$x_4 = 7 - (x_1 + x_2 - x_3)$$
$$x_5 = -7 - (-x_1 - x_2 + x_3)$$
$$x_6 = 4 - (x_1 - 2x_2 + 2x_3)$$
$$x_1, x_2, x_3, x_4, x_5, x_6 \geqslant 0$$

(2) 忽略目标函数前面的最大值符号,引入新的变元 z,表示目标函数的值。同时忽略每个变元的非负约束,这样便可以得到标准形式的线性规划问题的松弛形式为

$$z = \sum_{j \in N} c_j x_j$$

$$x_{n+i} = b_i - \sum_{j \in N} a_{ij} x_j \tag{10.7}$$

等式左边新引入的变元 x_{n+i} 称为基本变元,等式右边的变元 x_j 称为非基本变元,它们出现在目标函数中;N 是非基本变元下标的集合。例如,标准形式

$$\max 2x_1 - 3x_2 + 3x_3$$

s. t.

$$x_1 + x_2 - x_3 \leqslant 7$$

$$-x_1 - x_2 + x_3 \leqslant -7$$
$$x_1 - 2x_2 + 2x_3 \leqslant 4$$
$$x_1, x_2, x_3 \geqslant 0$$

转化为松弛形式

$$z = 2x_1 - 3x_2 + 3x_3$$
$$x_4 = 7 - x_1 - x_2 + x_3$$
$$x_5 = -7 + x_1 + x_2 - x_3$$
$$x_6 = 4 - x_1 + 2x_2 - 2x_3$$

其中，x_4, x_5, x_6 为基本变元，x_1, x_2, x_3 为非基本变元，$N = \{1, 2, 3\}$。

为了便于求解，令基本变元下标的集合为 $B = \{n+1, n+2, \cdots, n+m\}$，非基本变元下标的集合为 $N = \{1, 2, \cdots, n\}$，同时引入 v 来表示目标函数中可选择的常数项，则式（10.7）所示的松弛形式可转化为更简洁的形式，即

$$z = v + \sum_{j \in N} c_j x_j$$
$$x_i = b_i - \sum_{j \in N} a_{ij} x_j, \quad i \in B$$

并简记为 $(N, B, \mathbf{A}, \mathbf{b}, \mathbf{c}, v)$。值得注意的是，所有的变元 x_i 是非负的。

例 10.2　给定松弛形式

$$z = 28 - \frac{x_3}{6} - \frac{x_5}{6} - \frac{2x_6}{3}$$

$$x_1 = 8 + \frac{x_3}{6} + \frac{x_5}{6} - \frac{x_6}{3}$$

$$x_2 = 4 - \frac{8x_3}{3} - \frac{2x_5}{3} + \frac{x_6}{3}$$

$$x_4 = 18 - \frac{x_3}{2} + \frac{x_5}{2}$$

其中，$B = \{1, 2, 4\}$，$N = \{3, 5, 6\}$，$\mathbf{c} = (c_3 \quad c_5 \quad c_6)^{\mathrm{T}} = (-1/6 \quad -1/6 \quad -2/3)^{\mathrm{T}}$，$v = 28$，

$$\mathbf{b} = \begin{pmatrix} b_1 \\ b_2 \\ b_3 \end{pmatrix} = \begin{pmatrix} 8 \\ 4 \\ 18 \end{pmatrix}, \mathbf{A} = \begin{pmatrix} a_{13} & a_{15} & a_{16} \\ a_{23} & a_{25} & a_{26} \\ a_{43} & a_{45} & a_{46} \end{pmatrix} = \begin{pmatrix} -1/6 & -1/6 & 1/3 \\ 8/3 & -2/3 & -1/3 \\ 1/2 & -1/2 & 0 \end{pmatrix}.$$

10.2　求解算法

前面一节介绍了线性规划问题及其标准形式和松弛形式之间的转换，下面介绍线性规划问题的求解算法。

10.2.1　图解法

对于只涉及两个变元 x_1, x_2 的简单的线性规划问题，例如

$$\max 2x_1 + 3x_2$$

s. t.

$$x_1 + x_2 \leqslant 6$$

$$x_1 + 2x_2 \leqslant 8$$

$$x_1 \leqslant 4$$

$$x_2 \leqslant 3$$

$$x_1 \geqslant 0, x_2 \geqslant 0$$

可以建立直角坐标系,将每个约束条件看作一个直线方程,并将这些方程在直角坐标系中画出来,便可以得到一个凸形区域,如图10.1所示。这个凸区域正是由满足约束条件的解组成,如图10.1中阴影部分所示。凸区域及边界上的点均为满足约束条件的可行解,这个区域也称为可行区域。可行区域中的每一个点可以代入目标函数,求出其值,具有最大目标函数值的点可作为最优解。然而,由于可行区域中的点太多,导致计算量太大,因此,需要更有效的计算方法。

对目标函数引入变元 z 表示目标函数值,即令 $z=2x_1+3x_2$。由于直线 $z=2x_1+3x_2$ 的斜率为 $-2/3$,则该直线在可行区域中的滑动过程如图10.1中的虚线所示。

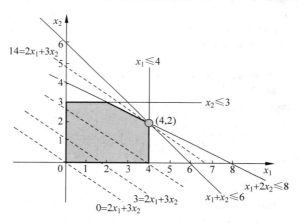

图 10.1 线性规划问题的可行区域

当 $z=0$ 时,直线 $0=2x_1+3x_2$ 为经过原点的虚线,当 $z=14$ 时,直线 $14=2x_1+3x_2$ 与可行区域的边界相交于点(4,2)。事实上,目标函数的最大值一定可以在关于目标函数的直线与可行区域边界的交界之处,例如图10.1所示的点(4,2)。由于直线 $14=2x_1+3x_2$ 只相交于一个顶点,因此上述线性规划问题有唯一解,即 $x_1=4, x_2=2$,其目标函数值为14。

当然,关于目标函数的直线与可行区域的边界有时可能不止一个顶点,则该线性规划问题有多个解。值得注意的是,图解法一般只适用于具有两个变元的简单的线性规划问题。当变元数增多时,可行区域则很难被画出来,因此必须寻求更为通用的求解算法。

10.2.2 单纯形算法

线性规划问题是一类比较容易处理的问题,可用单纯形算法获得该问题的最优解。单纯形算法是一种能求解线性规划问题最优解的多项式时间算法。尽管单纯形算法实现起来有点复杂，但在实践中是非常有效的，因而被美誉为 20 世纪最好的 10 种算法之一。

单纯形算法的主要过程是从线性规划问题的松弛形式开始，设置初始基本解为 0，即令每个非基本变元为 0，然后从等式约束中求出基本变元的值。为了增加目标函数的值，必须选择一个非基本变元，增加它的值也能使目标函数的值增加。非基本变元的值该增加多少，取决于等式约束的强弱。选择等式约束强的一个方程，将非基本变元（与基本变元的角色互换）解出来，然后代入目标函数及其他的等式约束中，得到一个新的松弛形式。重复上述过程，直到目标函数中变元的系数都为负或函数值不再增加为止。下面依次介绍单纯形算法 Simplex(A, b, c) 的主要过程。

```
Simplex(A, b, c)
1    (N, B, A, b, c, v) ← InitializeSimplex(A, b, c)
2    while some index j ∈ N has c_j > 0 do
3        choose an index e ∈ N for which c_e > 0
4        for each index i ∈ B do
5            if a_ie > 0 then
6                Δ_i ← b_i/a_ie
7            else
8                Δ_i ← ∞
9        choose an index l ∈ B that minimizes Δ_i
10       if Δ_l = ∞ then return unbounded
11       else
12           (N, B, A, b, c, v) ← Pivot(N, B, A, b, c, v, l, e)
13   for i ← 1 to n do
14       if i ∈ B then
15           x̄_i ← b_i
16       else
17           x̄_i ← 0
18   return (x̄_1, x̄_2, ···, x̄_n)
```

由于单纯形算法 Simplex(A, b, c) 主要从松弛形式开始，因此算法的第 1 行，函数 InitializeSimplex(A, b, c) 用来对线性规划问题进行预处理，以便确认是否进行接下来的运算。第 2 行判断目标函数是否存在正系数 c_j。第 3 行选择一个非基本变元 x_e，使 $e \in N$ 且 $c_e > 0$。第 4~9 行，检查每个约束，选择一个最强的约束，该约束最能限制 x_e 值增加的大小，同时又不违反其他的约束。然后将该约束方程左边的变元作为选择的基本变元 x_j。第 10 行判断如果 $\Delta_l = \infty$，则返回无界（Unbounded），否则执行第 12 行，进行松弛形式的更新。第 13~17 行计算原始线性规划问题的解，下一节将证明这个解正是线性规划问题的最优解。如果没有一个约束能限制 x_e 值的增加，则该线性规划问题是无界的。

下面介绍 Simplex(A, b, c) 用到的两种子算法 InitializeSimplex(A, b, c) 和 Pivot(N, B, A, b, c, v, l, e)，这两种子算法分别对应初始化基本可行解和松弛形式的迭代过程。

（1）初始化基本可行解

由于单纯形算法主要从松弛形式开始，而在现实中，线性规划问题有时连标准形式都不是。特别地，松弛形式的可行解，对原问题来说不一定是可行解，因此需要对线性规划问题进行预处理，即测试一个线性规划问题是否具有可行解，如果具有可行解，则将其转化为松弛形式,同时测试松弛形式的基本解是否可行,以便进行接下来的运算。

单纯形算法是从松弛形式的初始基本解开始的,一个线性规划问题是可行的,但是初始基本解可能是不可行的。例如,对于线性规划问题

$$\max 2x_1 - x_2$$
$$\text{s.t.}$$
$$2x_1 - x_2 \leqslant 2$$
$$x_1 - 5x_2 \leqslant -4$$
$$x_1, x_2 \geqslant 0$$

其松弛形式为

$$z = 2x_1 - x_2$$
$$x_3 = 2 - (2x_1 - x_2)$$
$$x_4 = -4 - (x_1 - 5x_2)$$

松弛形式的初始基本解将令 $x_1=0, x_2=0$,然而这个解违反了线性规划问题的约束条件 $x_1 - 5x_2 \leqslant -4$,因此这不是一个可行解。对于一个初始基本解是可行解的松弛形式,为了判断原线性规划问题是否可行,引入一个辅助的线性规划问题进行判断。

引理 10.1 令 L_{aux} 表示下列具有 $n+1$ 个变元的线性规划问题,即

$$\max -x_0$$
$$\text{s.t.}$$
$$\sum_{j=1}^{n} a_{ij}x_j - x_0 \leqslant b_i, \quad i = 1, 2, \cdots, m$$
$$x_j \geqslant 0, \quad j = 0, 1, \cdots, n$$

则标准形式的线性规划问题是可行的,当且仅当 L_{aux} 的最优目标函数值为 0。

证明:首先证明标准形式的线性规划问题是可行的,则 L_{aux} 的最优目标函数值为 0。假设标准形式的线性规划问题有可行解 $\bar{x} = (\bar{x}_1, \bar{x}_2, \cdots, \bar{x}_n)$,则满足 $\bar{x}_0 = 0$ 的解 $(\bar{x}_0, \bar{x}_1, \bar{x}_2, \cdots, \bar{x}_n)$ 一定是 L_{aux} 的可行解,且 L_{aux} 的目标函数值为 0。因为 L_{aux} 中的约束条件有 $\bar{x}_0 \geqslant 0$,所以 L_{aux} 的最优目标函数值为 0。

反之,如果有一个解 $(\bar{x}_0, \bar{x}_1, \bar{x}_2, \cdots, \bar{x}_n)$,使 L_{aux} 的最优目标函数值为 0,则 $\bar{x}_0 = 0$。当然这个解是 L_{aux} 的可行解,由此推出解 $(\bar{x}_1, \bar{x}_2, \cdots, \bar{x}_n)$ 满足标准形式线性规划问题的约束条件,因此标准形式的线性规划问题是可行的。

综上所述,所证成立。证毕。

有了引理 10.1,就可以给出为标准形式的线性规划问题找初始基本可行解的算法 InitializeSimplex(A, b, c),其伪代码如下。

```
InitializeSimplex(A, b, c)
1    let i be the index of the minimum b_i
2    if b_i ⩾ 0 then return (N, B, A, b, c, 0)
3    construct L_aux by 引理 10.1
4    let (N, B, A, b, c, v) be the resulting slack form for L_aux
5    (N, B, A, b, c, v) ← Pivot(N, B, A, b, c, v, l, 0)
6    iterate the while loop of SIMPLEX until an optimal solution to L_aux is found
```

```
7      if the basic solution sets x̄₀ = 0 then
8          return the slack form with x̄₀ removed and the original objective function restored
9      else
10         return infeasible
```

在算法 InitializeSimplex($\boldsymbol{A},\boldsymbol{b},\boldsymbol{c}$)中，第 1 行选择最小 b_i 的下标 l。第 2 行判断，如果 $b_l \geqslant 0$，则返回松弛形式($N,B,\boldsymbol{A},\boldsymbol{b},\boldsymbol{c},0$)，否则执行第 3 行，按照引理 10.1 构造 L_{aux}。第 4 行令 L_{aux} 的松弛形式为($N,B,\boldsymbol{A},\boldsymbol{b},\boldsymbol{c},v$)。第 5 行执行松弛形式的迭代过程。第 6 行反复执行，直到找到 L_{aux} 的最优解。第 7 行如果找到目标函数值为 0 的最优解，则执行第 8 行，为标准形式构造一个基本解可行的松弛形式，即从约束条件中删除 $\bar{x}_0$，恢复标准形式的目标函数；否则，第 10 行返回标准形式的线性规划问题是不可行的。

（2）松弛形式的迭代过程

从单纯形算法的过程可以看出，松弛形式的迭代过程主要根据选择的非基本变元 x_e 和基本变元 x_l，交换松弛形式($N,B,A,\boldsymbol{b},\boldsymbol{c},v$)中两个变元 x_e 和 x_l 的角色，即从非基本变元变为基本变元，把基本变元变为非基本变元，从而得到新的松弛形式($\hat{N},\hat{B},\hat{\boldsymbol{A}},\hat{\boldsymbol{b}},\hat{\boldsymbol{c}},\hat{v}$)，其算法 Pivot($N,B,\boldsymbol{A},\boldsymbol{b},\boldsymbol{c},v,l,e$)的伪代码如下。

```
Pivot(N, B, A, b, c, v, l, e)
1      b̂ₑ ← bₗ/aₗₑ
2      for each j ∈ N - {e} do
3          âₑⱼ ← aₗⱼ/aₗₑ
4      âₑₗ ← 1/aₗₑ
5      for each i ∈ B - {l} do
6          b̂ᵢ ← bᵢ - aᵢₑb̂ₑ
7          for each j ∈ N - {e} do
8              âᵢⱼ ← aᵢⱼ - aᵢₑâₑⱼ
9          âᵢₗ ← - aᵢₑâₑₗ
10     v̂ ← v + cₑb̂ₑ
11     for each j ∈ N - {e} do
12         ĉⱼ ← cⱼ - cₑâₑⱼ
13     ĉₗ ← - cₑâₑₗ
14     N̂ ← N - {e}∪{l}
15     B̂ ← B - {l}∪{e}
16     return (N̂, B̂, Â, b̂, ĉ, v̂)
```

在算法 Pivot($N,B,\boldsymbol{A},\boldsymbol{b},\boldsymbol{c},v,l,e$)中，第 1～3 行，主要用于计算关于新基本变元 x_e 方程的系数。第 5～9 行通过替换原方程右边式子中的每个 x_e，得到新方程。第 10～13 行，用关于 x_e 的方程替换原目标函数中出现的 x_e。接下来两行更新基本变元和非基本变元集合，最后返回得到的松弛形式。

例 10.3 给定松弛形式

$$z = 3x_1 + x_2 + 2x_3$$
$$x_4 = 30 - x_1 - x_2 - 3x_3 \qquad\qquad (10.8)$$

$$x_5 = 24 - 2x_1 - 2x_2 - 5x_3 \qquad (10.9)$$

$$x_6 = 36 - 4x_1 - x_2 - 2x_3 \qquad (10.10)$$

此时，$B = \{4,5,6\}, N = \{1,2,3\}, \boldsymbol{c} = (c_1 \quad c_2 \quad c_3)^{\mathrm{T}} = (3 \quad 1 \quad 2)^{\mathrm{T}}, v = 0, \boldsymbol{b} = \begin{pmatrix} b_4 \\ b_5 \\ b_6 \end{pmatrix} = \begin{pmatrix} 30 \\ 24 \\ 36 \end{pmatrix},$

$$\boldsymbol{A} = \begin{pmatrix} A_{41} & A_{42} & A_{43} \\ A_{51} & A_{52} & A_{53} \\ A_{61} & A_{62} & A_{63} \end{pmatrix} = \begin{pmatrix} 1 & 1 & 3 \\ 2 & 2 & 5 \\ 4 & 1 & 2 \end{pmatrix}。$$

如果传进来的参数 $l = 6, e = 1$，即 $x_l = x_6, x_e = x_1$，调用 Pivot$(N, B, \boldsymbol{A}, \boldsymbol{b}, \boldsymbol{c}, v, l, e)$，执行第 1~3 行，从式(10.10)中解出 $x_1 = 9 - \dfrac{x_2}{4} - \dfrac{x_3}{2} - \dfrac{x_6}{4}$，此时 $\hat{b}_1 = 9, \hat{a}_{12} = \dfrac{1}{4}, \hat{a}_{13} = \dfrac{1}{2}, \hat{a}_{16} = \dfrac{1}{4}$。接着执行第 5~9 行，将 $x_1 = 9 - \dfrac{x_2}{4} - \dfrac{x_3}{2} - \dfrac{x_6}{4}$ 代入式(10.8)和式(10.9)所示的原方程右边式子中的每个 x_1，可得

$$x_4 = 21 - \frac{3x_2}{4} - \frac{5x_3}{2} + \frac{x_6}{4} \qquad \hat{b}_4 = 21, \hat{a}_{42} = \frac{3}{4}, \hat{a}_{43} = \frac{5}{2}, \hat{a}_{46} = -\frac{1}{4}$$

$$x_5 = 6 - \frac{3x_2}{2} - 4x_3 + \frac{x_6}{2} \qquad \hat{b}_5 = 6, \hat{a}_{52} = \frac{3}{2}, \hat{a}_{53} = 4, \hat{a}_{56} = -\frac{1}{2}$$

将 $x_1 = 9 - \dfrac{x_2}{4} - \dfrac{x_3}{2} - \dfrac{x_6}{4}$ 代入目标函数得 $z = 27 + \dfrac{x_2}{4} + \dfrac{x_3}{2} - \dfrac{3x_6}{4}$，从而 $\hat{c}_2 = \dfrac{1}{4}, \hat{c}_3 = \dfrac{1}{2}, \hat{c}_6 = -\dfrac{3}{4}$。因此，新的松弛形式为 $\hat{B} = \{1,4,5\}, \hat{N} = \{2,3,6\}, \hat{v} = 27$。

介绍了上述两个子算法后，下面利用 Simplex$(\boldsymbol{A}, \boldsymbol{b}, \boldsymbol{c})$ 求解线性规划问题

$$\max 3x_1 + x_2 + 2x_3$$

s. t.

$$x_1 + x_2 + 3x_3 \leqslant 30$$

$$2x_1 + 2x_2 + 5x_3 \leqslant 24$$

$$4x_1 + x_2 + 2x_3 \leqslant 36$$

$$x_1, x_2, x_3 \geqslant 0$$

其松弛形式为

$$z = 3x_1 + x_2 + 2x_3$$

$$x_4 = 30 - x_1 - x_2 - 3x_3$$

$$x_5 = 24 - 2x_1 - 2x_2 - 5x_3$$

$$x_6 = 36 - 4x_1 - x_2 - 2x_3$$

首先调用 InitializeSimplex$(\boldsymbol{A}, \boldsymbol{b}, \boldsymbol{c})$，找到最小的 b_i，这里 $b_5 = 24 \geqslant 0$，因此返回 $(N, B, \boldsymbol{A}, \boldsymbol{b}, \boldsymbol{c}, v)$，这里 $B = \{4,5,6\}, N = \{1,2,3\}, v = 0$。由于存在某些 $c_j > 0 (j \in N)$，选择 c_1，它的增加能使目标函数值增加最快，因此 $e = 1$。此时，$\Delta_4 = \dfrac{b_4}{a_{41}} = 30, \Delta_5 = \dfrac{b_5}{a_{51}} = 12, \Delta_6 = \dfrac{b_6}{a_{61}} = 9$，

Δ_6 最小，因此 $l=6$，交换 x_1 和 x_6 的角色，可得 $x_1 = 9 - \dfrac{x_2}{4} - \dfrac{x_3}{2} - \dfrac{x_6}{4}$。

调用 Pivot$(N, B, \boldsymbol{A}, \boldsymbol{b}, \boldsymbol{c}, v, l, e)$，可得

$$z = 27 + \frac{x_2}{4} + \frac{x_3}{2} - \frac{3x_6}{4}$$

$$x_1 = 9 - \frac{x_2}{4} - \frac{x_3}{2} - \frac{x_6}{4}$$

$$x_4 = 21 - \frac{3x_2}{4} - \frac{5x_3}{2} + \frac{x_6}{4}$$

$$x_5 = 6 - \frac{3x_2}{2} - 4x_3 + \frac{x_6}{2}$$

由于存在某些 $c_j > (j \in N)$，选择 c_3，它的增加能使目标函数值增加最快，因此 $e=3$。此时，$\Delta_1 = \dfrac{b_1}{a_{13}} = 18$，$\Delta_4 = \dfrac{b_4}{a_{43}} = 8.4$，$\Delta_5 = \dfrac{b_5}{a_{53}} = 1.5$，$\Delta_5$ 最小，因此 $l=5$，交换 x_3 和 x_5 的角色，即从 $x_5 = 6 - \dfrac{3x_2}{2} - 4x_3 + \dfrac{x_6}{2}$ 中解出 x_3，可得 $x_3 = \dfrac{3}{2} - \dfrac{3x_2}{8} - \dfrac{x_5}{4} + \dfrac{x_6}{8}$，调用 Pivot$(N, B, \boldsymbol{A}, \boldsymbol{b}, \boldsymbol{c}, v, l, e)$，可得

$$z = \frac{111}{4} + \frac{x_2}{16} - \frac{x_5}{8} - \frac{11x_6}{16}$$

$$x_1 = \frac{33}{4} - \frac{x_2}{16} + \frac{x_5}{8} - \frac{5x_6}{16}$$

$$x_3 = \frac{3}{2} - \frac{3x_2}{8} - \frac{x_5}{4} + \frac{x_6}{8}$$

$$x_4 = \frac{69}{4} + \frac{3x_2}{16} + \frac{5x_5}{8} - \frac{x_6}{16}$$

由于存在 $c_2 > 0$，只有选择它，它的增加才能使目标函数值增加，因此 $e=2$。此时，$\Delta_1 = \dfrac{b_1}{a_{12}} = 132$，$\Delta_3 = \dfrac{b_3}{a_{32}} = 4$，因为 x_2 的增加，总能满足 $x_4 = \dfrac{69}{4} + \dfrac{3x_2}{16} + \dfrac{5x_5}{8} - \dfrac{x_6}{16}$，所以 $\Delta_4 = \infty$。Δ_3 最小，因此 $l=3$，交换 x_2 和 x_3 的角色，即从 $x_3 = \dfrac{3}{2} - \dfrac{3x_2}{8} - \dfrac{x_5}{4} + \dfrac{x_6}{8}$ 解出 x_2，可得 $x_2 = 4 - \dfrac{8x_3}{3} - \dfrac{2x_5}{3} + \dfrac{x_6}{3}$。

调用 Pivot$(N, B, \boldsymbol{A}, \boldsymbol{b}, \boldsymbol{c}, v, l, e)$，可得

$$z = 28 - \frac{x_3}{6} - \frac{x_5}{6} - \frac{2x_6}{3}$$

$$x_1 = 8 + \frac{x_3}{6} + \frac{x_5}{6} - \frac{x_6}{3}$$

$$x_2 = 4 - \frac{8x_2}{3} - \frac{2x_5}{3} + \frac{x_6}{3}$$

$$x_4 = 18 - \frac{x_3}{2} + \frac{x_5}{2}$$

此时不存在 $c_j > 0 (j \in N)$，停止执行 Simplex(A, b, c) 的 **while** 循环，执行第 13～17 行，$\hat{x}_1 = 8, \hat{x}_2 = 4, \hat{x}_4 = 18, \hat{x}_3 = 0, \hat{x}_5 = 0, \hat{x}_6 = 0$。解 $(\hat{x}_1, \hat{x}_2, \hat{x}_3, \hat{x}_4, \hat{x}_5, \hat{x}_6) = (8, 4, 0, 1, 8, 0, 0)$ 被返回，此时，最优目标函数值 $z = 28$。

关于单纯形算法正确性的证明，建议大家参考文献[2]，这里就不再给出。我们关心的是单纯形算法什么时候终止，下面先介绍一个有用的结论。

定理 10.1 令 I 是下标的集合。对于 I 中的任意 i，令 α_i 和 β_i 是实数，令 x_i 是实数值变量。令 γ 是任意的实数，假设对 x_i 的任何取值，有

$$\sum_{i \in I} \alpha_i x_i = \gamma + \sum_{i \in I} \beta_i x_i \tag{10.11}$$

则对 I 中的每个 i，有 $\alpha_i = \beta_i$，并且 $\gamma = 0$。

证明：由于对 x_i 的任何取值，式子(10.11)成立，我们不妨对每个 $i \in I$，令 $x_i = 0$，能够推出 $\gamma = 0$。现在选择一个任意的下标 $i \in I$，令 $x_i = 1$，对于其他的 $k \in I, x_k = 0 (k \neq i)$，则可以得到 $\alpha_i = \beta_i$。由于 i 的任意性，可得结论。证毕。

下面证明线性规划问题的松弛形式由基本变元的集合唯一确定。

引理 10.2 令 (A, b, c) 是标准形式的线性规划问题。给定一个基本变元的集合 B，相应的松弛形式被唯一确定。

证明：用反证法证明。假设有两个松弛形式具有同样的基本变元集合 B，则它们的非基本变元集合也是一样的。设第一个松弛形式为

$$z = v + \sum_{j \in N} c_j x_j \tag{10.12}$$

$$x_i = b_i - \sum_{j \in N} a_{ij} x_j, \quad i \in B \tag{10.13}$$

另一个松弛形式为

$$z = v' + \sum_{j \in N} c'_j x_j \tag{10.14}$$

$$x_i = b'_i - \sum_{j \in N} a'_{ij} x_j, \quad i \in B \tag{10.15}$$

将式(10.13)减去式(10.15)，可得

$$\sum_{j \in N} a_{ij} x_j = (b_i - b'_i) + \sum_{j \in N} a'_{ij} x_j$$

由定理 10.1 可得，$a_{ij} = a'_{ij}$ 且 $b_i = b'_i$。类似可以证明 $c_j = c'_j$ 且 $v = v'$，见习题 10-2。因此松弛形式被 B 唯一确定。

值得注意的是，单纯形算法 **while** 循环的每次迭代中，从一个松弛形式变到另一个松弛形式，目标函数值并不会发生改变，这有可能导致算法不会终止，而是永远循环下去。下面介绍一个结论。

定理 10.2 如果单纯形算法不能在 C_{n+m}^m 个迭代内终止，则算法循环。

证明：由引理 10.2 可知，松弛形式被基本变元集合 B 唯一确定。总共有 $n + m$ 个变元且 $|B| = m$，因此共有 C_{n+m}^m 种方式确定 B，因而有 C_{n+m}^m 种松弛形式，因此定理成立。证毕。

单纯形算法在理论上有发生循环的可能,实际上几乎很少发生。当这种情况出现时,也能够采取一些办法以避免循环的发生。例如,对输入随机扰动一下,就可以避免出现两个具有相同目标函数值的解。当出现具有两个相同目标函数值的迭代时,总是选择具有最小下标的索引等,这里就不再详细叙述,详细的内容可参考文献[2,13]。

10.3 对偶

我们能够证明在某种假定下,单纯形算法将会终止。为了证明算法终止后,返回的解是最优解,还必须介绍线性规划问题对偶性(Duality)的概念。事实上,对偶性是一个非常重要的概念。在优化领域中,问题对偶性的确定,能够帮助找到多项式时间求解算法。特别是在近似算法的设计中,常常借助对偶性设计多项式时间近似算法,关于对偶性在近似算法中的应用,请读者参考文献[1],这里就不再讨论。下面主要介绍利用对偶性,可以证明问题的一个解确实是最优的。

例如,求解最大流问题,需要找到一个流 f,现在需要知道流 f 是否就是一个最大流。按照第 9 章最大流最小切割定理 9.1,能够找到一个割,割的大小等于流值 $|f|$；然后证明,流 f 确实就是一个最大流。最大流问题与最小割问题就是一个对偶问题。从这里也可以看出定义对偶问题的思路：给出一个最大值问题,为了定义其对偶问题,只需要定义一个相应的最小值问题,使两个问题具有同样大小的最优目标函数值即可。

给定一个求最大值的线性规划问题,将定义其对偶线性规划问题的目标是求最小值,且其最小值等于原始线性规划问题的最大值。一般用主问题表示原始线性规划问题,这里原始线性规划问题用标准形式的线性规划问题表示。主问题与其对偶问题有如下关系。

主问题：

$$\max \sum_{j=1}^{n} c_j x_j$$

s. t.

$$\sum_{j=1}^{n} a_{ij} x_j \leqslant b_i, \quad i = 1, 2, \cdots, m$$

$$x_j \geqslant 0, \qquad j = 1, 2, \cdots, n$$

对偶问题：

$$\min \sum_{i=1}^{m} b_i y_i$$

s. t.

$$\sum_{i=1}^{m} a_{ij} y_i \geqslant c_j, \quad j = 1, 2, \cdots, n$$

$$y_i \geqslant 0, \qquad i = 1, 2, \cdots, m$$

从上述式子可以看出：

(1) 主问题求最大值,约束是小于或等于($\leqslant$),则相应对偶问题是求最小值,约束是大于或等于($\geqslant$)。两个问题关于变量的非负约束不变；

（2）主问题的约束系数矩阵为 A，有 m 个约束方程，则相应对偶问题的约束系数矩阵为 A^{T}，有 n 个约束方程；

（3）两个问题中，b 和 c 恰好互换。

从上述两个问题的描述可以看出，两个问题可以互为对偶，即主问题的对偶是对偶问题，而对偶问题的对偶是主问题。

例 10.4 给定主问题

$$\max 3x_1 + x_2 + 2x_3$$
$$\text{s. t.}$$
$$x_1 + x_2 + 3x_3 \leqslant 0$$
$$2x_1 + 2x_2 + 5x_3 \leqslant 24$$
$$4x_1 + x_2 + 2x_3 \leqslant 36$$
$$x_1, x_2, x_3 \geqslant 0$$

其对偶问题为

$$\min 30y_1 + 24y_2 + 36y_3$$
$$\text{s. t.}$$
$$y_1 + 2y_2 + 4y_3 \geqslant 3$$
$$y_1 + 2y_2 + y_3 \geqslant 1$$
$$3y_1 + 5y_2 + 2y_3 \geqslant 2$$
$$y_1, y_2, y_3 \geqslant 0$$

下面将证明，主问题的最优目标函数值将等于对偶问题的目标函数值。为证明此结论，先介绍弱对偶性，即主问题的任意可行解的目标函数值不会大于对偶问题任意可行解的目标函数值。这表明，主问题的任意可行解的目标函数值是对偶问题任意可行解的目标函数值的下界。

引理 10.3 令 $\bar{x} = (\bar{x}_1, \bar{x}_2, \cdots, \bar{x}_n)$ 为主问题的任意可行解，令 $\bar{y} = (\bar{y}_1, \bar{y}_2, \cdots, \bar{y}_m)$ 为对偶问题的任意可行解，则 $\displaystyle\sum_{j=1}^{n} c_j \bar{x}_j \leqslant \sum_{i=1}^{m} b_i \bar{y}_i$。

证明：既然 $\bar{y}$ 为对偶问题的可行解，因此它满足对偶问题的约束方程 $\displaystyle\sum_{i=1}^{m} a_{ij} \bar{y}_i \geqslant c_j$，故有

$$\sum_{j=1}^{n} c_j \bar{x}_j \leqslant \sum_{j=1}^{n} \left(\sum_{i=1}^{m} a_{ij} \bar{y}_i \right) \bar{x}_j$$

对上述不等式右边式子，交换求和的顺序，可得

$$\sum_{j=1}^{n} c_j \bar{x}_j \leqslant \sum_{i=1}^{m} \left(\sum_{j=1}^{n} a_{ij} \bar{x}_j \right) \bar{y}_i$$

而 $\bar{x}$ 为主问题的可行解，因此满足对偶问题的约束方程 $\displaystyle\sum_{j=1}^{n} a_{ij} \bar{x}_j \leqslant b_i$，代入上式，可得

$$\sum_{j=1}^{n} c_j \bar{x}_j \leqslant \sum_{i=1}^{m} \left(\sum_{j=1}^{n} a_{ij} \bar{x}_j \right) \bar{y}_i \leqslant \sum_{i=1}^{m} b_i \bar{y}_i$$

故所证成立。证毕。

由上述引理 10.3 可得以下结论。

推论 10.1 令 $\bar{x} = (\bar{x}_1, \bar{x}_2, \cdots, \bar{x}_n)$ 为主问题的一个可行解，令 $\bar{y} = (\bar{y}_1, \bar{y}_2, \cdots, \bar{y}_m)$ 为对偶问题的一个可行解，如果有 $\sum_{j=1}^{n} c_j \bar{x}_j = \sum_{i=1}^{m} b_i \bar{y}_i$，则 $\bar{x}$ 和 $\bar{y}$ 分别是主问题和对偶问题的最优解。

如果能够找到对偶问题的一个可行解，它的目标函数值等于主问题可行解的目标函数值，则根据推论 10.1，对偶问题的可行解一定也是最优的。当利用单纯形算法对主问题求解时，算法终止并返回解，设最后一次得到的松弛形式为

$$z = v' + \sum_{j \in N} c'_j x_j$$

$$x_i = b'_i - \sum_{j \in N} a'_{ij} x_j, \quad i \in B$$

令

$$\bar{y}_i = \begin{cases} -c'_{n+i}, & (n+i) \in N \\ 0, & \text{其他} \end{cases} \tag{10.16}$$

则该解是对偶问题的最优解。推论 10.1 的证明见习题 10-9，这里先举一个例子，验证一下。

$$z = 28 - \frac{x_3}{6} - \frac{x_5}{6} - \frac{2x_6}{3}$$

$$x_1 = 8 + \frac{x_3}{6} + \frac{x_5}{6} - \frac{x_6}{3}$$

$$x_2 = 4 - \frac{8x_3}{3} - \frac{2x_5}{3} + \frac{x_6}{3}$$

$$x_4 = 18 - \frac{x_3}{2} + \frac{x_5}{2}$$

此时，$B = \{1, 2, 4\}$，$N = \{3, 5, 6\}$，$\bar{y}_1 = 0$，$\bar{y}_2 = -c'_5 = \frac{1}{6}$，$\bar{y}_3 = -c'_6 = \frac{2}{3}$，满足对偶问题的约束条件，而且代入对偶问题的目标函数，可得 28，恰好等于主问题的目标函数值，按照推论 10.1 可知，解 $\bar{y}_i$ 是对偶问题的最优解。现在给出一个重要的结论。

定理 10.3 假定单纯形算法计算主问题返回的解为 $\bar{x} = (\bar{x}_1, \bar{x}_2, \cdots, \bar{x}_n)$，令 N 和 B 分别为单纯形结束后最后一次得到的松弛形式的非基本变元和基本变元下标的集合，$\bar{y} = (\bar{y}_1, \bar{y}_2, \cdots, \bar{y}_m)$ 由式(10.16)所示的方程确定，则 $\bar{x}$ 是主问题的最优解，$\bar{y}$ 是对偶问题的最优解，且有 $\sum_{j=1}^{n} c_j \bar{x}_j = \sum_{i=1}^{m} b_i \bar{y}_i$。

证明： 当利用单纯形算法对主问题求解时，算法终止返回解，设最后一次得到的松弛形式的目标函数为 $z = v' + \sum_{j \in N} c'_j x_j$，此时一定有

$$c'_j \leqslant 0 (j \in N)$$

令 $c'_j = 0 (j \in B)$，则

$$z = v' + \sum_{j \in N} c'_j x_j = v' + \sum_{j \in N} c'_j x_j + \sum_{j \in B} c'_j x_j = v' + \sum_{j \in N \cup B} c'_j x_j$$

对于与最后松弛形式相关的基本解 $\bar{x}$，一定有 $z = v'$。由于所有的松弛形式是等价的，将 $\bar{x}$ 代入主问题的目标函数中，则一定获得同样的目标函数值，即

$$\sum_{j=1}^{n} c_j \bar{x}_j = z = v'$$

事实上，对于所有的松弛形式，对于任意的解 $x = (x_1, x_2, \cdots, x_n)$，有

$$\sum_{j=1}^{n} c_j x_j = z = v' + \sum_{j \in N \cup B} c'_j x_j = v' + \sum_{j=1}^{m+n} c'_j x_j$$

$$= v' + \sum_{j=1}^{n} c'_j x_j + \sum_{j=n+1}^{n+m} c'_j x_j$$

$$= v' + \sum_{j=1}^{n} c'_j x_j + \sum_{i=1}^{m} c'_{n+i} x_{n+i}$$

由式(10.16)可得

$$\sum_{j=1}^{n} c_j x_j = v' + \sum_{j=1}^{n} c'_j x_j + \sum_{i=1}^{m} c'_{n+i} x_{n+i}$$

$$= v' + \sum_{j=1}^{n} c'_j x_j + \sum_{i=1}^{m} (-\bar{y}_i) x_{n+i}$$

根据松弛形式 $x_{n+i} = b_i - \sum_{j=1}^{n} a_{ij} x_j$ 可得

$$\sum_{j=1}^{n} c_j x_j = v' + \sum_{j=1}^{n} c'_j x_j + \sum_{i=1}^{m} (-\bar{y}_i) \left(b_i - \sum_{j=1}^{n} a_{ij} x_j \right)$$

$$= v' + \sum_{j=1}^{n} c'_j x_j - \sum_{i=1}^{m} b_i \bar{y}_i + \sum_{i=1}^{m} \sum_{j=1}^{n} a_{ij} x_j \bar{y}_i$$

$$= v' + \sum_{j=1}^{n} c'_j x_j - \sum_{i=1}^{m} b_i \bar{y}_i + \sum_{j=1}^{n} \sum_{i=1}^{m} (a_{ij} \bar{y}_i) x_j$$

$$= \left(v' - \sum_{i=1}^{m} b_i \bar{y}_i \right) + \sum_{j=1}^{n} \left(c'_j + \sum_{i=1}^{m} a_{ij} \bar{y}_i \right) x_j$$

由定理 10.1 可得

$$c_j = c'_j + \sum_{i=1}^{m} a_{ij} \bar{y}_i, \quad j = 1, 2, \cdots, n \tag{10.17}$$

$$v' - \sum_{i=1}^{m} b_i \bar{y}_i = 0 \tag{10.18}$$

由于 $c'_j \leqslant 0$，由式(10.17)可得

$$c_j = c'_j + \sum_{i=1}^{m} a_{ij} \bar{y}_i \leqslant \sum_{i=1}^{m} a_{ij} \bar{y}_i, \quad j = 1, 2, \cdots, n$$

因此，解 $\bar{y}$ 满足对偶问题的约束条件。此外，由于 $c_j \leqslant 0, j \in N \cup B$，因此 $\bar{y}_i \geqslant 0$。所以 $\bar{y}$

是对偶问题的可行解。由式(10.18)可得对偶问题的目标函数值等于主问题的目标函数值。由推论 10.1 可得结论。证毕。

　　至此,本章已经证明,给定一个可行的线性规划问题,如果 InitializeSimplex($\boldsymbol{A},\boldsymbol{b},\boldsymbol{c}$) 返回一个可行解,且 Simplex($\boldsymbol{A},\boldsymbol{b},\boldsymbol{c}$) 算法正常终止,即没有返回无界,则算法返回的解确实是一个最优解。

10.4 　小结

　　本章内容主要参考《算法导论》[2],介绍了线性规划问题的标准形式及松弛形式,然后介绍线性规划问题的单纯形求解算法,最后介绍了线性规划问题的对偶形式及其相关结论。单纯形算法及其改进算法仍然是目前求解线性规划问题有效的方法之一。当然求解线性规划问题,还有别的一些多项式时间求解算法,例如内点法及 Ellipsoid 算法,有兴趣的读者可以参考文献[13]。利用线性规划问题的求解方法来设计 NP 难问题的近似求解算法,一直是研究的主题,关于线性规划算法在组合优化问题中的应用,有兴趣的读者可以参考文献[1]。

习题

　　10-1　将线性规划问题

$$\min 2x_1 + 7x_2$$
$$s.t.$$
$$x_1 = 7$$
$$3x_1 + x_2 \geqslant 24$$
$$x_2 \geqslant 0$$
$$x_3 \leqslant 0$$

转化为标准形式。

　　10-2　证明引理 10.2 中,$c_j = c'_j$ 且 $v = v'$。

　　10-3　将线性规划问题

$$\max 2x_1 - 6x_3$$
$$s.t.$$
$$x_1 + x_2 - x_3 \leqslant 7$$
$$3x_1 - x_2 \geqslant 8$$
$$-x_1 + 2x_2 + 2x_3 \geqslant 0$$
$$x_1, x_2, x_3 \geqslant 0$$

转化为松弛形式,并给出基本变元集和非基本变元集合。

　　10-4　使用图解法求解下述线性规划问题。

$$\max x_1 + 2x_2$$
$$s.t.$$

$$x_1 + x_2 \leqslant 6$$
$$3x_1 + 2x_2 \leqslant 12$$
$$x_2 \leqslant 2$$
$$x_1, x_2 \geqslant 0$$

10-5 假定将标准形式的线性规划问题 (A, b, c) 转化为松弛形式,证明基本解是可行的,当且仅当对 $b_i \geqslant 0 (1 \leqslant i \leqslant m)$。

10-6 用单纯形算法求解习题 10-4。

10-7 利用单纯形算法求解下列线性规划问题。

$$\max 18x_1 + 12.5x_2$$
$$\text{s. t.}$$
$$x_1 + x_2 \leqslant 20$$
$$x_1 \leqslant 12$$
$$x_2 \leqslant 16$$
$$x_1, x_2 \geqslant 0$$

10-8 利用单纯形算法求解下列线性规划问题。

$$\min x_1 + x_2 + x_3$$
$$\text{s. t.}$$
$$2x_1 + 7.5x_2 + 3x_3 \geqslant 10\,000$$
$$20x_1 + 5x_2 + 10x_3 \geqslant 30\,000$$
$$x_1, x_2, x_3 \geqslant 0$$

10-9 证明推论 10.1。

10-10 给出习题 10-7 的对偶形式。

10-11 给定一个非标准形式的线性规划问题,可以通过将其转化为标准形式,然后再求其对偶形式。如果能直接从非标准形式的规划问题得到对偶形式,则非常方便。试说明任给一个线性规划问题,能直接将其转化为线性规划问题的对偶形式。

实验题

10-12 编程实现单纯形算法,并完成习题 10-7 和习题 10-8 的求解。

第11章

NP完全理论

前面介绍的大多数算法都是多项式时间算法,即对任何问题规模为 n 的实例,这些算法的最坏情形时间复杂度为 $O(n^k)$,其中,k 为常数。值得注意的是,下面讨论的算法的复杂度,以及对问题的分类都是从最坏情形时间复杂度方面进行考虑的。我们自然想知道,是否所有问题能够在多项式时间内求解出来?答案是否定的。例如,旅行商问题,虽然能找到指数级时间的求解算法,但是至今找不到有效的多项式时间算法。此外,还有一些问题是不可解的,例如,著名的停机问题,即要求确定任意的确定性算法对任意的输入是否会在某个时间停止的问题,该问题不管花多长时间,在什么样的机器上,都无法求解。通常把能够在多项式时间内求解的问题看作简单问题,而把那些不能在多项式时间内求解的问题看作是很难处理的问题。为什么把在多项式时间内求解的问题能够看作简单问题呢?有以下 3 个原因。

(1)虽然把高阶多项式时间,如 $\Theta(n^{100})$ 看作难处理的问题是合理的,但是很少有实际问题具有这样高阶的多项式时间求解算法。多项式时间可计算的问题在实际计算时,需要花费的时间常常更少。经验表明,如果一个问题存在多项式时间求解算法,那么该问题常常伴随着一种更有效的多项式算法。例如,对于一个问题,当前找到了一种多项式时间为 $\Theta(n^{100})$ 的求解算法,也许不久以后,该问题可以找到一种更有效的算法,其时间复杂度为 $\Theta(n^{90})$。

(2)对于许多合理的计算模型,如果一个问题在一个模型(如 RAM)上多项式时间可解,则在另一个模型(如图灵机)上也是多项式时间可解的。

(3)多项式时间可解的算法常常具有好的封闭性质,这是因为多项式在加、减、乘等运算下,仍然是多项式的。例如,一种多项式算法的输出作为另一种多项式算法的输入,则该组合算法仍然是多项式算法。

这章主要介绍一类有趣的问题——NP 完全(NP-Complete,NPC)问题。目前为止,这类问题还没有找到多项式时间求解算法,也没有被证明找不到多项式时间算法。的确,现在找不到并不意味着将来也找不到,这引出了一个著名的"P 是否等于 NP"的问题,自从它在 1971 年被提出后,就成为计算机科学领域最深奥有趣的悬而未决的研究问题,甚至有著名机构悬赏 100 万美金,寻找该问题的答案。现在的很多理论及应用都是在假设 P≠NP 的基础上建立起来的,比如,公钥加密算法(Rivest Shamir Adleman,RSA),其核心原理是两个大素数能够比较容易地找到,但将它们的乘积进行因式分解却极其困难,因此可以将它们的乘积公开,作为加密密钥。因式分解被认为是 NP 问题。假如未来的某一天,某一位研究者证明了 P＝NP,那么,大部分的网络密码将会被破解,我们存在银行里的钱将会被盗走。

在生物学方面,我们能够很快地完成基因测序工作,一个机器学习系统能够很快得到令人满意的特征选择。如果犯罪现场能提取到罪犯的 DNA,那么我们便能在第一时间确定罪犯的身份。还会带来一些问题:比如当前信息在网络传输中使用 MD5 校验,以检查信息是否在传输中被篡改,但是,在证明了 P＝NP 之后,这种校验方式就不再可靠了。

有些问题看似相同,但是由于一些细微的差别,使求解的难易程度具有天壤之别。例如,第 6 章介绍的最短简单路径和最长简单路径问题,以及接下来介绍的欧拉回路和汉密尔顿回路、2-SAT 和 3-SAT 等问题中,最短简单路径、欧拉回路和 2-SAT 问题均是多项式时间可解的,而余下的问题却是 NP 完全问题,求解非常困难,到目前为止均找不到多项式时间求解算法。

在介绍 P、NP 和 NPC 的定义之前,下面先介绍一些概念。

11.1　判定问题

许多有趣的问题都是最优化问题(Optimization Problem),问题的每个可行解对应一个目标函数值,求解这类问题的目的是希望得到一个有最优目标函数值的可行解,例如,最短路径问题、0/1 背包问题。而判定问题(Decision Problem)则是回答是否存在一个满足问题要求的解,即使只是简单的回答"是(True)"或"否(False)"。例如,图着色问题,给定一个图 $G＝(V,E)$,问该图能否用 k 种颜色着色,使相邻顶点互不同色? 如果能,则其解回答"是",如果不能,则其解回答"否"。

最优化问题与它相应的判定问题具有密切的联系,通过对最优化问题要优化的目标函数值进行限界,可以把一个最优化问题转化为一个判定问题。例如,最短路径问题的目标是找一条从 u 到 v 的最短路径,优化的目标函数值是路径的边数,则相应的判定问题 Path 可以描述为:给定一个有向图 G,顶点 u 和 v,以及整数 k,问图 G 中,从 u 到 v 是否存在一条最多 k 条边的路径。最优化问题转化为相应的判定问题,主要看最优化问题的目标是求最大值还是最小值,从而决定判定问题的描述。如果目标是求最大值,则引入一个整数 k 来限界目标函数值,相应的判定问题可以描述为是否存在一个解,使其目标函数值至少为 k。类似地,对最小值问题可相应定义其判定问题。

最优化问题和判定问题之间的关系也方便我们理解最优化问题的难易程度。判定问题在某种意义上,比最优化问题更容易或者至少不会比最优化问题更难,可以通过求解最优化问题求解相应的判定问题。例如,求解最短路径问题,获得最短距离后就可以将该值与判定问题中给定的 k 值进行比较,从而可以求解判定问题。也就是说,如果一个最优化问题是容易的,则求解相应的判定问题也就不难,反过来,如果求解判定问题是难的,则求解相应的最优化问题也是不容易的。因此,对求解问题的难易程度可以从判定问题的角度进行分类。

此外,如果找到了判定问题的多项式时间算法,那么能够在多项式时间内求解相应的最优化问题吗(不一定非要找到最优解)? 在许多情形下,很容易得到肯定的回答,例如,考虑图着色问题。假设有一个多项式时间复杂度的判定算法 $ColorIsTrue(G,k)$,其返回值为

True,当且仅当图 G 能够用 k 种颜色对顶点着色,使得相邻的顶点具有不同的颜色,则求解图着色问题的最小着色数的算法 MinColoring(G)的伪代码如下。

```
MinColoring(G)
1     k←0
2     while ColorIsTrue(G,k)≠True do
3         k←k+1
4     return k
```

由于图 G 最多有 $|V|$ 个顶点,算法的第 2 行最多执行 $|V|$ 次。由于算法 ColorIsTrue(G,k) 是多项式算法,MinColoring(G)的时间复杂度仍然为多项式时间复杂度。

上面分析一个最优化问题与其判定问题难易关系的方法也可以用来说明两个判定问题之间的难易关系。

考虑一个判定问题 A,想找到 A 的多项式时间求解算法。给定问题 A 的一个输入实例,例如,判定问题 Path,其输入实例包括图 G、顶点 u 和顶点 v,以及整数 k。现在假定有一个不同的判定问题 B,已经知道 B 能够在多项式时间内求解,并假定有一个过程能将 A 的任何一个实例 α 转化为 B 的某个实例 β,且该过程具有下列性质。

（1）该转化过程只需要多项式时间就可以完成。

（2）答案是一致的。也就是说,α 的答案是"是"或"否",当且仅当 β 的答案也是"是"或"否"。

那么,称这样的过程是多项式时间归约（Reduction）算法,如图 11.1 所示。

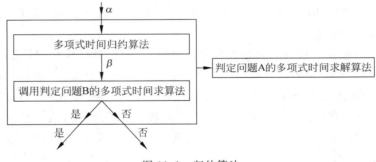

图 11.1　归约算法

上述过程提供了一种在多项式时间内判定问题 A 的方法,具体如下。

步骤 1：任给判定问题 A 的一个实例 α,用一种多项式时间归约算法把它转化为判定问题 B 的一个实例 β。

步骤 2：对实例 β,调用判定问题 B 的多项式时间算法。

步骤 3：用实例 β 的答案作为实例 α 的答案。

如果上述每一个步骤能在多项式时间内完成,则把每一个步骤合在一起,就得到一种判定问题 A 的多项式时间求解算法。也就是说,通过归约将 A 的求解转化为 B 的求解,用 B 的容易性证明 A 的容易性。

例如,问题 A：给定一个有向图,如图 11.2 所示,求是否存在从 s 到 x 距离之和最多为 10 的路线？

问题 B：求图 11.2 中从 s 到 x 的最短距离是多少？如果知道了问题 B 的解，那也就知道了 A 的解，并且可以用求解 B 的方法来求解 A。因此，A 可以归约到 B。

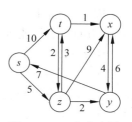

图 11.2 一个有向图

特别地，多项式时间归约算法的思想能够用来证明特定的问题 B 不存在多项式时间算法。假设有一个判定问题 A，而且已知不存在 A 的多项式时间求解算法。假设有多项式时间归约算法可以把 A 的任意一个实例转化为 B 的一个实例，这样可以用简单的反证法证明 B 没有多项式时间求解算法。证明如下。假设 B 有多项式时间求解算法，则按照多项式时间归约算法的思想，那么 A 也有多项式时间求解算法，这与已知不存在求解 A 的多项式时间求解算法矛盾，故所证成立。

11.2　P 和 NP

众所周知，如果写一个程序求解一个最优化问题，作为程序输入的问题实例必须表示为计算机能够理解的符号形式，即把问题实例编码为一个二进制字符串。由这些问题实例构成的问题常称为具体问题。一个最优化问题通过这种编码，可以转化为一个具体问题。这个具体问题的实例集就是一个二进制字符串的集合。下面介绍具体问题的求解算法。给定具体问题的一个问题实例 I，令其问题规模为 $n = |I|$，一种算法在 $O(T(n))$ 的时间内得出解，那么认为该算法在 $O(T(n))$ 的时间内求解了一个具体问题。如果一个具体问题存在一种多项式时间求解算法 $O(n^k)$，那么该问题是多项式时间可解的，其中，k 为常数，因此定义复杂类 P 为多项式时间可解的具体问题的集合。有了具体问题的定义及相应求解算法的概念后，就可以从形式语言的角度给出 P 和 NP 的定义。

令字符集 Σ 是符号的一个有穷集合，字符集 Σ 上的语言是由 Σ 中字符构成的字符串的集合。例如，给定 $\Sigma = \{0,1\}$，则

$$L = \{10,11,101,111,1011,1101,10001,\cdots\}$$

是素数的二进制形式构成的语言。令 ε 表示空串，φ 表示空语言，则 Σ 上所有串的语言表示为 Σ^*。例如，$\Sigma = \{0,1\}$，则 $\Sigma^* = \{\varepsilon,0,1,00,01,10,11,000,\cdots\}$。字符集 Σ 上的任意一个语言是 Σ^* 的一个子集。

从形式语言的定义来看，任何具体问题 Q 的实例集合仅仅是集合 Σ^* 的一个子集，其中，$\Sigma = \{0,1\}$。令 $L = \{x \in \Sigma^* : Q(x) = 1\}$，由于 Q 完全被产生答案 1（是）的实例所刻画，因此 Q 可以看作是字符集 Σ 上的语言 L。

例如，对判定问题 Path，可以构造相应的语言：PATH $= \{\langle G,u,v,k \rangle : G = (V,E)$ 是一个无向图，$u,v \in V, k \geqslant 0$ 是一个整数，存在一条从 u 到 v 的路径，其长度最多 k 条边$\}$。为了方便起见，有时判定问题及其相应语言的名称不加区分。

形式语言的框架可以方便地表示判定问题及其相应求解算法之间的关系。下面先给出几个有用的定义。

定义 11.1　对于给定的一个输入串 $x \in \{0,1\}^*$，如果算法 A 的输出 $A(x) = 1$，则说算法 A 接受串 x。算法 A 接受的串的集合，称为算法 A 接受的语言 $L = \{x \in \{0,1\}^* : A(x) = 1\}$。如果 $A(x) = 0$，则算法 A 拒绝串 x。

从定义 11.1 可以看出，即使算法 A 接受一个语言 L，但是对于串 $x \notin L$，算法 A 不一定拒绝，例如算法可能永远循环下去。

定义 11.2 如果算法 A 接受语言 L 中的每个串，且拒绝不在 L 中的串，则说算法 A 能够判定语言 L。如果算法 A 接受语言 L，且对于任意的 $x \in L$，算法 A 能够在多项式时间 $O(n^k)$（n 为串的长度，k 为一个常数）内接受 x，则说算法 A 在多项式时间内接受语言 L。对仿真的 $x \in \{0,1\}^*$，如果算法 A 能够在多项式时间 $O(n^k)$（n 为串的长度，k 为一个常数）内正确判定 x 是否属于 L，则说算法 A 在多项式时间内判定语言 L。

从上面的定义可以看出，一个算法接受一个语言 L，算法只考虑语言 L 中的串，而判定一个语言，则需要考虑属于 L 中的串及不属于 L 中的串。例如，有一种算法在多项式时间内接受语言 PATH，这个算法首先验证 G 是否表示一个无向图，验证 u 和 v 是否为 G 中的顶点，然后用宽度优先搜索算法计算 G 中 u 到 v 中的路径，最后将计算得到的最小路径的边数与 k 比较。如果 G 表示一个无向图，且 G 中从 u 到 v 最短路径的边数至多为 k，则算法输出 1 且终止，否则，算法永远运行下去。这个算法并不判定语言 PATH，这是因为对于那些最短路径边数超过 k 的实例，算法并不一定输出 0。语言 PATH 的判定算法一定拒绝不属于 PATH 的串。对于类似 PATH 的判定问题而言，它的判定算法是容易设计的：对那些最短路径边数超过 k 的实例，算法输出 0 并终止即可，其他步骤类似于接受算法。对于停机问题，存在一个接受算法，但是没有判定算法存在。

现在形式化地定义复杂类为语言的集合，成员资格由某种复杂类的度量确定，例如，判定一个给定串是否属于语言 L 所需要的运行时间。这样可以定义复杂类 P 如下。

定义 11.3 $P = \{L \subset \{0,1\}^* :$ 存在一个判定 L 的多项式时间算法 $A\}$。

由定义 11.3 可知，复杂类 P 是由所有可以在多项式时间内判定的问题组成。事实上，P 也是在多项式时间内接受语言的集合。

定理 11.1 $P = \{L : L$ 能被一个多项式时间算法所接受$\}$。

证明：因为由多项式时间算法判定的语言类是多项时间算法可接受语言类的子集，所以只需要证明如果存在多项式时间算法接受语言 L，则存在一个多项式时间算法判定语言 L。假设某个多项式时间算法 A 接受语言 L，用一个经典模拟方法构造另一种能判定语言 L 的多项式时间算法 A'，对某个常数 k，由于算法 A 在多项式时间 $O(n^k)$ 内接受语言 L，故存在一个常数 c，使 A 在至多 $T = cn^k$ 步接受语言 L。对任何输入串 x，算法 A' 在时间 T 内模拟 A 的计算步骤。在过了时间 T 后，算法 A' 检查 A 的行为。如果 A 接受 x，则算法 A' 接受 x 并输出 1；如果 A 不接受 x，则算法 A' 拒绝 x 并输出 0。算法 A' 模拟 A 的行为，它的运行时间最多为 T 的常数倍。这样就构造出了一个算法 A'，该算法在多项式时间内判定语言 L。故所证成立。证毕。

现在寻找能验证语言 L 中成员的算法。例如，假定对于给定的判定问题 PATH 的一个实例 $\langle G, U, v, k \rangle$，以及有一条从 u 到 v 的路径 p，很容易能够验证路径 p 的边数是否至多为 k，如果情况属实，则可以把路径 p 看作该实例确实属于 PATH 的证书。对于判定问题 PATH，验证这个证书并不需要太大的代价，毕竟判定问题 PATH 属于 P。

PATH 能够在线性时间内得到解决，因此，验证该证书的时间不会超过求解该问题所花费的时间。对于没有多项式时间判定算法的判定问题，我们希望能够容易地验证其证书，因此，考虑下面汉密尔顿回路问题。

无向图 G 的汉密尔顿回路是恰好经过 G 中每个顶点一次的简单回路。汉密尔顿图（Hamiltonian Graph）是存在汉密尔顿回路的图。给定一个无向图 $G=(V,E)$，它含有汉密尔顿回路吗？这个问题已经被研究了上百年，现在可用语言 HamCycle 定义为

HamCycle = {< G >: G 是一个汉密尔顿图}

一种算法是如何判定语言 HamCycle？给定问题实例 $\langle G\rangle$，一种可能的判定算法是穷举所有顶点序列的排列，然后检查给定的一个排列是否是汉密尔顿回路。运行这种算法至少需要指数级时间。现在考虑一个容易的问题，假定有人告诉你一个给定的图 G 存在汉密尔顿回路 p，你的任务就是验证这条回路 p 是否是汉密尔顿回路，那么你只需要检查回路 p 中的顶点是否为图中顶点的一个排列，回路中的边是否确实存在于图 G 中。这种验证算法能够在 $O(n^2)$ 时间内完成，因此，验证一个图 G 中给定的回路是否是汉密尔顿回路，是能够在多项式时间内完成的。下面给出验证算法的定义。

定义验证算法为带两个参数的算法 A，其中，一个参数是给定的输入串 x（即输入实例），另一个参数 y 是一个证书（即一个解）。如果存在一个证书 y，使 $A(x,y)=1$，则认为算法 A 验证了输入串 x，因此，可以定义能够被算法 A 所验证的语言为

$$L=\{x\in\{0,1\}^*: 存在 y\in\{0,1\}^* 使得 A(x,y)=1\}$$

直观地说，如果对任何的串 $x\in L$，存在证书 y，算法 A 能够用该证书证明 $x\in L$。而且，对于任何 $x\notin L$，没有证书能够证明 $x\in L$，则认为算法 A 验证了语言 L。

考虑汉密尔顿回路问题，证书是一个汉密尔顿回路里的顶点序列。如果一个图是汉密尔顿图，则汉密尔顿回路本身提供了足够的信息验证这个事实。反过来，如果图不是汉密尔顿图，则没有顶点序列能够"愚弄"验证算法，使其相信图是汉密尔顿图，这是因为验证算法会仔细检查给定的回路是不是汉密尔顿回路。

定义 11.4 复杂类 NP 指的是一类能够被多项式时间验证算法所验证语言的集合。

从定义 11.4 可以看出，一个语言 L 属于 NP，当且仅当存在有两个输入的多项式时间算法 A 和常数 c，满足

$$L=\{x\in\{0,1\}^*: 存在一个证书 y 使得 A(x,y)=1，其中 |y|=O(|x|^c)\}$$

也就是说，算法 A 在多项式时间内验证了语言 L。

当然，NP 问题的另一种定义是能够用非确定性多项式时间算法求解的判定问题的集合，其中，非确定性算法包括以下两个步骤。

步骤 1：非确定性猜测出一个解，也就是随机生成一个解。

步骤 2：确定性验证该解是否为问题的解，也就是说用确定性算法验证该解是否为问题的一个解，如果是，则返回 True，否则返回 False 或者不停下来。

如果非确定性算法在步骤 2 的运行时间为多项式时间复杂度，则称非确定性算法为非确定性多项式时间算法。例如，对于汉密尔顿回路问题，可以设计一个非确定性（Nondetermined）算法 NondeterminedHamCycle(G)，其伪代码如下。

```
NondeterminedHamCycle(G)
1    S←V
2    p←∅
3    for i←1 to |V| do
4        randomly select one vertex v from S
```

```
5              p←p∪{v}
6              S←S-{v}
7      if verify(G,p)=1 then return True
8      else return False
```

其中，verify(G,p)验证顶点序列 p 是否是判定问题汉密尔顿回路问题的解；V 是图 G 的顶点集合。算法 NondeterminedHamCycle(G) 是非确定性多项式时间算法，其中，第 3～6 行是非确定性猜测阶段，第 7～8 行是确定性验证阶段。对于一个具有汉密尔顿回路的问题，不确定性算法总会在某次执行中猜中一个解（如多次的猜测），并使算法返回 True。

事实上，NP 问题的两个定义在含义上没有多大的差别。前者的定义是说明任意给定一个输入串（问题实例），存在一个证书（解），这个证书可以看作是有人已经给出的解，使多项式时间验证算法的输出为 1。而后者的定义是猜一个解，至于如何猜中，花费多长时间则不管，然后多项式时间算法验证该解，使其输出为 True。

现在我们知道，NP 问题中包括 P 问题，即如果 $L∈$P，则 $L∈$NP，P⊆NP，也就是说，NP 问题中有些问题是容易的。NP⊆P 是否成立是不知道的，但是大多数的研究者相信，P 和 NP 不同类，即 P≠NP。NP 类由那些其解能很快验证的问题构成。根据我们的直觉和经验可知，求解一个问题比验证该问题的解要困难得多。很多计算机科学家相信，NP 确实包括一些不属于 P 的语言，即后面要介绍的 NPC。除了 P 是否等于 NP 这个问题外，还有一个有趣的问题：令 co-NP$=\{L:\bar{L}∈$NP$\}$，NP 类在补运算下是否封闭的问题，也就是说，是否有 NP$=$co-NP。例如，HamCycle$∈$NP，HamCycle 的补问题可以描述为：对于给定的一个无向图 G，难道不存在一条汉密尔顿回路吗？co-NP 是否等于 NP 的问题仍然悬而未决，但是大多数研究者相信 co-NP≠NP。

11.3 NPC

11.3.1 NPC 的定义

大多数理论计算机科学家相信 P≠NP，是因为他们确实找到一类问题 NPC，这类问题有着令人感到惊奇的性质，即如果 NPC 中任何一个问题能够在多项式时间内求解，则 NP 中的每个问题能多项式时间求解，即 P$=$NP，尽管这类问题研究了大半个世纪，但还是没有找到任何一种求解 NPC 问题的多项式时间算法。在给出 NPC 的定义之前，下面先介绍问题归约的概念。

直观地，如果一个问题 Q 的任何实例能够容易地转化为另一个问题 Q' 的一个实例，则说问题 Q 能够归约到问题 Q'，这样，由问题 Q' 实例的解就容易得出问题 Q 相应实例的解。例如，解线性方程的问题可以归约到解二次方程：任意给定的线性方程的一个实例 $ax+b=0$ 可以转化为二次方程的一个实例 $0x^2+ax+b=0$，实例 $0x^2+ax+b=0$ 的解就是实例 $ax+b=0$ 的解，这样可以用求解问题 Q' 的算法来求解问题 Q。从某种意义上说，问题 Q 不会比问题 Q' 更难解，至少它们两个的难度是相同的。

定义 11.5 给定一个函数 $f:\{0,1\}^*→\{0,1\}^*$，对任意给定的 $x∈\{0,1\}^*$，如果存在一种多项式时间算法 A，产生输出 $f(x)$，则称 f 是多项式时间可计算的。

定义 11.6　给定语言 L_1 和 L_2，如果存在多项式时间可计算的函数 $f: \{0,1\}^* \rightarrow \{0,1\}^*$，使对任意的 $x \in \{0,1\}^*$，$x \in L_1$，当且仅当 $f(x) \in L_2$，则说语言 L_1 能多项式时间归约到 L_2，记为 $L_1 \leqslant_P L_2$。函数 f 称为归约函数，计算函数 f 的算法 A 称为归约算法。

定义 11.6 中的符号 $\leqslant_P$ 表示多项式时间归约，$L_1 \leqslant_P L_2$ 意味着语言 L_1 在难度上不会超过语言 L_2。

图 11.3 描述了将一个语言 $L_1 \subseteq \{0,1\}^*$ 多项式时间归约到语言 $L_2 \subseteq \{0,1\}^*$ 的例子。归约函数 f 提供了一个多项式时间映射，使得如果 $x \in L_1$，则 $f(x) \in L_2$，且如果 $x \notin L_1$，则 $f(x) \notin L_2$。这样，归约函数将由语言 L_1 表示的判定问题的任何实例 x 映射到由 L_2 表示的判定问题的一个实例 $f(x)$，因而可得，是否 $f(x) \in L_2$ 的答案提供了是否 $x \in L_1$ 的答案。

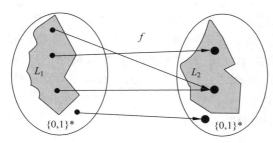

图 11.3　归约函数

引理 11.1　如果语言 $L_1, L_2 \subseteq \{0,1\}^*$，使 $L_1 \leqslant_P L_2$，且 $L_2 \in P$，则 $L_1 \in P$。

证明：令 A_2 是判定 L_2 的多项式时间算法，令 A 是计算从 L_1 到 L_2 归约函数 f 的多项式时间归约算法，为了证明该引理，只需构造一种能够判定 L_1 的多项式时间算法 A_1。

图 11.4 描述了多项式时间算法 A_1 的构造。对于一个给定的输入 $x \in \{0,1\}^*$，算法 A_1 用算法 A 将实例 x 转化为实例 $f(x)$，然后用算法 A_2 测试是否 $f(x) \in L_2$，并将算法 A_2 的输出作为算法 A_1 的输出。算法 A_1 的正确性来自定义 11.6。由于算法 A 和算法 A_2 为多项式时间算法，因此 A_1 也为多项式时间算法。故所证成立。证毕。

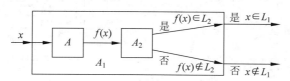

图 11.4　多项式时间算法 A_1 的构造

多项式时间归约算法提供了一种证明一个问题至少与另一个问题一样难的形式化方法。下面给出 NPC 的定义。

定义 11.7　给定语言 $L \subseteq \{0,1\}^*$，L 是 NP 完全的（NP-complete），当且仅当

（1）$L \in$ NP；

（2）对于所有 $L_1 \in$ NP，有 $L_1 \leqslant_P L$。

如果有一个语言 L 满足上述的条件（2），但不一定满足条件（1），则称该语言是 NP 难的（NP-hard）。记 NPC 表示所有 NP 完全语言构成的语言类，也就是 NP 中最难问题的集

合。从前面最优化问题及判定问题之间关系的分析可知，NP 难问题对应最优化问题，其相应判定问题的求解可归约到最优化问题的求解，也就是说 NPC 问题不会比 NP 难问题更难，因此，理论上问题复杂性的分析，可以利用 NPC 的概念，而现实中，则考虑的是 NP 难问题的求解，例如，停机问题不是 NPC 问题，是一个 NP 难问题（为什么？见习题 11-9）。假设 P≠NP，问题类 P、NP、NPC 及 NP-hard 之间的关系如图 11.5 所示。

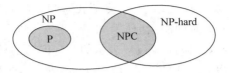

图 11.5　问题类 P、NP、NPC 及 NP-hard 之间的关系

定理 11.2　如果任何一个 NPC 问题多项式时间可解，则 P＝NP。等价地，如果 NP 中的任何问题没有多项式时间求解算法，则没有 NPC 问题是多项式时间可解的。

证明：任给 $L \in NPC$，且 $L \in P$。任给 $L_1 \in NP$，按照 NPC 的定义中的条件（2），有 $L_1 \leqslant_p L$。由于 $L \in P$ 按照引理 11.1，有 $L_1 \in P$，故所证成立。证毕。

11.3.2　电路可满足性问题

布尔电路是一个无环的有向图，图中每个顶点对应一个逻辑门，即对应一个简单的布尔函数，例如，NOT、AND 和 OR。逻辑门的入边是其相应布尔函数的输入，如果入边的起点没有连接到一个逻辑门，则该入边为布尔电路的输入。逻辑门的出边是其相应布尔函数的输出，如果一个输出的终点不再连接到一个逻辑门，则称其为整个布尔电路的输出。一个布尔组合电路如图 11.6 所示。

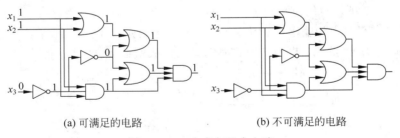

(a) 可满足的电路　　　　　　　　　　(b) 不可满足的电路

图 11.6　一个布尔组合电路

给定一个布尔组合电路，其输入为 $\langle x_1, x_2, x_3 \rangle$，是一组 0、1 赋值。具有一个输出的布尔组合电路是可满足的，指的是有一组可满足的赋值，使组合电路的输出为 1。

图 11.6 给出了电路可满足性问题的两个实例。图 11.6(a) 给出了一个可满足的电路，赋值 $x_1 = 1, x_2 = 1, x_3 = 0$，使电路的输出为 1。图 11.6(b) 给出了一个不可满足的电路，不管输入取何值，电路的输出总为 0，总是不可满足的。

电路可满足性（Circuit Satisfiablity，Circuit SAT）问题指的是，给定一个由逻辑门 AND、OR 和 NOT 构成的布尔组合电路 C，它是可满足的吗？从形式语言的角度，该问题可以定义为

$$CircuitSAT = \{C : C \text{ 是一个可满足的布尔组合电路}\}$$

引理 11.2 CircuitSAT 属于 NP。

证明：按照 NP 问题的定义，只要构造一个具有两个输入的多项式时间算法 A，该算法能在多项式时间内验证 CircuitSAT。算法 A 的一个输入是一个布尔组合电路，另一个输入是一个证书，对应布尔变元的一组赋值。

算法 A 可以构造为如下形式：对于电路中的每个逻辑门，检测逻辑门的输出是否是相应布尔函数输入值的函数值。如果整个电路的输出为 1，则算法 A 的输出为 1，这是因为输入值使得电路 C 可满足；否则输出为 0。显然，算法 A 是多项式时间求解算法。

无论什么时候，一个可满足的电路作为算法 A 的输入，会存在一个证书，它的长度是关于电路大小的多项式，该证书使算法 A 输出为 1。无论什么时候，一个不可满足的电路作为算法 A 的输入，则没有一个证书能"愚弄"算法 A，使算法 A 的输出为 1，即电路可满足。算法 A 是多项式时间算法，这样 CircuitSAT 能够在多项式时间内得到验证，因此 CircuitSAT 属于 NP。

要证明 CircuitSAT 是 NP 完全的，还需要证明 CircuitSAT 是 NP 难的。严格证明 CircuitSAT 是 NP 难的证明过程是非常复杂的，这里给出一个虽然不是很严格，但是容易理解的证明。

在证明之前，先介绍一些概念。前面提到，任何一种算法可以用简单的计算模型（如 RAM）实现。通常，计算模型由 CPU 和可寻址的存储单元组成。计算机程序作为一个指令的序列存储在存储单元中，一条指令包含要执行的运算、运算数在内存中的地址及结果存储的地址。除此之外，还有一个程序计数器用来跟踪下一条要执行的指令，并且使指令连续地执行。一条指令的执行如果有输出结果，则将该结果写到计数器中，更新计数器，使其指向下一条要执行的指令，该操作允许指令执行循环和条件分支运算。存储单元包括程序本身、程序计数器、输入、工作空间，这些都是程序进行计算所需要的，其中，工作空间包括临时计算所需要的寄存器等辅助设备，因此，计算的整个状态用存储单元确定。为了方便起见，把计算机存储单元的任何一个特别的状态称为一个格局，那么指令的执行可以看作映射一个格局到另一个格局。完成这种映射的计算机硬件能够实现为一个组合电路 M。下面给出电路可满足性问题是 NP 难的证明。

引理 11.3 CircuitSAT 是 NP 难的。

证明：令 L 是 NP 中的任何一个语言。下面将描述一种多项式时间归约算法 F 来计算归约函数 f。对于每个二进制字符串 x，f 能够将其映射到一个组合电路，即 $C = f(x)$，使 $x \in L$，当且仅当 $C \in CircuitSAT$。

因为 $L \in NP$，一定存在一种算法 A，能在多项式时间内验证 L。下面构造的算法 F 是一种具有两个输入的算法，能计算归约函数 f。

对于长度为 n 的输入串 x，令 $T(n)$ 表示算法 A 计算 x 的最坏情形的运行时间。这里算法 A 包括两个输入，分别是输入 x 及证书 y，且 $|y| = |x|^c$。并且满足 $T(n) = O(n^k)$，k 是一个常数。算法 A 的计算过程可以看作一个格局序列，从初始格局 c_0 出发，每个格局 c_i 被组合电路 M 映射到下一个格局 c_{i+1}。当算法 A 完成计算的时候，算法输出的 0 或 1 被写到工作带的某个指定的位置。由于算法 A 最多运行 $T(n)$ 步，因此，算法的输出出现在格局 $c_{T(n)}$ 的某个位置。整个算法 F 的过程如图 11.7 所示。

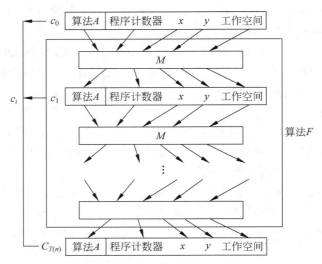

图 11.7 归约算法 F 的构造

归约算法 F 构造一个大的组合电路 C，从初始格局开始，计算所有的格局，其思路就是把 $T(n)$ 个组合电路 M 连接在一起，构成一个大的组合电路 C。第 i 个电路的输出 c_i 直接作为第 $i+1$ 个电路的输入。

现在来分析算法 F。给定一个输入 x，F 首先计算电路 $C=f(x)$，其中，C 是可满足的，当且仅当存在一个证书 y，使 $A(x,y)=1$。当 F 获得一个输入 x，它首先计算 $n=|x|$，然后构造一个组合电路 C。电路 C 的输入是一个初始格局，对应着计算 $A(x,y)$，输出为格局 $c_{T(n)}$ 上的某一位，对应着 A 的输出，其余中间的输出都不考虑。这样构造的电路 C，对任何长度为 $|x|^c$ 的证书 y，计算 $C(y)=A(x,y)$。对于给定的输入 x，归约算法 F 构造出这样的电路 C，然后输出它。

必须证明 F 正确地计算了归约函数 f，也就是说，必须证明 C 是可满足的，当且仅当存在一个证书 y，使 $A(x,y)=1$。事实上，假定存在一个长度为 $|x|^c$ 的证书 y，使 $A(x,y)=1$，则可以将 y 作为电路的输入，电路的输出为 $C(y)=A(x,y)=1$，因此，电路 C 是可满足的。反过来，假定电路 C 是可满足的，则存在一个输入 y，使 $C(y)=1$，因而可以推断出 $A(x,y)=1$。由此得证，算法 F 正确地计算了归约函数 f。

此外还必须证明算法 F 运行在多项式时间内。算法 A 本身的时间复杂度为 $T(n)=O(n^k)$，由于算法至多运行 $O(n^k)$ 步，其时间复杂度仍为多项式时间，工作空间的数量也是多项式大小。因此，需要表示一个格局的位数也是多项式大小。由于实现计算机硬件的组合电路 M 的大小是关于格局数的多项式，因此也是关于 n 的多项式。电路 C 最多由 $O(n^k)$ 个 M 组成，因而电路 C 的大小也是 n 的多项式。构造 C 的每一步需要多项式时间，因此，C 的构造能够由算法 F 在多项式时间内完成，由此可证算法 F 运行在多项式时间内。

综上所述，电路可满足性问题是 NP 难的。证毕。

根据 NP 完全问题的定义，由引理 11.2 和 11.3 可得如下定理。

定理 11.3 CircuitSAT 是 NP 完全的。

11.4 NPC 的证明

前面一节根据 NP 完全问题的定义,证明了电路可满足性问题是 NP 完全的。下面介绍一个非常有用的结论,该结论可以很方便地证明一个问题是 NP 完全的。

引理 11.4 如果 L 是一个语言,对某个语言 $L' \in$ NPC,使 $L' \leqslant_p L$,则 L 是 NP 难的。而且,如果有 $L \in$ NP,则 $L \in$ NPC。

证明: 因为 L' 是 NP 完全的,对任意的 $L'' \in$ NP,有 $L'' \leqslant_p L'$,按照假设有 $L' \leqslant_p L$,这样根据传递性,则有 $L'' \leqslant_p L$,这表明 L 是 NP 难的。如果 $L \in$ NP,则由 NP 完全的定义,可知 $L \in$ NPC,故所证成立。证毕。

换句话说,通过将一个已知的 NPC 归约到 L,简化了将 NP 中的每一个语言归约到 L 的证明过程,从而利用引理 11.4,得到证明一个语言属于 NP 完全的证明方法,具体流程如下。

(1) 证明 $L \in$ NP。

(2) 证明 L 是 NP 难的,其证明过程如下。

① 首先选择一个已知属于 NP 完全的语言 L'。

② 设计一种计算函数 f 的算法,能将 L' 的每个实例 $x \in \{0,1\}^*$ 映射到 L 的实例 $f(x)$。

③ 证明上述转换函数 f 满足:对任意的 $x \in \{0,1\}^*$,$x \in L'$,当且仅当有 $f(x) \in L$。

④ 证明计算函数 f 的算法是多项式时间算法。

下面根据上述证明思路,证明几个 NP 完全问题。

11.4.1 可满足性问题

布尔公式的可满足性(Satisfiability,SAT)问题是,给定一个布尔公式 φ,其构成如下。

(1) n 个布尔变元:$x_1, x_2, \cdots, x_n$。

(2) m 个布尔连接符:任何一个布尔连接符(或称布尔函数)连接一个或两个输入,具有一个输出。常见的布尔连接符有 $\land$、$\lor$、$\neg$、$\rightarrow$、$\leftrightarrow$。

(3) 括号。

下面可以很容易地编码一个布尔公式,使其长度为 $n+m$ 的多项式。类似于布尔组合电路,一个布尔公式的赋值是关于布尔变元的一组取值。一个可满足的赋值是一个真值赋值,该赋值使布尔公式的值为 1。如果一个公式具有可满足赋值,则称该公式是可满足的。可满足性问题指的是一个给定的布尔公式是否是可满足的? 其用形式语言可以描述为

$$\text{SAT} = \{\varphi: \text{公式 } \varphi \text{ 是可满足的}\}$$

则可满足性问题可以描述为:对于给定的 φ,φ 是否属于 SAT。

例如,给定布尔公式

$$\varphi = ((x_1 \rightarrow x_2) \lor \neg((\neg x_1 \leftrightarrow x_3) \lor x_4)) \land \neg x_2$$

赋值 $\langle x_1 = 0, x_2 = 0, x_3 = 1, x_4 = 1 \rangle$ 是一个可满足的赋值。因为

$$\varphi = ((0 \rightarrow 0) \lor \neg((\neg 0 \leftrightarrow 1) \lor 1)) \land \neg 0 = (1 \lor \neg(1 \lor 1)) \land 1 = 1$$

所以上述公式 $\varphi \in$ SAT。

定理 11.4 SAT 是 NP 完全的。

证明：首先证明 SAT∈NP。对于一个布尔公式 φ 及它的一个可满足赋值构成的证书 y，算法 A 只要将公式 φ 中的变元用其赋值代替，然后计算公式 φ 的值。这个过程显然能够在多项式时间内完成，如果 $\varphi=1$，则 φ 是可满足的，因此 SAT∈NP。

然后证明 SAT 是 NP 难的。对于已知的 NP 完全问题 CircuitSAT，如果能够证明 CircuitSAT$\leqslant_P$SAT，则问题得证。下面先证明 CircuitSAT 的任意一个实例能够在多项式时间内归约到可满足性问题的一个实例。按照下列方式进行归约：对于组合电路 C 的每个输入 x_i，布尔公式 φ 有对应的变元 x_i。电路中一个逻辑门能够表达为一个公式，该公式由逻辑门的输入和输出决定，例如，输出为 AND 逻辑门，能够表达成公式 $x_{10} \leftrightarrow (x_7 \wedge x_8 \wedge x_9)$，如图 11.8 所示。

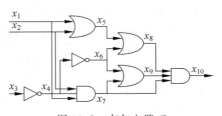

图 11.8　布尔电路 C

对于图 11.8 所示的布尔电路 C，其对应的布尔公式为

$$\varphi = x_{10} \wedge (x_4 \leftrightarrow \neg x_3)$$
$$\wedge (x_5 \leftrightarrow (x_1 \vee x_2))$$
$$\wedge (x_6 \leftrightarrow \neg x_4)$$
$$\wedge (x_7 \leftrightarrow (x_1 \wedge x_2 \wedge x_4))$$
$$\wedge (x_8 \leftrightarrow (x_5 \vee x_6))$$
$$\wedge (x_9 \leftrightarrow (x_6 \vee x_7))$$
$$\wedge (x_{10} \leftrightarrow (x_7 \wedge x_8 \wedge x_9))$$

上述转换能够在多项式时间内完成。由此可见，任意给定一个布尔电路 C，能够在多项式时间内将其归约为布尔公式 φ。这样如果 C 有一个可满足的赋值，电路的每条输入线有一个确定的值，电路的输出为 1。因此，每条输入线的赋值对应布尔公式的一个赋值，使公式中每个子句的值为 1，所有子句的合取仍然为 1。反过来，如果有一组赋值使布尔公式 φ 取值为 1，则类似可证明电路 C 是可满足的。由此证明了 SAT 是 NP 难的。综上所述，SAT 是 NP 完全的。证毕。

定理 11.4 就是著名的 Cook-Levin 定理，简称 Cook 定理。本书是从证明 CircuitSAT 属于 NP 完全开始的，这是因为 CircuitSAT 的证明比较容易理解，而直接证明 SAT 属于 NP 完全则要复杂些，但是，这两种证明思路是一样的。事实上，SAT 才是第一个被证明的 NP 完全问题。

Cook 定理开启了计算复杂性中 NP 完全理论的研究。在此基础上，关于 NP 完全问题的研究成为过去几十年来计算机科学最活跃和重要的研究领域之一。Stephen A. Cook 因其在计算复杂性领域的开创性贡献而获得 1982 年的图灵奖。

11.4.2 3-CNF 可满足性问题

事实上布尔公式的可满足性问题是第一个被证明的 NP 完全问题,而且非常经典,这是因为许多 NP 完全问题都是从布尔公式的可满足性问题出发而得到证明的。下面证明 3-CNF 可满足性问题也是 NP 完全的。

为定义 3-CNF 可满足性问题,下面先给出一些术语。布尔公式中的一个文字是布尔变元 x_i 或者其非 $\neg x_i$ 的一个出现。如果一个布尔公式是一些析取子句的合取,而且析取子句是一个文字或者多个文字的析取,则该公式称为合取范式(Conjunctive Normal Form,CNF)。如果 CNF 中的子句都精确地有 3 个不同的文字,则该公式称为 3-CNF。

例如,布尔公式 $(x_1 \lor \neg x_1 \lor \neg x_2) \land (x_3 \lor x_2 \lor x_4) \land (\neg x_1 \lor \neg x_3 \lor \neg x_4)$ 是 3-CNF,其中,每个子句含有 3 个不同的文字。

从形式语言的角度定义 3-CNF 可满足性问题为

$$3\text{-CNF-SAT} = \{\varphi: 3\text{-CNF 公式 } \varphi \text{ 是可满足的}\}$$

那么,3-CNF-SAT 问题就是给定一个 3-CNF 公式,判断该公式是否是可满足的。

定理 11.5 3-CNF-SAT 是 NP 完全的。

证明:类似于定理 11.4 的证明,能够证明 3-CNF-SAT 属于 NP。下面只需证明 SAT $\leqslant_P$ 3-CNF-SAT,为此,需要设计一种归约算法,该算法由以下 3 个步骤组成。

步骤 1:对于任意给定的输入公式 φ,构造一棵二叉树,文字作为叶子,连接符作为内部节点,对每个连接符引入一个新变元 y,作为连接符的输出。图 11.9 给出了由公式 $\varphi = ((x_1 \rightarrow x_2) \lor \neg((\neg x_1 \leftrightarrow x_3) \lor x_4)) \land \neg x_2$ 构造出的一棵二叉树。

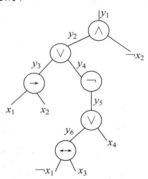

图 11.9 由公式 φ 构造出的二叉树

这棵二叉树现在能够看作一个计算函数值的组合电路。类似于定理 11.4 的证明,把原始的布尔公式写成根变元和子句的合取,即

$$\varphi' = y_1 \land (y_1 \leftrightarrow (y_2 \land \neg x_2))$$
$$\land (y_2 \leftrightarrow (y_3 \lor y_4))$$
$$\land (y_3 \leftrightarrow (x_1 \rightarrow x_2))$$
$$\land (y_4 \leftrightarrow \neg y_5)$$
$$\land (y_5 \leftrightarrow (y_6 \lor x_4))$$
$$\land (y_6 \leftrightarrow (\neg x_1 \leftrightarrow x_3))$$

上述公式 φ' 是子句 φ_i' 的合取,每个子句 φ_i' 最多有 3 个文字。

步骤 2:将上述公式 φ' 转换为合取范式。对每个子句 φ_i',可以构造真值表。真值表的每一行是子句 φ_i' 的变元的一组可能的赋值,以及在这个赋值下,子句 φ_i' 的值。对真值表中子句 φ_i' 的值为 0 的赋值,可以建立一个析取范式(DNF),该范式是合取子句的析取,合取子句为文字的合取,等价于 $\neg \varphi_i'$。通过 DeMorgan 定律(对所有文字取反,然后将 $\lor$ 变成 $\land$,将

∧变成∨)，可以得到一个 CNF。下面给出一个子句的转化例子。对公式 φ' 的一个子句 $(y_1 \leftrightarrow (y_2 \wedge \neg x_2))$，其转化如下。

首先对该子句构造真值表，见表 11.1。

表 11.1 真值表

y_1	y_2	x_2	$(y_1 \leftrightarrow (y_2 \wedge \neg x_2))$
1	1	1	0
1	1	0	1
1	0	1	0
1	0	0	0
0	0	1	1
0	1	0	0
0	0	1	1
0	0	0	1

由真值表可以得到 DNF 公式，即
$$(y_1 \wedge y_2 \wedge x_2) \vee (y_1 \wedge \neg y_2 \wedge x_2) \vee (y_1 \wedge \neg y_2 \wedge \neg x_2) \vee (\neg y_1 \wedge y_2 \wedge \neg x_2)$$
应用 DeMorgan 定律，得到 CNF 公式为
$$\varphi_i'' = (\neg y_1 \vee \neg y_2 \vee \neg x_2) \wedge (\neg y_1 \vee y_2 \vee \neg x_2)$$
$$\wedge (\neg y_1 \vee y_2 \vee x_2) \wedge (y_1 \vee \neg y_2 \vee x_2)$$
该式等价于子句 $(y_1 \leftrightarrow (y_2 \wedge \neg x_2))$。

公式 φ' 中的子句 φ_i' 都可以类似地转化为 CNF 公式 φ_i''，且 φ_i'' 中最多含有 3 个文字。令 φ'' 为上述 φ_i'' 的合取，从而公式 φ' 等价于 CNF 公式 φ''。

步骤 3：进一步转化公式 φ''，使 φ'' 中的每个子句精确地含有 3 个不同的文字。为了完成这一步，引入两个辅助变元 p 和 q。对公式 φ'' 的子句 φ_i'' 进行转化，可构造出公式 φ_i'''：

(1) 如果 φ_i'' 有 3 个不同的文字，则只需要将 φ_i'' 加入 φ''' 的公式 φ_i'''。

(2) 如果 φ_i'' 有 2 个不同的文字，即 $\varphi_i'' = l_1 \vee l_2$，则只需要将子句 $(l_1 \vee l_2 \vee p) \wedge (l_1 \vee l_2 \vee \neg p)$ 加入 φ''' 的公式 φ_i'''。

(3) 如果 φ_i'' 仅有 1 个文字 l，则只需要将子句
$$(l \vee p \vee q) \wedge (l \vee p \vee \neg q) \wedge (l \vee \neg p \vee q) \wedge (l \vee \neg p \vee \neg q)$$
加入 φ''' 的公式 φ_i'''。

事实上，可以验证步骤 2 和步骤 3 中，原子句与新生成的公式是等价的。即子句 φ_i' 与生成的公式 φ_i'' 等价，φ_i'' 与 φ_i''' 等价。可以看出，通过仔细验证归约算法的 3 个步骤，可以得到 3-CNF 公式 φ''' 是可满足的，当且仅当 φ 是可满足的。事实上，上述每个步骤都是等价的。

下面证明上述归约算法能够在多项式时间内完成归约。事实上，步骤 1 从 φ 构造出 φ'，对公式 φ 中的连接符，至多多出一个变元和一个子句。由于 φ' 的每个子句至多 3 个变元，真值表至多为 8 行，因而从 φ' 构造出 φ'' 至多多出 8 个子句。从 φ'' 构造出 φ'''，至多多出 4 个子句。因此，公式 φ''' 的规模是原始公式 φ 编码长度的多项式，而且每个构造能很容易地在多项式时间内完成。故所证成立。证毕。

11.4.3　团问题

令 V' 为无向图 $G=(V,E)$ 顶点 V 的子集，当且仅当对于 V' 中的任意顶点 u 和 v，(u,v) 是图 $G=(V,E)$ 的一条边时，V' 定义了一个完全子图。一个团就是图 G 的一个完全子图。一个团的大小就是该团所含顶点的数目。

以最优化形式描述的团（Clique）问题：给定一个无向图 $G=(V,E)$，在图 $G=(V,E)$ 中找一个团，使其所含的顶点数最多。

以判定形式描述的团问题为：给定一个无向图 $G=(V,E)$ 和一个正整数 k，判定图 G 是否包含一个大小为 k 的团，即是否存在 V 的子集 V'，使对任意 $u\in V'$，$v\in V'$，有 $(u,v)\in E$ 且 $|V'|=k$。从形式语言的角度，团问题可以定义为

$$\text{Clique}=\{\langle G,k\rangle:\text{图 } G \text{ 有大小为 } k \text{ 的团}\}$$

Richard Karp 在看了 Cook 的论文之后，找到了一种方法，可以把 SAT 问题归约到团问题。由于 Cook 证明了 SAT 问题是 NPC 问题，而 Karp 得到的结果是，SAT 问题不会比团问题更难，至少它们具有一样的难度。下面介绍 Karp 的证明方法。

定理 11.6　Clique 是 NP 完全的。

证明：首先证明 Clique$\in$NP。对于给定的一个无向图 $G=(V,E)$ 和一个正整数 k，用团的顶点集 $V'\subseteq V$ 作为证书。要检查 V' 是否是 G 的一个大小为 k 的团，只需要检查 V' 中任意两个顶点 u 和 v，(u,v) 是否属于 E。这个过程显然可以在多项式时间内完成，因此，Clique$\in$NP。

首先利用 3-CNF-SAT$\leqslant_P$Clique 证明 Clique 是 NP 难的。下面构造归约算法。

对于 3-CNF-SAT 的任意一个实例 $\varphi=C_1\wedge C_2\wedge\cdots\wedge C_k$，子句 $C_r(1\leqslant r\leqslant k)$ 精确地有 3 个不同的文字 l_1^r、l_2^r 和 l_3^r。下面构造一个图 G，使 φ 是可满足的，当且仅当 G 有大小为 k 的团。图 G 可以构造为：对每个子句 $C_r=(l_1^r\vee l_2^r\vee l_3^r)$，将 l_1^r、l_2^r 和 l_3^r 看作图 G 中的 3 个顶点，对于两个顶点 l_i^r 和 l_j^s，如果下列两个条件成立，则在图 G 中，将顶点 l_i^r 和 l_j^s 用一条边连接起来。

（1）l_i^r 和 l_j^s 属于不同的子句，即 $r\neq s$。

（2）文字 l_i^r 不是 l_j^s 的非。

那么，这个图可以在多项式时间内构造出来。下面通过一个例子进行说明。

给定 3-CNF 公式 $\varphi=(x_1\vee\neg x_2\vee\neg x_3)\wedge(\neg x_1\vee x_2\vee x_3)\wedge(x_1\vee x_2\vee x_3)$，例如，子句 C_1 中，文字 x_1 可与子句 C_2 中的 x_2 和 x_3 用边相连。还可与子句 C_3 中的文字 x_1、x_2 和 x_3 用边相连。按照上述办法，构造出的图如图 11.10 所示。公式 φ 的一个可满足的赋值为 $x_2=0$，$x_3=1$，x_1 的值是 1 或者 0 均可。赋值 $x_2=0$ 使子句 $(x_1\vee\neg x_2\vee\neg x_3)$ 可满足，赋值 $x_3=1$ 使子句 $(\neg x_1\vee x_2\vee x_3)$ 和 $(x_1\vee x_2\vee x_3)$ 可满足。对应一个团集 $\{\neg x_2,x_3,x_3\}$，大小为 3，如图 11.10 中灰色顶点所示。

现在证明，φ 是可满足的，当且仅当 G 有大小为 k 的团。

假定 φ 是可满足的，即公式 φ 存在一个可满足的赋值，则每个子句 C_r 中，至少有一个文字 l_i^r，其值为 1，这样的文字对应图 G 中的顶点 l_i^r。从每个子句中选择一个赋值为 1 的

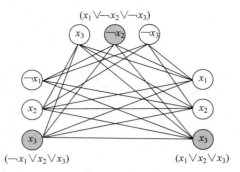

$$(x_1 \vee \neg x_2 \vee \neg x_3)$$

$$(\neg x_1 \vee x_2 \vee x_3)$$ $$(x_1 \vee x_2 \vee x_3)$$

图 11.10　团的构造

文字,就构造了一个大小为 k 的顶点集合 V',现在证明该集合 V' 是一个团。事实上,对 V' 中的任意两个顶点 l_i^r 和 $l_j^s(r \neq s)$,由于其对应文字的赋值为 1,文字 l_i^r 不是文字 l_j^s 的非,因此,按照图的构造,$(l_i^r, l_j^s) \in E$,可知集合 V' 是一个团。

反过来,假定集合 V' 是一个大小为 k 的团,按照图的构造,同一个子句里的文字,其对应的顶点在图中是没有连接的,因此,V' 中的任意两个顶点对应的文字不属于同一个子句,即每个子句有一个文字,其相应的顶点属于 V'。因此,只要对团中的顶点对应的文字取值为 1,便可以使每个子句可满足的。故所证成立。证毕。

3-CNF-SAT 和 Clique,它们之间好像没有什么关系,但是只要认真思考,就会发现它们之间存在着紧密的联系,从而能够方便地将 3-CNF-SAT 归约到 Clique,从而证明 Clique 是 NP 完全的。

11.4.4　顶点覆盖问题

给定一个无向图 $G = (V, E)$,寻找 V 的一个最小子集 V',使得如果 $(u, v) \in E$,则有 $u \in V'$,或者 $v \in V'$(或者 u, v 均属于 V')。顶点覆盖 V' 的大小 $|V'|$,即为它包含的顶点个数。

顶点覆盖(Vertex Cover)问题的判定问题可以描述为:

给定一个无向图 $G = (V, E)$ 和一个整数 k,是否存在一个子集 V',使得如果 $(u, v) \in E$,则有 $u \in V'$,或者 $v \in V'$(或者 u, v 全部属于 V'),且其大小为 k。

从形式语言的角度,顶点覆盖问题可定义为

$$\text{VertexCover} = \{\langle G, k \rangle : \text{图 } G \text{ 有一个大小为 } k \text{ 的顶点覆盖}\}$$

在证明 VertexCover 属于 NP 完全之前,先给出补图的一些概念。

对于任意图 $G = (V, E)$,它的补图(Complement)$\overline{G} = (V, \overline{E})$ 是有同样顶点集的图,当且仅当 (u, v) 不是 G 的一条边时,它是 $\overline{G}$ 的一条边,即 $\overline{E} = \{(u, v) : u, v \in V \text{ 且 } (u, v) \notin E\}$。图 11.11 给出了一个图及其补图的例子。

定理 11.7　VertexCover 是 NP 完全的。

证明:首先证明 VertexCover $\in$ NP。假设给定一个无向图 $G = (V, E)$ 及一个整数 k,选择的证书是一个顶点覆盖 $V' \subseteq V$,要验证算法,只需要先确认 $|V'| = k$,然后对每条边 $(u, v) \in E$,检查是否有 $u \in V'$,或者 $v \in V'$。显然验证可在多项式时间内完成,故 VertexCover $\in$ NP。

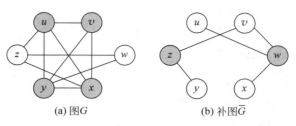

| (a) 图G | (b) 补图$\overline{G}$ |

图 11.11　图及其补图

其次,通过将 Clique$\leqslant_p$ VertexCover 证明 VertexCover 是 NP 难的。归约算法主要基于补图的概念。对于团问题的任意一个实例$\langle G,k \rangle$,很容易在多项式时间内构造出相应的补图$\overline{G}$,从而可以得到顶点覆盖问题的一个实例$\langle \overline{G},|V|-k \rangle$。下面只需证明图 G 有一个大小为k 的团,当且仅当图 $\overline{G}$ 有一个大小为$|V|-k$ 的顶点覆盖。例如,图 11.11(a),团集$V'=\{u,v,x,y\}$,其大小为 4,图 11.11(b)为图 G 的补图,其顶点覆盖为$\{w,z\}$,其大小为$6-4=2$。

假定 G 有一个团 $V'\subseteq V$ 且其大小为k。首先证明 $V-V'$ 是图$\overline{G}$ 的顶点覆盖。任给$(u,v)\in\overline{E}$,则$(u,v)\notin E$,由于 V' 中任意一对顶点是相连的,因而 u 或者 v 至少有一个顶点不在 V' 中,否则与$(u,v)\in\overline{E}$ 矛盾。也就是说,u 或者 v 至少有一个顶点在$V-V'$ 中,因此,边(u,v) 被集合 $V-V'$ 覆盖,从而 $\overline{E}$ 中任一条边被 $V-V'$ 覆盖。由此可知,$V-V'$ 是图$\overline{G}=(V,\overline{E})$ 的一个顶点覆盖,且其大小为$|V|-k$。

反过来,假定图 $\overline{G}=(V,\overline{E})$ 有一个顶点覆盖 V',且其大小为$|V|-k$。对任意的 $u\in V$,$v\in V$,如果$(u,v)\in\overline{E}$,则 $u\in V'$,或者 $v\in V'$ 或者均属于 V'。等价地,对任意的 $u\in V$,$v\in V$,如果 $u\notin V'$ 且 $v\notin V'$,则$(u,v)\in E$,这意味着 $V-V'$ 构成图 G 的一个完全子图,其大小为$|V|-|V'|=k$。故 VertexCover 是 NP 难的。

综上所述,故所证成立。证毕。

11.5　其他 NP 完全问题

1972 年,Karp 在他的论文 *Reducibility Among Combinatorial Problems* 中,提出了 21 个 NPC 问题。目前为止,研究人员已经找到了大约 4000 个 NP 完全问题,下面只介绍几个经典的 NP 完全问题。

图着色(Graph Coloring)问题,其最优化问题可以描述为:给定一个无向图 $G=(V,E)$,对图 G 中的每个顶点着色,使相邻的两个顶点有不同的颜色,求最小的颜色数。相应的判定问题(GraphColoring)可以描述为:给定一个无向图 $G=(V,E)$ 及一个正整数 m,能否用 m 种颜色对顶点进行着色,使相邻的两个顶点有不同的颜色。

集合覆盖(Set Cover)问题,其最优化问题的可以描述为:给定一个有限集合 X,F 为 X 的子集的集合且子集 F 覆盖了 X 的元素,即 $X=\bigcup_{S\in F}S$。那么,集合覆盖问题就是找出含 X 的子集个数最少的子集 $C\subseteq F$,使 C 覆盖了 X 中的所有元素。其判定问题(Set Cover)可以描述为:给定一个有限集合 X,F 为 X 的子集的集合,以及一个正整数 k,能否找到大小为 k 的集合 C,使 C 覆盖了 X 中的所有元素。

子集和（Subset Sum）问题，其最优化问题可以描述为：任给一个正整数的集合 $S = \{x_1, x_2, \cdots, x_n\}$，以及一个正整数 t。子集和问题是要找到 S 的一个子集 S_1，使其和不超过 t，又尽可能地接近 t。该问题的判定问题（SubsetSum）可以描述为：是否存在 S 的一个子集 S_1，使 $\sum\limits_{x \in S_1} x = t$。

0/1 背包问题，其最优化问题可以描述为：给定一个物品集合 $s = \{1, 2, \cdots, n\}$，物品 i 具有重量 w_i 和价值 v_i。背包能承受的最大载重量不超过 W。问题就是找到一个物品子集 $s' \subseteq s$，在不超过背包载重量的条件下，使 $\sum\limits_{i \in s'} v_i$ 最大。其相应的判定问题（Knapsack）可以描述为给定一个物品集合 $s = \{1, 2, \cdots, n\}$，以及一个整数 k，在不超过背包载重量的条件下，能否找到一个子集 $s' \subseteq s$，使 $\sum\limits_{i \in s'} v_i \geqslant k$。

旅行商问题（Traveling Salesman Problem，TSP），其最优化问题可描述为：给定一个无向带权完全图 $G = (V, E)$，其每一边 $(u, v) \in E$ 有一非负整数权值（或代价）$w(u, v)$，其目的是要找出 G 中的一条经过每个顶点一次且仅一次的回路，使回路的总权值最小。相应的判定问题可以描述为：给定一个无向带权完全图 $G = (V, E)$ 和一个整数 k，是否存在一个总权值至多为 k 的汉密尔顿回路。

划分问题（Partition）可以描述为给定一个物品的集合 $S = \{s_1, s_2, \cdots, s_i, \cdots, s_n\}$，其中 s_i 为正整数，问题是 S 能否划分为大小相等的两部分，即是否有一个划分 $S = \{A, B\}$，使 $\sum\limits_{s_i \in A} s_i = \sum\limits_{s_i \in B} s_i$。

装箱（Bin Packing）问题，其最优化问题可以描述为：给定 n 个物品的集合 $S = \{s_1, s_2, \cdots, s_i, \cdots, s_n\}$，要将这些物品装入载重量为 W 的箱子中，在不超过箱子载重量的条件下，如何装载，使所用的箱子数最小？其判定问题（Bin Packing）可以描述为：给定 n 个物品的集合 $S = \{s_1, s_2, \cdots, s_i, \cdots, s_n\}$ 及 k 个箱子，每个箱子的载重量为 W，能否将 n 个物品装入 k 个箱子中？

零件切割（Strip Packing）问题，其最优化问题可以描述为：给定一块宽度为 W 的矩形板，矩形板的高度不受限制。现需要从板上分别切割出 n 个高度为 h_i，宽度为 w_i 的矩形零件，其中，W、h_i、w_i 均为正整数。在保证切割的零件互不重叠及零件的高度方向与矩形板的高度方向保持一致的约束条件下，如何切割，使所使用的矩形板的高度 h 最小。其相应的判定问题可以描述为给定一块宽度为 W 的矩形板，n 个高度为 h_i，宽度为 w_i 的矩形零件，以及一个正整数 k，求高度为 k 的矩形板能否切割出所需求的零件。

调度问题包括各种类型的调度问题，例如，相同机器的调度问题、流水作业调度问题、作业车间调度问题等。下面只介绍相同机器的调度问题，其最优化问题可以描述为：给定 n 个任务的集合 $J_1, J_2, \cdots, J_n$ 和 m 台机器 $M_1, M_2, \cdots, M_m$。对于每个任务 J_i，其处理时间为 $t_i > 0$，必须由一台机器不间断地处理，且每台机器在一个时间段里最多处理一个任务。并行机器调度问题就是如何将任务分配给机器，使处理完所有任务的完成时间（makespan）最短。其判定问题（Parallel Scheduling）可以描述为给定 n 个任务的集合 $J_1, J_2, \cdots, J_n$ 和 m 台机器 $M_1, M_2, \cdots, M_m$，以及一个整数 k，是否存在一个调度，其 makespan 最多为 k。

上述介绍的判定问题均是 NP 完全问题，可以利用归约算法将一个已知的 NPC 问题归约到待证的问题对它们进行证明。详细的证明过程留给有兴趣的读者去完成,这里只给出将哪一个已知的 NP 完全问题归约到待证明的问题,如图 11.12 所示。从图 11.12 可以知道,当利用构造法证明了 CircuitSAT 属于 NPC 后,通过将 CircuitSAT$\leqslant_P$ SAT,可证明 SAT 属于 NPC;将 SAT $\leqslant_P$ 3-CNF-SAT,可证明 3-CNF-SAT 属于 NPC,将 3-CNF-SAT $\leqslant_P$ Clique,可证明 Clique 属于 NPC;将 Clique$\leqslant_P$ VertexCover,可证明 VertexCover 属于 NPC。类似的,可证明 SubsetSum、GraphColoring、Partition、BinPacking、StripPacking、ParallelScheduling、HamCycle 及 TSP 属于 NPC,其中,Partition 和 BinPacking 的证明见习题。其他类型的调度问题,例如流水车间调度问题及作业车间调度问题,都可以从 Partition 归约过来,从而得到证明。

当然归约算法采用的技术各不相同,而且问题之间可以相互归约,例如,除了 Clique$\leqslant_P$ VertexCover,利用 3-CNF-SAT$\leqslant_P$ VertexCover 同样可以证明 VertexCover 属于 NPC。目前,利用问题之间的相互归约已经证明了大量的 NP 完全问题。在此就不再详细叙述,有兴趣的读者可参考文献[6,14]。

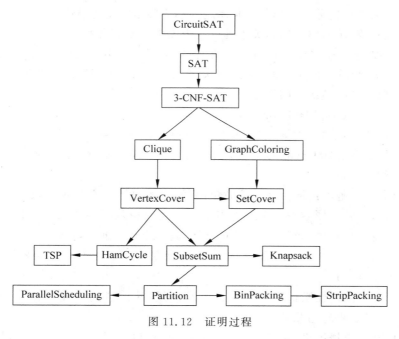

图 11.12 证明过程

11.6 小结

本章内容主要取材于文献[2],介绍了最优化问题和判定问题的概念、P、NP、NPC 的定义、Cook 定理的证明,以及如何证明一个问题是 NPC 问题。证明一个问题是 NPC 问题的方法很多,详细地可以参考文献[6,14]。关于计算复杂性的最新结果、随机复杂性类及概率可验证明,读者可以参考文献[15]。了解一个问题是否是 NPC 问题,非常重要,它使我们认识到,设计 NPC 问题的多项式时间有效求解算法,至少在目前是不可行的,从而转向其近似求解,以满足实际问题的需要。关于 NPC 问题近似算法的设计,请读者参考文献[1,14],这里就不再介绍了。

习题

11-1　0/1 背包问题的动态规划算法是否是一种多项式时间算法？

11-2　定义最优化问题 LongPathLenght 为：给定一个无向图及两个顶点，求这两个顶点间的最长简单路径所包含的边数。定义判定问题 LongestPath＝$\{\langle G,u,v,k\rangle: G=(V,E)$ 是一个无向图，$u,v\in V,k\geqslant 0$ 是一个整数，G 中从 u 到 v 存在一条长度至少为 k 的简单路径$\}$。证明最优化问题 LongPathLenght 可以在多项式时间内解决，当且仅当 LongestPath 能够在多项式时间内解决。

11-3　假设 TSP 判定问题的求解算法是多项式时间算法，试设计一种算法，求出旅行商问题最短回路的权值。

11-4　给定一个无向图，最长简单回路问题是寻找图中最长的简单回路（其中没有重复出现的顶点）。为该问题分别给出最优化问题和相应判定问题的描述，并给出与该判定问题对应的语言。最长简单回路问题是关于确定一个图中长度最大的一条简单回路的问题。

11-5　证明对于一个多项式时间的算法，当它调用一个多项式时间的子程序的次数至多为常数次时，该算法仍然是多项式时间算法，但是，当调用子程序的次数为多项式次时，该算法就可能变成一个指数级时间算法。

11-6　考虑语言 GraphIsOmorphism＝$\{\langle G_1,G_2\rangle: G_1$ 和 G_2 是同构图$\}$，描述一种可以在多项式时间内验证该语言的算法，以证明 GraphIsOmorphism∈NP。

11-7　证明如果 HamCycle∈P，则按顺序列出一个汉密尔顿回路中各个顶点的问题是多项式时间可解的。

11-8　图中的汉密尔顿路径是一条简单路径，它经过图中每个顶点仅一次。假设语言 HamPath＝$\{\langle G,u,v\rangle:$ 图 G 中存在一条从 u 到 v 的汉密尔顿路径$\}$，证明 HamPath∈NP。

11-9　试解释说明停机问题不是 NPC 问题，是一个 NP 难问题。

11-10　证明 $\propto_P$ 关系是语言上的一种传递关系，即证明：如果有 $L_1\leqslant_P L_2$，且 $L_2\leqslant_P L_3$，则有 $L_1\leqslant_P L_3$。

11-11　证明可满足性赋值可以当作证书来使用，从而得到引理 11.2 的另一种证明。哪一个证书可以使证明更容易些？

11-12　Jagger 教授提出，在定理 11.5 的证明中，可以通过仅利用真值表技术，无须其他步骤就能证明 SAT$\leqslant_P$3-CNF-SAT。具体策略为：取布尔公式 φ，形成有关变元的真值表，根据该真值表导出一个 3-DNF 形式的、等价于 $\neg\varphi$ 的公式，再对其取反，并运用 DeMorgan 定律，从而可以得到一个等价于 φ 的 3-CNF 公式。证明该策略不能产生多项式时间归约。

11-13　证明确定析取范式形式的布尔公式的可满足性问题是多项式时间可解的。

11-14　假设有一个判定公式可满足性的多项式时间算法。试说明如何利用该算法在多项式时间内找出可满足性赋值。

11-15　假设 2-CNF-SAT 为 CNF 形式的、每个子句中恰有两个文字的可满足公式的集合。证明 2-CNF-SAT∈P。要求所给出算法的效率应尽可能地高。（提示：注意 $x\vee y$

等价于 ¬x→y。将 2-CNF-SAT 归约为一个在有向图上能有效可解的问题。)

11-16　已知一个 $m \times n$ 整数矩阵 $\mathbf{A}$ 和一个 m 维整数向量 b，0/1 整数规划问题是：是否存在其元素属于集合 $\{0,1\}$ 的一个 n 维整数向量使得 $ax \leqslant b$。证明 0/1 整数规划问题是 NP 完全的。(提示：归约到 3-CNF-SAT。)

11-17　证明 Partition $\in$ NPC。

11-18　证明 BinPacking $\in$ NPC。

11-19　证明 ParallelScheduling $\in$ NPC。

11-20　对于子集和问题，证明如果目标值 t 表示成一元形式，那么子集和问题就是多项式时间可求解的问题。

11-21　证明习题 11-4 给出的最长简单回路问题是 NP 完全的。

第12章

回 溯 算 法

当处理实际问题时,我们都要面临很多决策。但是,通常没有足够多的信息帮助我们做出好的决策。当做出一个决策后,又要面临许多新决策。经过一系列的决策后,才有可能得到问题的解。对于这样的问题,当无法利用前面介绍的算法进行求解时,一个好的解决方法就是利用回溯算法(Backtracking Algorithm)。

12.1 算法思想

在详细介绍回溯算法之前,先介绍树的概念。我们知道,树由一系列的节点构成,本书对节点在树中的角色给予不同的名称,如图 12.1 所示。在图 12.1 中,椭圆形表示根节点,浅灰色的圆圈表示内部节点,深灰色的圆圈表示叶子节点。有了树的概念后,我们就可以方便地用树描述回溯算法了。树的每个节点有若干个分支,这些分支可以看作面临的许多选择。从一个节点沿着某个分支进入下一个节点,表示在做了一个决策后,到达一个新节点,即将又面临许多选择。重复上述过程,一直到达叶子节点。因此,回溯算法可以看作是从根节点出发,经过一系列的节点,到达一个个叶子节点。从根节点到达某个叶子节点的路径可以看作问题的一个解,而叶子可以看作搜索的目标,回溯算法就是搜索出所有的叶子节点,然后选择一个满足要求的叶子节点。

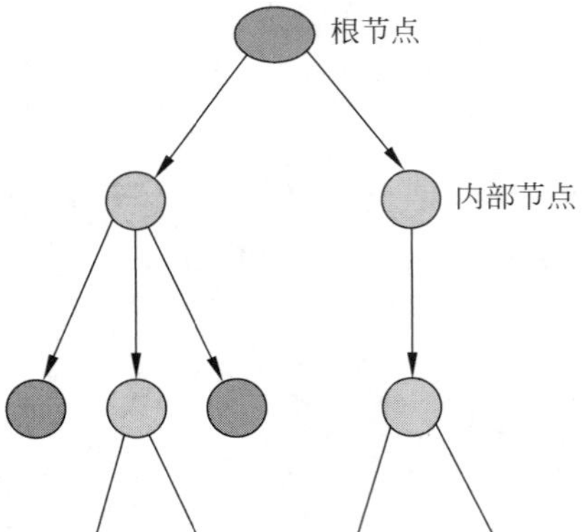

回溯算法是一种简单而非常强大的求解问题的方法,系统地在所有可能的选择中搜索问题的一个最优解。如果把做的决策序列用一个向量$(x_1, x_2, \cdots, x_i, \cdots, x_n)$表示,那么回溯算法就是以深度优先的方式逐步确定 x_i 的值,直到找到问题的解为止。回溯算法尝试不同的决策序列,直到找到一个决策序列,满足问题的目标为止。回溯算法通过枚举所有的决策序列保证解的正确性,当然,决策序列的数量,即解的多少极大地影响回溯算法的效率。

为了获得问题的解$(x_1, x_2, \cdots, x_i, \cdots, x_n)$,我们从 x_1 出发,逐步扩展部分解$(x_1, x_2, \cdots, x_i)$,通过尝试解元素 x_{i+1} 的一个值,测试扩展出的$(x_1, x_2, \cdots,$

图 12.1 树的构成

x_i,x_{i+1})是否还是一个部分解,如果是,则继续往下搜索;如果不是,则尝试 x_{i+1} 的其他值。依此类推,直到找到问题的一个解为止。一般地,用回溯算法求解问题的过程如下。

（1）定义问题的解空间,这个解空间必须至少包含问题的一个最优解。

令 S_i 表示解元素 x_i 的取值范围,则问题的解空间为 $S_1 \times \cdots S_i \times \cdots \times S_n$。这个解空间通常很大,因此,搜索一个目标解的计算量常常是无法想象的。为了提高回溯算法的效率,必须有效地组织解空间。

（2）组织解空间,以便更容易地搜索问题的解。典型的解空间组织方式是一棵树或一个图。

（3）用深度优先的方式搜索问题的解,并用剪枝函数避免搜索一个无解的子空间。

下面分析回溯算法中涉及的一些关键概念。

先介绍解空间的概念。在任何时候,问题的解包括做的一系列决策,如果把决策序列用图画出来,那么这个图就像一棵树。前面已经介绍了树能够很好地描述回溯算法的求解过程,因此,把问题的解空间组织成一棵树,把树的叶子当作问题的一个目标,可以很方便地进行回溯搜索。这棵树,也常称为解空间树。值得注意的是,问题的解空间树是虚拟的,不需要在算法执行时构造一棵真正的解空间树。由于回溯算法在求解时,存在退回到祖先节点的过程,因此需要保存搜索过的节点,这时,一般采用栈和递归的方法处理。采用递归思想实现的回溯算法,在递归调用中隐含着参数的自动回退和恢复,下面主要介绍这种回溯算法。

有时需要求解的问题是要从一个集合的所有子集中搜索一个集合,作为问题的解;有时又是从一个集合的排列中搜索一个排列,作为问题的解。回溯算法可以很方便地遍历一个集合的所有子集或所有的排列。当问题是需要求 n 个元素的子集,以便达到某种优化目标时,可以把这个解空间组织成一棵子集树。一个包含 n 个元素的集合有多少个子集? 如果每个 S_i 的大小为 k,对每个 $x_i \in S_i$,假设 x_i 有 k 个取值,则有 k^n 个子集。当 n 很大时,解空间是非常大的。子集树的结构如图 12.2 所示,其中,解元素 x_i 的值对应第 $i-1$ 层节点的一个分支。

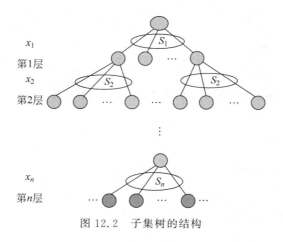

图 12.2 子集树的结构

对于子集树,回溯算法 Backtrack(i)的伪代码如下。

```
Backtrack(i)
```

```
1    if i > n then Update(x)
2    else
3        for each a ∈ S_i do
4            x_i ← a
5            if C(i) and B(i) then
6                Backtrack(i + 1)
```

其中，i 表示搜索的层数，即假定已经搜索到部分可行解$(x_i,x_2,\cdots,x_{i-1})$。

通过尝试解元素 x_i 的一个值，测试扩展出的 $(x_1,x_2,\cdots,x_i)$ 是否还是一个部分可行解，这由约束函数 $C(i)$ 和限界函数 $B(i)$ 决定。这两个函数也常统称为剪枝函数，后面将根据具体例子说明如何设计约束函数和限界函数。伪代码的第 1 行判断是否到了叶子节点，如果是则 Update(x)，即更新有关解 x 的信息。第 3 行对 x_i 取值范围 S_i 中的每个值 a，执行第 4 行，然后，在第 5 行判断是否满足约束函数和限界函数（有时称约束条件和限界条件），如果满足，则搜索下一层；否则，x_i 尝试下一个取值。

当问题是需要求 n 个元素的一个排列，以达到某种优化目标时，可以把这个解空间组织成一棵排列树。包含 n 个元素的集合有多少个排列？建立一个含 n 个元素的数组 A，x_i 的值是数组 A 中下标从 1 到 n 的一个元素，并且该元素之前从未出现过，对应排列中的第 i 个元素，那么共有 $n!$ 个排列。排列树的结构如图 12.3 所示，其中，集合 S_i 中的元素是数组 A 的下标。

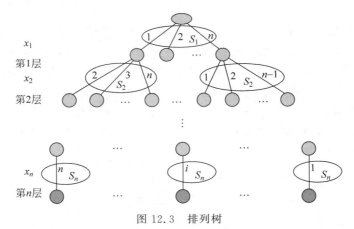

图 12.3　排列树

事实上，对于排列树，可以采取回溯算法 BacktrackPerm(i) 进行求解，其伪代码如下。

```
BacktrackPerm(i)
1    if i > n then Update(x)
2    else
3        for j ← i to n do
4            x_i ↔ x_j
5            if C(i) and B(i) then
6                BacktrackPerm(i + 1)
7            x_i ↔ x_j
```

在算法 BacktrackPerm(i) 中，搜索是从一个给定的排列 $(x_1,x_2,\cdots,x_n)$ 开始的。假定已经搜索到部分解 $(x_1,x_2,\cdots,x_{i-1})$，通过尝试解元素 x_i 的一个值，其中，$x_i \in \{x_i,x_{i+1},\cdots,$

$x_n\}$。由于在排列中,为了保证每个元素不同,可以交换 $x_j \leftrightarrow x_j$。然后在第5行利用 $C(i)$ 和 $B(i)$ 测试扩展出的 $(x_1, x_2, \cdots, x_i)$ 是否还是一个可行的部分解。

从上述两种回溯算法可以看出,回溯算法事实上是一种递归算法,因此,可以利用更高效率的迭代算法来实现,即迭代回溯算法。例如,对于子集树的递归算法,其相应的迭代回溯算法 IterateBacktrack() 的伪代码如下。

```
IterateBacktrack()
1      i ← 1
2      while i > 0 do
3          while S_i is not exhausted do
4              x_i ← next element in S_i
5              if i = n then
6                  Update(x)
7              else
8                  if C(i) and B(i) then
9                      i ← i + 1
10         i ← i − 1
```

在算法 IterateBacktrack() 中,搜索从第1层开始,并在第3行表示对 x_i 的取值范围 S_i 中的每个元素进行枚举。在第4行中,令 x_i 为 S_i 中的下一个元素。在第5行判断如果搜索到叶子节点,则 Update(x),否则如果满足约束条件和限界条件,则继续往下搜索。在第10行算法进行回溯。

从上面的回溯算法可以看出,在每一层,节点能否往下搜索,取决于约束函数 $C(i)$ 和限界函数 $B(i)$。利用约束函数和限界函数剪除无用的分支,集中搜索那些最有希望获得解的分支,是提高回溯算法搜索效率的关键,因此,为了改进搜索的性能,设计回溯算法时至少需要考虑以下几点。

(1) 如何找到约束函数。

(2) 对于求最大值(最小值)问题,怎样计算上界(下界),从而利用这个信息构造限界函数。

(3) 如何利用约束函数和限界函数剪除无用的分支。

对于第一点,约束函数一般可以从问题的描述中找到。如果找不到约束函数,那么对问题进行仔细分析,也能比较容易地构造出约束函数。对于第二点,设计限界函数是需要技巧的。一般来说,对于求解最大值问题,需要计算当前节点 i 的上界值 $B(i)$,而 $B(i)$ 通常与问题的目标函数值有关,包括从根节点到当前节点 i 的部分解的目标函数值,以及当前节点 i 到叶子节点这部分解目标函数值的上界。如果当前最大目标函数值 bestc 不小于 $B(i)$,那么剪掉该分支,否则继续。因为从根节点 R 到叶子节点 L 的目标函数值一定不大于 $B(i)$,所以如果 $B(i) \leqslant$ bestc,那么表明正在搜索的节点 i 没有希望得到更好的解,所以要剪掉当前节点 i,如图 12.4 所示。

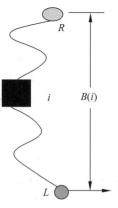

图 12.4　限界函数

当然估计当前节点到叶子节点这部分解目标函数值的上界,还是比较困难的,当然也是需要技巧的。一种计算 $B(i)$ 的方法是只考虑根节点到当前节点部分解目标函数值,这种方法虽然简单,但是效率不高。后面会介绍如何根据具体的问题估计 $B(i)$。

类似地，对于求解最小值问题，需要计算当前节点 i 的下界值 $B(i)$，表示从根节点出发，经过节点 i，再往下搜索到的所有叶子节点，其目标函数值不会小于 $B(i)$。如果当前最优的目标值 bestc 不大于 $B(i)$，那么剪掉该分支，否则继续。因为从根节点 R 到叶子节点 L 的目标值必须不小于 $B(i)$，所以如果 $B(i) \geqslant$ bestc，那么表明对节点 i 进行搜索，没希望得到更好的解，所以要剪掉当前节点 i，该节点成为死节点，如图 12.4 所示。

12.2 装载问题

给定 n 个集装箱，集装箱 i 的重量为 w_i，以及一艘船，船的载重量为 W。集装箱装载问题是在不超过船的载重量的前提下，装载尽可能重的集装箱。

由于集装箱的装载问题是从 n 个集装箱里选择一部分集装箱，而对每个集装箱而言，可装上船，也可不装。集装箱装还是不装，取决于船的载重量。假设解可以由向量 $(x_1, x_2, \cdots, x_n)$ 表示，其中，$x_i \in \{0, 1\}$，$x_i = 1$ 表示集装箱 i 被装上船，$x_i = 0$ 表示集装箱 i 不被装上船。因此，集装箱的装载问题可以描述为

$$\max \sum_{i=1}^{n} w_i x_i$$

s.t.

$$\sum_{i=1}^{n} w_i x_i \leqslant W$$

由于变量 x_i（解元素）表示集装箱 i 可装可不装，即 $|S_i| = 2$，因此，解空间的大小为 2^n。解空间可以组织成一棵有 2^n 个叶子的子集树，如图 12.5 所示，其中，每个内部节点对应两个分支，分别是 1 分支和 0 分支。如果是 1 分支，表示相应集装箱装上船；如果是 0 分支，表示相应集装箱不装上船。

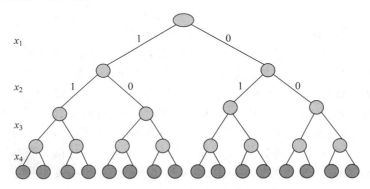

图 12.5 一棵有 2^4 个叶子的子集树

令 $\mathrm{cw}(i)$ 表示从根节点到第 i 层节点为止装入船的重量，即部分解 $(x_1, x_2, \cdots, x_i)$ 的重量，$\mathrm{cw}(i)$ 的计算式为

$$\mathrm{cw}(i) = \sum_{j=1}^{i} w_j x_j$$

假设已经知道部分解 $(x_1, x_2, \cdots, x_{i-1})$，由于 $S_i = \{0, 1\}$，x_i 可以取值为 0 或者 1。若 x_i 取值为 0，则表示肯定满足约束。假设 x_i 取值 1，即从第 $i-1$ 层节点往 1 分支走的约束函数为

$$C(i) = cw(i-1) + w_i$$

若 $C(i) > W$，则停止搜索 1 分支，否则，继续搜索。此外，当 x_i 尝试取值为 0 时，显然不会违反约束，因此可以继续往下搜索。递归回溯算法 BacktrackLoading(i) 的伪代码如下。

```
BacktrackLoading(i)
1    if i > n then
2        if cw > bestw then
3            bestw←cw
4    else
5        if C(i) ≤ W then
6            cw←cw + w_i
7            BacktrackLoading(i + 1)
8            cw←cw - w_i
9        BacktrackLoading(i + 1)
```

在算法 BacktrackLoading(i) 中。第 1 行判断如果到了叶子节点，则表明已经找到一个解，如果该解的装载重量比当前最好的 bestw 更大，则更新当前最好的重量。第 4 行表示还没有搜到叶子节点，第 5 行尝试走取值为 1 的分支（简称 1 分支），计算 $C(i) = cw + w_i$，判断约束函数值 $C(i)$ 是否超过了船的载重量 W，如果没有，则继续往下搜索，并更新当前装载的重量 cw，否则，进行剪枝。第 9 行尝试 0 分支，无条件进行回溯。

装载问题解空间的子集树中叶子节点的数目为 2^n，因而 BacktrackLoading(i) 算法的时间复杂度为 $O(2^n)$。

例 12.1 给定一个装载实例：$n = 4, w = (8, 6, 2, 3), W = 12$，则可以用图表示回溯的过程，如图 12.6 所示。

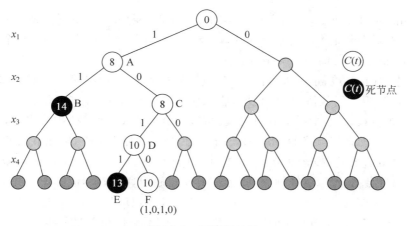

图 12.6 回溯的过程

初始化 cw = 0，首先调用 BacktrackLoading(1)，$C(A) = 8 \leq 12$，因此，执行第 6 行。cw = 8，执行 BacktrackLoading(2)，$C(B) = cw + 6 > 12$，不满足约束条件，因此，停止搜索第 1 层节点的 1 分支及其下面层，即 B 节点被剪枝。回溯至节点 A，搜索 0 分支，调用

BacktrackLoading(2)，$C(C)$＝cw≤12，这里 cw＝8；调用 BacktrackLoading(3)，尝试 1 分支搜索至节点 D，$C(D)$＝cw＋2≤12，这里 cw＝10；调用 BacktrackLoading(4)，$C(E)$＝cw＋3＞12，不满足约束条件，因此停止搜索第 3 层节点的 1 分支及其下面层，即节点 E 被剪枝。回溯至节点 D，搜索 0 分支，调用 BacktrackLoading(4)，这样可以得到一个解(1,0,1,0)。类似地完成余下的搜索过程。

递归回溯算法 BacktrackLoading(i)没有利用限界函数，下面给出一种改进的回溯算法，其基本思想是在 BacktrackLoading(i)的基础上，利用以下限界函数进行改进。

$$B(i)=C(i)+r(i)$$

其中，$r(i)$表示剩余集装箱的总重量，其计算式为

$$r(i)=\sum_{j=i+1}^{n} w_j$$

若 $B(i)$≤bestw，则停止搜索第 i 层及其下面的层，否则，继续搜索，其中，bestw 表示到目前为止所得到的最大重量。下面给出改进回溯算法 ImprovedBacktrackLoading(i)的伪代码。

```
ImprovedBacktrackLoading(i)
1     if i > n then
2         if cw > bestw then bestw←cw
3     else
4         r←r - w_i
5         if C(i)≤W then
6             cw←cw + w_i
7             ImprovedBacktrackLoading(i + 1)
8             cw←cw - w_i
9         if B(i)> bestw then
10            ImprovedBacktrackLoading(i + 1)
11        r←r + w_i
```

算法 ImprovedBacktrackLoading(i)与 BacktrackLoading(i)不同的地方在第 9 行，即对于 0 分支，需要判断是否满足限界函数，以及增加估计下界的过程，因此，整个时间复杂度与 BacktrackLoading(i)的时间复杂度相同。

利用改进的回溯算法进行求解例 12.1，其图解过程如图 12.7 所示。搜索节点 A，此时约束函数值为 8，限界函数值为 19，此时，尝试装集装箱 2，往 1 分支搜索的时候，违背约束条件，节点 B 被剪枝。回溯回去，往 0 分支，可以搜索节点 C，此时往 1 分支走，没有违反约束条件，继续递归搜索到节点 D，此时往 1 分支走，会违背约束条件，因此节点 E 被剪枝。回溯至节点 D 往 0 分支走，搜索到节点 F，得到一个解(1,0,1,0)，bestw＝10。回溯到节点 C，往 0 分支走到节点 G，可以继续搜索到节点 H，获得解(1,0,0,1)，bestw＝11。由于找到了更好的解，因此解被更新。回溯至 G，其 0 分支节点 I，$B(I)$＜bestw，因此 I 被剪掉。回溯到根节点，往 0 分支走，由于节点 J 的限界函数值为 11，不会比当前最好的载重量 bestw＝11 大，因此 J 被剪枝。通过利用限界函数，极大地提高了搜索的效率。

上述两种回溯算法只给出了最优装载重量的计算，为了构造最优解，必须在伪代码中添加保存解的过程。因此，对上面的回溯算法稍加修改，就可以得到算法 ImprovedBacktrackLoading1(i)，其伪代码如下。

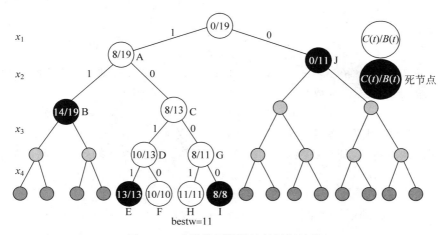

图 12.7　改进的回溯算法的图解过程

```
ImprovedBacktrackLoading1(i)
1       if i > n then
2           if cw > bestw then
3               bestw←cw
4               for j←1 to n do
5                   best x_j←x_j
6       else
7           r←r − w_i
8           if C(i) ⩽ W then
9               x_i←1
10              cw←cw + w_i
11              ImprovedBacktrackLoading1(i + 1)
12              cw←cw − w_i
13          if B(i) > bestw then
14              x_i←0
15              ImprovedBacktrackLoading1(i + 1)
16          r←r + w_i
```

算法 ImprovedBacktrackLoading1(i) 在第 9 行和第 14 行记录解。算法在第 2~5 行要考虑保存最好的解 best x_j，因此需要时间 $O(n)$，由此可知 ImprovedBacktrackLoading1(i) 的时间复杂度为 $O(n2^n)$。

12.3　0/1 背包问题

视频讲解

第 6 章已经介绍了 0/1 背包问题，并且给出了一种有效的动态规划算法。现在给出 0/1 背包问题的回溯算法。由于每个物品可以被装进背包，也可以不被装进去，令 $x_i = 1$ 表示物品 i 被装进背包，$x_i = 0$ 表示物品 i 不装进背包，因此解可以由向量 $(x_1, x_2, \cdots, x_n)$ 表示，其中，$x_i \in \{0, 1\}$。解空间如图 12.5 所示，解空间第 j 层节点的分支可由 x_{j+1} 的值决定。

令 cw(i) 表示目前搜索到第 i 层已经装入背包的物品总重量，即部分解 $(x_1, x_2, \cdots,$

x_i）的重量，其计算式为

$$cw(i) = \sum_{j=1}^{i} w_j x_j$$

假设已经知道部分解$(x_1, x_2, \cdots, x_{i-1})$，由于$S_i = \{0,1\}$，则$x_i$尝试取值为$1$，则第$i-1$层节点$1$分支的约束函数为

$$C(i) = cw(i-1) + w_i$$

因此，若$C(i) > W$，则停止搜索1分支，否则，继续搜索。

如果仅用约束函数，那么已经能够设计出回溯算法，但是算法的效率不高。为了提高搜索的效率，引入限界函数

$$B(i) = cv(i) + r(i)$$

其中，$cv(i)$表示目前到第i层节点已经装入背包的物品价值，其计算式为

$$cv(i) = \sum_{j=1}^{i} v_j x_j$$

$r(i)$表示剩余物品的总价值，其计算式为

$$r(i) = \sum_{j=i+1}^{n} v_j$$

若$B(i) \leqslant bestv$，则停止搜索第i层的节点及其下面的层，否则，继续搜索，其中，bestv表示目前所得到的最好价值。

当$B(i) \leqslant bestv$时，则停止搜索，因此$r(i)$越小，$B(i)$越小，剪掉的分支就越多。那么是否可以剪掉更多的分支呢？答案是可以。由于$B(i) = cv(i) + r(i)$，且$cv(i)$是固定的，只要构造出更小的$r(i)$。具体来说，可以通过构造更好的限界函数实现。

为了达此目的，可以利用如下贪心算法。

先将物品以单位重量价值递减的顺序进行排列，如下所示。

$$v_1/w_1 \geqslant v_2/w_2 \geqslant \cdots \geqslant v_n/w_n$$

考虑第i层，背包的剩余容量为$W - cw(i)$，用贪心算法把剩余的物品放进背包，直到装不进背包的物品k为止，即物品k放不进去。因此有

$$r(i) = \sum_{j=i+1}^{k-1} v_j + \left(W - cw(i) - \sum_{j=i+1}^{k-1} w_j \right)(v_k/w_k) \tag{12.1}$$

按照第7章贪心算法的结论，上述剩余物品的价值已经是最优的，这是因为对剩余物品的装载不存在比上述贪心装载方案还优的方案。由式（12.1）得到的$r(i)$已经最优，比原始的$r(i)$的值小，因此可以剪掉更多的分支。详细计算$r(i)$的伪代码如下。

```
r(i)
1    rw←W - cw
2    b←cv
3    while i+1≤n and w_{i+1}≤ rw do
4        rw← rw - w_{i+1}
5        b← b + v_{i+1}
6        i←i+1
7    if i+1≤ n then
8        b←b + v_{i+1}/w_{i+1} × rw
9    return b
```

其中,cw、cv分别表示搜索到第i层,部分解所具有的当前重量和价值,rw为背包的剩余重量,下面给出结合上述限界函数的回溯算法的伪代码。

```
BacktrackKnapsack(i)
1    if i > n then
2        if cv > bestv then
3            bestv ← cv
4            for j ← 1 to n do
5                best xⱼ ← xⱼ
6    else
7        if C(i) ≤ W then
8            xᵢ ← 1
9            cw ← cw + wᵢ;
10           cv ← cv + vᵢ
11           BacktrackKnapsack(i + 1)
12           cw ← cw - wᵢ;
13           cv ← cv - vᵢ
14       if B(i) > bestv then
15           xᵢ ← 0
16           BacktrackKnapsack(i + 1)
```

算法 BacktrackKnapsack(i)除了更新当前价值 cv 外,其伪代码与 ImprovedBacktrack Loading1(i)类似,时间复杂度的分析也类似,这里就不再说明。

例 12.2　给定一个背包实例:$n=4, W=7, \boldsymbol{v}=(9,10,7,4), \boldsymbol{w}=(3,5,2,1)$,其单位重量价值比$\boldsymbol{v}/\boldsymbol{w}=(3,2,3.5,4)$。对单位重量价值比排序,可得一个新的实例:$n=4, W=7$,$\boldsymbol{v}=(4,7,9,10), \boldsymbol{w}=(1,2,3,5), \boldsymbol{v}/\boldsymbol{w}=(4,3.5,3,2)$。

从图 12.8 可知,沿着子集树的左分支一直搜索到第 3 层的节点 C,由于该节点 1 分支的约束函数值为 11,超过了背包的载重量,因此剪掉该分支。第 3 层节点的 0 分支节点 D 总是可行的,因此可以搜索到一个解$(1,1,1,0)$,其总价值为 20,即到目前为止找到的最大价值。回溯到第 2 层节点 B 的 0 分支,由于 $B(E)=19$ 小于当前找到的最大价值 20,因此,剪掉该节点 E。重复上述过程,可将节点 F 和 G 都剪掉。由于剪掉了大量的分支,算法搜索的效率得到了明显提高。

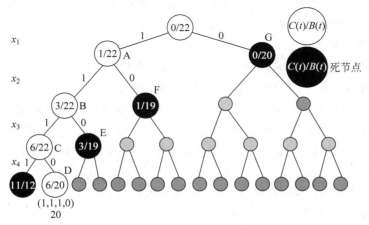

图 12.8　求解例子

12.4　着色问题

地图着色是图论中的经典问题之一，描述的问题是给定一幅地图（平面图），给地图上的国家着色，使具有公共边界的任何一对国家有不同的颜色，那么需要多少种颜色，就可以达到上述目的。

19世纪最著名的一个问题是猜想所有平面图仅用4种颜色就能对其着色，使相邻的区域有不同的颜色。对大多数地图而言，找到合适的着色方案是很容易的。而对于某些地图而言，要找到合适的着色方案却是相对困难的。四色猜想引起了众多科学家的兴趣，激起了他们的热情，然而却一直悬而未决。直到1976年，美国计算机科学家Appel和Haken借助计算机，通过枚举分析，证明了该猜想是成立的，即所有平面图仅用4种颜色就可着色。

将国家看作一个顶点，如果两个国家相邻，则在两个国家之间引入一条边，这样地图着色问题就可以转化为顶点着色问题，如图12.9所示，因而问题转化为需要多少种颜色来给顶点着色，使相邻的顶点有不同的颜色。例如，图12.9(a)和图12.9(b)均只需要4种颜色，就可以满足问题的要求。

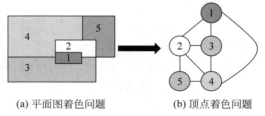

(a) 平面图着色问题　　　　　　　(b) 顶点着色问题

图12.9　平面图着色问题的转化

下面考虑更一般的 m 着色问题。

给定一个无向图 $G=(V,E)$，能否用 m 种颜色，对图 G 中的每个顶点进行着色，使相邻的两个顶点有不同的颜色。

从问题的描述可知，相邻的顶点必须用不同的颜色，且没有足够的信息选择颜色，每个选择会得到新的选择子集。一个或多个选择序列可能得到一个解，也有可能得不到解，因此 m 着色问题可以用回溯算法求解。

将 m 种颜色编号为 $1,2,\cdots,m$，由于每个顶点可从 m 种颜色中选择一种进行着色，如果图 $G=(V,E)$ 的顶点数为 n，则解空间的大小为 m^n 种，可知解空间是巨大的。与前面几个问题的解空间树有所不同，着色问题的解空间树为一棵多叉树。图12.10给出了 $n=4$，$m=3$ 时的解空间树。由于着色问题的解空间太大，寻找合适的剪枝函数无疑会提高搜索的效率，然而，着色问题不仅没有明确的约束函数，而且也不是最优化问题，只要求找到一种可行的着色方案。限界函数在这里也不起作用，唯一可用的约束函数是相邻的两个顶点需要着色为不同的颜色。

令顶点 i 的颜色为 x_i，因此解向量为 $(x_1,x_2,\cdots,x_n)$，$x_1\in\{1,2,\cdots,m\}$。同时，令数组 $w[i,j]$ 表示顶点 i 和顶点 j 是否相邻，$w[i,j]=1$，表示顶点 i 和顶点 j 相邻，$w[i,j]=0$ 表示顶点 i 和顶点 j 不相邻。因此，求解顶点着色问题的回溯算法 BacktrackColoring(i)

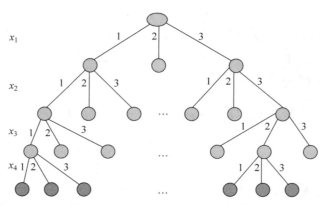

图 12.10　$n=4, m=3$ 时的解空间树

的伪代码如下。

```
BacktrackColoring(i)
1    if i > n then
2        SolNum ← SolNum + 1
3    else for j ← 1 to m do
4        x_i ← j
5        if Ok(i) = True then BacktrackColoring(i + 1)
```

其中，SolNum 表示可行着色方案的数目，约束函数 $\text{Ok}(i)$ 的伪代码如下。

```
Ok(i)
1    for j ← 1 to i - 1 do
2        if w_ij = 1 and x_j = x_i then return False
3    return True
```

在算法 $\text{BacktrackColoring}(i)$ 中，对于解空间树的每个内部节点，其子节点的一种着色是否可行，需要判断子节点的着色与相邻的 n 个顶点的着色是否相同，因此，共需要 $O(mn)$。而整个解空间树共有 $\sum_{i=0}^{n-1} m^i$ 个内部节点，因此，$\text{BacktrackColoring}(i)$ 的时间复杂度为 $O(m^n n)$。

12.5　n 皇后问题

给定一个 $n \times n$ 的棋盘，n 皇后问题就是在棋盘上放置 n 个皇后，使 n 个皇后两两之间互不攻击，任何两个处于同一列、同一行、同一条对角线上的皇后会互相攻击。图 12.11 给出了 8 个皇后的一个合法布局。

求解 n 皇后问题最自然的办法是从 n^2 个位置中选 n 个位置，解空间的大小为 $C_{n^2}^n = \dfrac{n^2(n^2-1)\cdots(n^2-n+1)}{n!}$，然而，枚举这么大的解空间，算法的计算效率显然太低。如

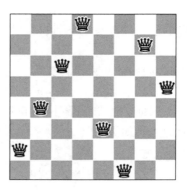

图 12.11　一个合法布局

果令 x_i 表示皇后 i 的列位置,那么问题的解向量可以表示为$(x_1,x_2,\cdots,x_n)$。由于限制皇后在不同的行,对每个皇后 i,x_i 可从 n 个列位置中选择一个,因此解空间的大小为 n^n,解空间可以组织成一棵子集树。若进一步限制每个皇后在不同列,解空间大小可以从 n^n 减少到 $n!$,因而,解空间可以组织成一棵排列树。由此可见,不同的表示形式,其解空间的大小也不一样。

考虑解空间用子集树表示的情形,如图 12.12 所示。在图 12.12 所示为 4 个皇后的子集树,其中,黑色节点表示死节点,是考虑约束函数得到的子集树。下面进一步形式化约束函数。

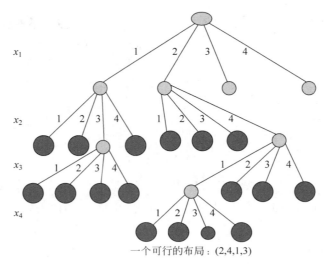

一个可行的布局：(2,4,1,3)

图 12.12　4 个皇后子集树

由前文可知,任意两个皇后不允许在同一行、同一列、同一对角线上,由于已经排除在同一行的情形,因此,接下来只考虑在同一列或在同一对角线上的情况。两个皇后在同一列的情况,比较容易判断。假设两个皇后被放在位置 x_k 和 x_j,它们在同一列,当且仅当 $x_k = x_j$。从解析几何可知,两个皇后在同一条对角线上,当且仅当它们所在直线的斜率为 1 或者 -1,即

$$\frac{k-j}{x_k-x_j}=1 \quad \text{或者} \quad \frac{k-j}{x_k-x_j}=-1$$

将上述条件改写一下,可得

$$|x_k-x_j|=|k-j|$$

因此,问题的约束条件变为

$$x_k=x_j \quad \text{或者} \quad |x_k-x_j|=|k-j|$$

根据上述约束条件,可得判断两个皇后是否在同一列、同一对角线上的算法 Place(k)的伪代码如下。

```
Place(k)
1    for j←1 to k-1 do
2        if |x_k - x_j| = |k - j| or x_k = x_j then
3            return False
```

```
4       return True
```

算法 Place(k) 的输入为 k，表示当前要放置的是皇后 k。要想知道皇后 k 能否放置在列 x_k，就需要判断放置在 x_k 的皇后 k 是否会与前面已经放置的 $k-1$ 个皇后产生冲突。

有了判断任意两个皇后产生冲突的方法后，就可以设计出回溯算法 BacktrackNqueens()，其伪代码如下。

```
BacktrackNqueens()
1       x₁ ← 0
2       k ← 1
3       while k > 0 do
4           while x_k ≤ n − 1 do
5               x_k ← x_k + 1
6               if Place(k) = True then
7                   if k = n then SolNum ← SolNum + 1
8                   else
9                       k ← k + 1
10                      x_k ← 0
11          k ← k − 1
```

其中，SolNum 表示合法布局的数目。在算法 BacktrackNqueens() 中，第 1，2 行进行初始化；第 5 行表示皇后 k 试着放入下一列；第 6 行判断皇后 k 是否与前面已经放置的 $k-1$ 个皇后是否冲突。如果没有冲突，则第 7 行测试皇后 k 是否已经到了叶子节点，如果到叶子节点，则返回一个合法解。否则放置下一个皇后。第 11 行执行回溯。

与前面介绍的递归回溯算法不同，BacktrackNqueens() 是一种迭代回溯算法。由于该算法避免了参数的反复传递及中间值的保存，算法的效率要比递归回溯算法的效率高。因此，在设计回溯算法时，应该尽量采用迭代的方式实现。

12.6　旅行商问题

旅行商问题（TSP）是组合优化领域中著名的难题之一，也是计算复杂性理论、图论等众多理论中的一个经典问题。旅行商问题最早在 20 世纪 20 年代由著名数学家兼经济学家 Karl Menger 提出。问题的一般描述为：旅行商从驻地出发，经过每个要访问的城市一次且只经过一次，并最终返回驻地，如何安排旅行的路线，才能使旅行的总路程最短。旅行商问题在军事、通信、电路板的设计、大规模集成电路、基因排序等领域具有广泛的应用，其形式化的描述如下。

给定一个完全无向带权图 $G = (V, E)$，每条边 $(u, v) \in E$ 有一非负整数权值（或代价）$w(u, v)$，其目的是要找出 G 中的一条经过每个顶点一次且仅经过一次的回路，即汉密尔顿回路 $\langle v_1, v_2, \cdots, v_n, v_1 \rangle$，使回路的总权值最小，即

$$\min \sum_{i=1}^{n-1} w(v_i, v_{i+1}) + w(v_n, v_1)$$

图 12.13 给出了一个旅行商问题实例。在图 12.13 中，回路有 $\langle 1, 2, 4, 3, 1 \rangle$、$\langle 1, 4, 2, 3, 1 \rangle$、$\langle 1, 3, 2, 4, 1 \rangle$ 等，其中 $\langle 1, 3, 2, 4, 1 \rangle$ 的总权值为 25，为最优回路。

既然回路是包括所有顶点的环，那么可以选择任意一个顶点为起点（该顶点也是终点）。

假设将 n 个顶点依次编号为 $1,2,\cdots,n$，并选择顶点 1 为起点和终点，则每个回路可以被描述成顶点序列 $\langle 1,x_2,\cdots,x_n,1 \rangle$，顶点序列 $\langle x_2,\cdots,x_n \rangle$ 为顶点 $2,3,\cdots,n$ 的一个排列，因此，解空间的大小为 $(n-1)!$，解空间可以组织成一棵排列树。图 12.14 所示为 4 个城市的排列树，其中，第 1 层节点有 3 个分支，分别是选择顶点 2、顶点 3、顶点 4。

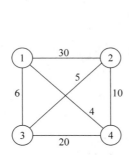

图 12.13　一个旅行商问题实例

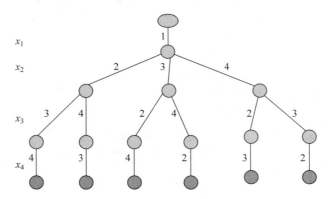

图 12.14　4 个城市的排列树

在图 12.14 中，每条从根到叶子节点的路径定义一条路线，那么解空间大小为 3!。令 $w(i,j)$ 表示从顶点 i 到顶点 j 的权值，若 $w(i,j)=\infty$，则表示顶点 i 和顶点 j 之间没有边，因此，得到一个很自然的约束条件：如果当前顶点 j 与当前路径中的末端点 i 没有边相连，即 $w(i,j)=\infty$，则不必搜索顶点 j 所在的分支，否则继续。当然，这个约束函数不是很有效，例如一个完全图，则该约束函数没有什么用，而且解空间很大，因此，必须构造有效的限界函数，以减少搜索的范围。

令到第 i 层为止构造路径的权和为

$$cw(i)=\sum_{j=2}^{i} w(x_{j-1},x_j)$$

假设已经知道部分解 $(x_1,x_2,\cdots,x_{i-1})$，则从第 $i-1$ 层节点选择顶点 x_i 往下走的限界函数为

$$B(i)=cw(i-1)+w(x_{i-1},x_i)$$

若 $B(i)>\text{bestw}$，则停止搜索 x_i 分支及其下面的层，否则继续搜索，其中，bestw 表示目前为止找到的最佳回路的权和。有了限界函数，可以设计出回溯算法 BacktrackTSP(i)，其伪代码如下。

```
BacktrackTSP(i)
1    if i = n then
2        if w(x_{n-1}, x_n) ≠ ∞ and w(x_n, 1) ≠ ∞ then
3            if cw + w(x_{n-1}, x_n) + w(x_n, 1) < bestw then
4                bestw ← cw + w(x_{n-1}, x_n) + w(x_n, 1)
5                for j ← 1 to n do
6                    best x_j ← x_j
7        else
8            for j ← i to n do
9                if w(x_{i-1}, x_j) ≠ ∞ and cw + w(x_{i-1}, x_j) < bestw then
10                    x_i ↔ x_j
```

```
11                   cw ← cw + w(x_{i-1}, x_i)
12                   BacktrackTSP(i + 1)
13                   cw ← cw − w(x_{i-1}, x_i)
14                   x_i ↔ x_j
```

在算法 BacktrackTSP(i) 中,第 1 行测试当 $i=n$ 时,表示已经搜索到叶节点。如果从 x_{n-1} 到 x_n,以及从 x_n 到起点 x_1 有一条边,则找到了一条回路,此时,第 3 行需要判断该回路是否是目前发现的最优回路,如果是,则第 4～6 行更新回路的总权值 bestw 及最优回路,第 7～14 行继续回溯搜索。在第 9 行,如果从 x_{i-1} 到 x_j 有一条边,且 $B(i)$ 小于当前最优解的值 bestw,则表示可以继续往下搜索,同时更新目前所构造路径的权值 cw。

由于出发城市固定,只需调用 BacktrackTSP(2)。当然,在调用之前,还必须将每个顶点 i,初始化为 $x_i = i$。现在分析 BacktrackTSP(2) 算法的时间复杂度,由于叶子节点的个数为 $(n-1)!$,而且每次找到一个更好的回路时,更新 bestx 需要时间 $O(n)$,因此,BacktrackTSP(2) 算法的时间复杂度为 $O(n!)$。

12.7　流水作业调度问题

给定 n 个作业 $J = \{j_1, j_2, \cdots, j_n\}$,每个作业 j_i 有两道工序,分别在两台机器上处理。一台机器一次只能处理一道工序,并且工序一旦开始就必须进行下去,直到完成为止。此外,流水作业调度问题还必须满足约束条件:一个作业只有在机器 1 上的处理完成以后,才能由机器 2 处理,也就是说,每个作业只能在机器 1 和机器 2 上依次进行处理。假设作业 i 在机器 j 上的处理时间为 $t[i,j]$,给定一个调度,令 $F[i,j]$ 表示作业 i 在机器 j 上的结束时间,则所有作业在机器 2 上的结束时间总和定义为

$$f = \sum_{i=1}^{n} F[i,2]$$

由于总共只有两台机器,作业的处理顺序极大地影响结束时间 f,因此流水作业调度问题就是确定作业的处理顺序,使 f 最小。

由于每个作业要进行处理,只是在机器上的处理顺序不同而已,因此,流水作业调度问题的一个候选解是 n 个作业的一个排列。设解向量为 $(x_1, x_2, \cdots, x_n)$,那么流水作业调度问题就是确定最优解是 n 个作业 $(1, 2, 3, \cdots, n)$ 的哪一个排列,因此,解空间能够组织成一棵排列树。图 12.15 所示为 3 道工序的排列树。

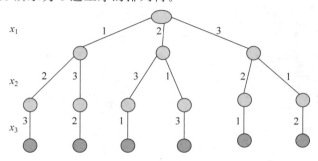

图 12.15　3 道工序的排列树

由于解空间的大小为 $n!$，如果在搜索过程中不考虑任何剪枝函数，则回溯算法的效率显然不会太高。由于流水作业调度问题里没有显式的约束函数，因此考虑限界函数。令到第 i 层为止所得到的已经处理的作业在第二台机器上的结束时间为

$$B(i) = \sum_{j=1}^{i} F[x_j, 2]$$

若 $B(i) \geqslant$ bestf，则停止搜索第 i 层及其下面的层，否则继续搜索，其中，bestf 表示目前为止得到的最小结束时间。

图 12.16 给出一个调度问题实例，其中，作业的每一个排列有相应的结束时间。从图 12.16 中可以看出，解 $(1,3,2)$ 是最优调度，结束时间为 18。

$t[i,j]$	机器1	机器2
j_1	2	1
j_2	3	1
j_3	2	3

(a)

解 $(1,2,3)$ 的结束时间是19
解 $(1,3,2)$ 的结束时间是18
解 $(2,1,3)$ 的结束时间是20
解 $(2,3,1)$ 的结束时间是21
解 $(3,1,2)$ 的结束时间是19
解 $(3,2,1)$ 的结束时间是19

(b)

图 12.16　调度问题实例

对于解 $(1,2,3)$，机器加工过程如图 12.17 所示。

图 12.17　机器加工过程

从图 12.17 可以看出，第三个作业的第二道工序何时开始处理，取决于第二台机器何时空闲及第三个作业的第一道工序的结束时间。在图 12.17 中，虽然机器 2 已经空闲，但是第三道作业的第一道工序却还未完成，机器 2 不得不等待，直至该工序结束。下面给出流水作业调度问题求解算法 BacktrackFlowshop(i) 的伪代码。

```
BacktrackFlowshop(i)
1     if i > n then
2         if f < bestf then
3             bestf ← f
4             for j ← 1 to n do
5                 best x_j ← x_j
6     else
7         for j ← i to n do
8             f1 ← f1 + t[x_j, 1]
9             if f2[i-1] > f1 then
10                f2[i] ← f2[i-1] + t[x_j, 2]
11            else
12                f2[i] ← f1 + t[x_j, 2]
13            f ← f + f2[i]
14            if f < bestf then
```

```
15              x_i ↔ x_j
16              BacktrackFlowshop(i + 1)
17              x_i ↔ x_j
18          f1 ← f1 - t[x_j, 1]
19          f ← f - f2[i]
```

在算法 BacktrackFlowshop(i)中，$f2[i]$即 $f[i,2]$。初始化 $f1=0$，$f2[0]=0$。对于当前要加工的作业 x_j，在机器 1 上处理后，记录其结束时间 $f1$，见伪代码的第 8 行。机器 2能否接着处理作业 x_j，取决于机器 2 当前是否空闲。如果机器 1 处理完作业 x_j 后，前一个作业在机器 2 上还没有处理完，那么作业 x_j 只能等待机器 2 完成当前作业，然后才能被机器 2 处理，见伪代码的第 9 行和第 10 行。同样，如果机器 2 早就结束了对前一个作业的处理，而机器 1 仍然还在处理当前作业 x_j，那么机器 2 必须等待机器 1 完成处理作业 x_j，才能处理 x_j，见伪代码的第 11 行和第 12 行。因此，必须比较机器 2 完成前一个作业的完成时间 $f2[i-1]$ 与 $f1$ 大小，然后才能决定机器 2 从什么时候开始处理 x_j，求解原问题只需调用 BacktrackFlowshop(1)即可。

12.8　零件切割问题

给定一块宽度为 W 的矩形板，矩形板的高度不受限制。现需要从板上分别切割出 n 个高度为 h_i，宽度为 w_i 的矩形零件。在满足零件的高度方向与矩形板的高度方向保持一致的条件下，问如何切割，才能使所使用的矩形板的高度 h 最小？

由于每个矩形零件需要从矩形板上切割出来，只是每个矩形零件被切割的先后顺序不同，因此，零件切割问题(Strip Packing)的一个候选解是 n 个矩形零件的一个排列。设解向量为$(x_1, \cdots, x_n)$，将 n 个矩形零件编号为 $1, 2, 3, \cdots, n$，零切割问题就是确定最优解是 n 个零件$(1, 2, 3, \cdots, n)$的哪一个排列，因此，解空间能够组织成一棵排列树，如图 12.15 所示。

解空间的大小为 $n!$。如果在搜索过程中不考虑任何剪枝函数，则回溯算法跟盲目搜索算法没有什么区别，算法的效率是很低的。零件切割问题的约束条件是切割的零件不能重叠，这个比较容易实现，下面考虑限界函数。

令到第 i 层为止已经切割的零件所使用的板的高度为 h，令到目前为止所得到的最优高度为 besth，若 $h \geqslant$ besth，则停止搜索第 i 层及其下面的层，否则继续搜索。

除了零件切割的顺序外，另一个需要考虑的因素是如何从板上切割一个零件，这对于零件切割问题而言比较复杂。下面先介绍一个零件切割的过程 cut(i)。

每次从最左下角的位置开始切割一个零件 i，如果当前位置不可行，即切不出该零件，则必须寻找下一个可行位置，重复此过程，直到该零件能找到一个可行位置进行切割。下面给出一个例子。

给定一块板，其高度很高(可以足够使用)，宽 $W=8$。给定 3 个矩形零件，零件 1 的大小为 $h_1=3$，$w_1=2$；零件 2 的大小为 $h_2=2$，$w_2=4$；零件 3 的大小为 $h_3=1$，$w_3=5$，如图 12.18 所示，其中，矩形零件中的数字是零件的编号。在图 12.18(a)中，黑点 A 是最左下角位置，假定切割的矩形序列为$\langle 2、1、3 \rangle$，则矩形 2 可以从 A 点切割出，如图 12.19(a)所示。在图 12.19(a)中黑点 B 是最左下角位置，当前矩形 1 可以从该位置切割出，如图 12.19(b)

所示。在图 12.19(b)中,最下面的黑点 C,矩形 3 不能从该位置切割出,这是因为矩形 3 的宽度方向只能沿着矩形板的宽度方向放置,$w_3 = 5$ 大于 CF。这时,必须寻找新的最左下角位置,即图 12.19(b)中上面的黑点 D,同样地,该位置不能切割出零件 3,因而必须寻找新的最左下角位置,即图 12.19(c)中上面的黑点 E,这时,零件 3 可以从该位置切割出,如图 12.19(d)所示。

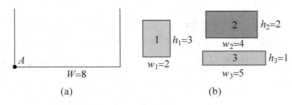

(a)   (b)

图 12.18 零件切割例子

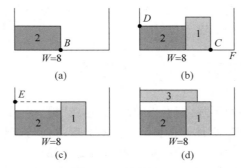

图 12.19 切割过程

下面给出零件切割问题的回溯算法 BacktrackPacking(i) 的伪代码。

```
BacktrackPacking(i)
1      if i > n then
2          if h < besth then
3              besth←h
4              for j←1 to n do
5                  best x_j ← x_j
6      else
7          for j ← i to n do
8              x_i ↔ x_j
9              h← cut(x_i)
10             if h < besth then
11                 BacktrackPacking(i + 1)
12             x_i ↔ x_j
```

上述算法的剪枝过程非常简单,如果能设计出更好的剪枝函数,例如,考虑当前的浪费空间,则可以得到更有效的算法。此外,切割的过程是出于当前考虑的零件,寻找一个可行的位置,如果考虑当前最左下角的位置寻找一个可切割的矩形,那么效果是否可以更好呢?回溯的过程是否需要修改,读者可以思考,具体见习题 12-16。

12.9　小结

本章内容主要参考了文献[7,16]，介绍了回溯算法在一些问题中的应用。事实上，回溯算法还被大量应用在游戏问题中，例如，典型的迷宫问题。该问题也是第 14 章启发式搜索的基础，这里就不再详细介绍。

回溯算法不仅可以解决最优化问题，还可以用来解决判定问题。如果求解最优化问题，回溯算法可利用约束函数和限界函数剪枝，从而跳过大量无须搜索的分支，较快地得到问题的最优解，因而求解最优化问题会更有效。此外，在解决某些无启发式信息的问题中，回溯算法也是一个非常好的选择。

习题

12-1　将装载问题改进的递归算法改写为迭代回溯算法。

12-2　证明放在 x_i 和 x_j 位置上的两个皇后在同一对角线上，当且仅当 $x_i - x_j = i - j$ 或 $x_i - x_j = j - i$。

12-3　设计一种递归算法求解 8 个皇后问题。

12-4　设计一种回溯算法，确定是否 k 个皇后能够攻击一个 $n \times n$ 棋盘的所有位置。

12-5　设计一种回溯算法，求 $\{1, 2, \cdots, n\}$ 的所有子集。

12-6　给出一个 8×8 的棋盘，按照中国象棋中马的走法，一个放在棋盘某个位置上的马是否可以恰好访问每个方格一次，并回到起始位置上？设计一种回溯算法求解上述问题。

12-7　设计 3-CNF-SAT 问题的回溯算法。

12-8　设计一种回溯算法，求解汉密尔顿回路问题。

12-9　将旅行商问题的递归回溯算法改写为迭代回溯算法。

12-10　n 个雇员被分配做 n 件工作，分配第 i 个人做第 j 件工作的代价为 $c[i,j]$，其中 $c[i,j] \geqslant 0, 1 \leqslant i, j \leqslant n$ 设计一种回溯算法，找出一种分配使得总代价最少。

12-11　用回溯法求解并行机调度问题（见第 11 章）。

12-12　设有 n 个独立的作业 $\{1, 2, \cdots, n\}$，每个作业 i 有一个开始时间 r_i、一个处理时间 p_i 和一个退出时间 q_i。现有一台机器 M 要加工这 n 个作业，每个作业 i 只能在 r_i 后开始加工，且加工开始后不能中断，直到加工完成。此外，每个作业加工完成后，必须有一个退出时间。问怎样安排 n 个作业的加工顺序，使加工完 n 个作业的完成时间最短？

12-13　将一个 6×10 的木块，划分成 12 个小图形，每个小图形的形状虽然互不相同，但是由 5 个小方块构成，如图 12.20 所示。设计一种回溯算法，求出将这 12 个小图形再重新拼接成原 6×10 木块所有的可行方案。

12-14　一个羽毛球队有男女运动员各 n 人，给定 2 个 $n \times n$ 矩阵 P 和 Q。$P[i,j]$ 是男运动员 i 和女运动员 j 配对组成混合双打时的竞赛优势；$Q[i,j]$ 则是女运动员 i 和男运动员 j 配合时的竞赛优势。显然，由于技术的配合和心理状态等各种因素的影响，$P[i,j]$ 不一定等于 $Q[i,j]$。设计一种回溯算法，计算出男女运动员的最佳配对法，使各组男女双方竞赛优势乘积的总和达到最大。

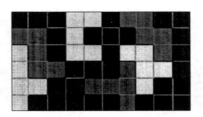

图 12.20 布局例子

12-15 木匠史密斯准备了一些长度相等的棍子用来做家具,可是他不懂事的儿子小史密斯随机地把这些棍子锯成了每一段长度小于 m 的小棍子。为了不挨骂,现在小史密斯想把这些小棍子还原成初始的状态,可是他忘记了棍子初始的长度和数目。请设计一种算法帮他计算出初始棍子最小的可能长度。

12-16 请为零件切割问题的回溯算法设计一个考虑浪费的剪枝函数或者改进切割的过程。

实验题

12-17 对旅行商问题,分别用动态规划法和回溯算法求解,用实验分析方法分析哪种算法更有效。

12-18 利用回溯算法,求解石材切割问题。

第13章

分支限界算法

13.1　算法思想

1985 年,Richard M. Karp 因提出分支限界(Branch and Bound)算法而获得图灵奖。从提出到现在,分支限界算法已经在许多问题中得到广泛的应用,其典型的应用就是求解最优化问题。当分支限界算法用于求解最优化问题时,其效率主要取决于以下几个方面。

(1) 对所求的问题,利用合适的方法构造出上界和下界。

(2) 在每个节点利用限界函数杀死节点及增加活节点.

(3) 使用目前最好的目标函数值进行剪枝,直到所有节点被遍历或被杀死。

假设考虑求解一个最小化问题。分支限界算法的主要思想是:在搜索的过程中,对每个可行的节点,始终维护一个上界(到目前为止最小的目标函数值)和下界(由限界函数得到的目标函数的估计值),然后每次选择一个具有最小下界值的节点进行扩展,经过一系列的扩展之后,搜索过程到达一个节点。在这个节点上,如果得到的下界大于或等于上界,那么就没有必要再扩展这个节点,即不需再延伸这个分支。对于最大化问题,剪枝规则正好相反:一旦上界小于或等于先前确定的下界,那么就剪掉这个分支。由此可见,分支限界算法是对一个最优化问题的部分可行解进行剪枝的一种方法,它试着把搜索集中在可以得到解的分支上。也就是说,分支限界算法基于已经建立的上下界及约束函数,进行节点的扩展和剪枝,其理由是扩展这样的分支可以得到更好的上下界,从而就会剪去更多的分支。总之,分支限界算法不是单纯地以深度优先或宽度优先进行搜索,而是把它们结合起来进行搜索,从而提高搜索的效率。

分支限界算法的计算步骤如下。

步骤 1:对所求的问题定义一个解空间,这个解空间至少包含问题的最优解。

步骤 2:对解空间进行合理组织,以方便搜索。比较常见的组织方式是图或一棵树。

步骤 3:以宽度优先或者宽度结合深度优先的方式搜索解空间,并利用限界函数避免搜索那些不能得到解的子空间。

分支限界算法的解空间树常见的组织方式与回溯算法一样,都包括子集树和排列树,只是展开解空间树的方式与回溯算法不一样。回溯算法扩展一个节点是沿着该节点的某个分支一直搜索,到达叶子节点后,再退回搜索。在回溯算法中,扩展节点有可能被多次重复搜索。而分支限界算法不一样,其搜索过程是不断从活节点表中取出一个节点进行扩展。一个节点扩展完后,就被杀死,以后再也不会被搜索。对于扩展出的节点,通过剪枝函数决定其是否放入活节点表。如果一个节点不能放入活节点表,那么意味着该节点及其分支不会被再次搜索,从而达到剪枝的目的,例如,图 13.1 所示的解空间树。

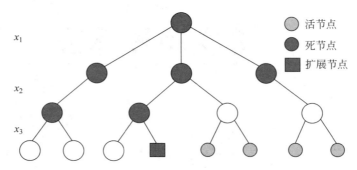

图 13.1　分支限界算法的解空间树

与回溯算法一样,使用分支限界算法至少需要考虑以下几点。

(1) 对于最大值(或者最小值)问题,需要考虑如何估算上界(或者下界)值。

(2) 如何从活节点表中选择一个节点作为扩展节点。

(3) 如何展开一棵搜索树,是采用宽度优先搜索,还是以宽度优先结合深度优先的方式进行混合搜索。

分支界限算法与回溯算法有以下几点不同。

(1) 回溯算法的求解目标是找出解空间树中满足约束条件的所有解,而分支限界法的求解目标是找出满足约束条件的一个解,或是在满足约束条件的解中找出在某种意义下的最优解,一旦实现目标,就退出。

(2) 回溯算法以深度优先的方式搜索解空间树,而分支限界法以宽度优先,或结合深度优先(以最小代价,又或最大收益优先的方式)搜索解空间树。

要提高分支限界算法的效率,就要充分利用限界函数和约束函数剪去无效的分支,并把搜索集中在有希望得到解的分支上。不同的最优化问题相应地采取不同的剪枝策略。类似于回溯算法的分析,一般来说,对于求解最大值问题,需要维护一个活节点表,从活节点表中

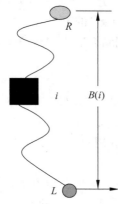

图 13.2　限界函数

选择一个节点作为扩展节点,并对扩展节点的每个分支节点 i,计算其上界值 $B(i)$。如果当前最大目标函数值 bestc 不小于 $B(i)$,那么分支节点 i 就不放入活节点表,否则放入。类似于回溯算法限界函数的定义,从根节点 R 到叶子节点 L 的目标函数值一定不会大于 $B(i)$,因此,如果 $B(i) \leqslant$ bestc,那么表明正在搜索的分支节点 i 是无希望的(即死节点)。要剪掉扩展节点的分支节点 i,那么不把该分支节点放入活节点表即可。由于分支节点 i 不在活节点表中,该节点就没机会展开,从而达到剪枝的目的,如图 13.2 所示。

对于最小值问题的求解,同样维护一个活节点表,表中的每个节点 i,有一个下界值 $B(i)$,而且从该节点出发搜索下去,有希望找到更好解。从活节点表中选择一个节点 i 进行扩展,对节点 i 的每一

个分支节点 j，计算其下界值 $B(j)$。如果 $B(j) \geqslant \text{best}c$，那么表明正在搜索的节点 j 没有希望得到更好的解，节点 j 就不会放到活节点表，以后也就没有机会进行扩展，这相当于剪枝。

分支限界算法同回溯算法一样，都是系统搜索一个解空间的方法。与回溯算法不同的是，分支限界算法在节点的扩展方法上，主要以宽度优先的方式进行扩展。每个活节点只有一次变成扩展节点的机会。当一个活节点变成扩展节点时，它可以到达的节点会一次性地被全部展开。那些不能得到可行解的节点将被去掉（成为死节点），而剩下来的节点将被加到活节点的表中。然后，从活节点表选一个节点作为下一个扩展节点，重复上述过程，直到找到解或活节点表为空为止。

下面讨论如何从活节点表中选择扩展节点。通常有两种方法选择扩展节点，具体如下。

（1）先进先出

先进先出（First In First Out，FIFO）是按节点放入活节点表的次序从活节点表中选择节点。这个活节点表可看作一个队列，相当于使用宽度优先的方式搜索这棵解空间树。值得注意的是，FIFO 与一般宽度优先搜索的不同之处是它利用约束函数和限界函数来剪掉那些不可行的节点。

（2）最小费用或者最大收益

最小费用或者最大收益用一个优先队列代替一个 FIFO 队列，这种方法与每个节点的费用或收益有关，具体地说，与求解的目标有关。如果求解最小值问题，例如，需要搜索最小费用的解，那么活节点表就用数据结构最小堆表示，每次从活节点表中选择一个费用最小的节点进行扩展。如果求解最大值问题，例如，需要得到最大收益的解，活节点表可用一个数据结构最大堆表示，每次从活节点表中选择一个收益最大的节点进行扩展。

根据选择扩展节点的不同，可以得到不同的分支限界算法，例如，FIFO 分支限界算法、最小费用分支限界算法。对于采取优先队列形式的分支限界算法，一般需要确定评价一个节点的策略，以便选择优先展开的节点。通常可以将活节点表中每个节点保存的上界值或下界值作为选择一个扩展节点的标准，例如，对于最大值问题，可以计算活节点表中节点的上界值，每次从活节点表中选择上界值最大的活节点进行扩展，便可以构造最大收益分支限界算法。值得注意的是，对于活节点表中的节点而言，其上界值或者下界值并不是该节点放入表中后才计算的，而是在放入之时就已经计算出了。

下面介绍分支限界算法的应用。

13.2　装载问题

视频讲解

上一章已经介绍装载问题的回溯法，现在介绍如何用分支限界算法求解装载问题。不难分析，装载问题的解空间及约束函数与回溯算法中的一样，即

$$C(i) = \text{cw}(i-1) + w_i$$

其中，$\text{cw}(i)$ 表示第 i 层当前扩展节点的重量，即

$$\text{cw}(i) = \sum_{j=1}^{i} w_j x_j$$

如果 $C(i) > W$，那么第 $i-1$ 层扩展节点的 1 分支节点不放入活节点表。下面给出基于约束函数的分支限界算法 FIFOMaxLoading(w, W, n)，其扩展节点的方式为 FIFO，算法的伪

代码如下。

```
FIFOMaxLoading(w, W, n)
1    i ← 1
2    Enqueue(Q, -1)
3    cw ← 0; bestw ← 0
4    while Q ≠ ∅ do
5        if C(i) ≤ W then
6            SaveQueue(Q, C(i), bestw, i)
7        SaveQueue(Q, cw, bestw, i)
8        cw ← Dequeue(Q)
9        if cw = -1 then
10           if Q = ∅ then return bestw
11           Enqueue(Q, -1)
12           cw ← Dequeue(Q)
13           i ← i + 1
14   return bestw
```

算法 FIFOMaxLoading(w,W,n)的输入参数是集装箱的重量向量 w，船的载重量 W，集装箱的个数为 n。算法的第 1 行初始化当前层 i。第 2 行中，Q 是一个 FIFO 队列，初始化该队列，在其尾部增加一个 -1 标记。第 3 行初始化当前船已装集装箱的重量 cw，以及到目前为止，最佳解的载重量 bestw。第 5 行判断 1 分支的节点能否放入活节点表 Q，如果 1 分支的约束函数值 $C(i)=\text{cw}+w_i$ 没有超过船的载重量 W，则将 1 分支的节点加入活节点表。第 7 行表示 0 分支的节点总是可以加入活节点表。第 8 行表示从活节点表中取出一个活节点作为扩展节点。第 9 行判断如果取出的活节点是 -1 标记，则需要判断活节点表是否为空($\varnothing$)，如果为空，则返回 bestw；否则在活节点表后加一个 -1 标记，并重新取出一个活节点作为扩展节点，并同时进入下一层。一个节点是否进入队列，其判断标准是该节点是否为叶子节点，如果是，则更新目前为止最佳解的载重量 bestw，节点无须进队列；否则，进入队列，其伪代码如下。

```
SaveQueue(Q, wt, bestw, i)
1    if i = n then
2        if wt > bestw then
3            bestw ← wt
4    else
5        Enqueue(Q, wt)
```

从 SaveQueue(Q,wt,bestw,i)可知，实际上进队列的是与该节点对应的当前载重量 wt。

例 13.1 给定一个船的装载实例，$n=3$，$w=(8,6,2)$，$W=12$，其子集树和初始化队列 Q 如图 13.3(a)所示。此时队列非空，节点 B 和 C 依次进队列，如图 13.3(b)所示。值得注意的是，实际上进队列的是数值 8 和 0，这里用节点 B 和 C 分别代替 8 和 0，每个节点所代表的数值为其旁边矩形中的数字，也就是约束函数值。节点 B 的约束函数值为 8，表示当前搜索到此节点的最佳目标函数值。-1 出队列，而且此时队列非空，因此 -1 进队列，同时节点 B 出队列，如图 13.3(c)所示。展开节点 B，由于节点 B 的 1 分支节点的约束函数值为 14，大于船的载重量 12，因此 1 分支节点不会进队列，以后也没有机会进行扩展，相当于被剪枝；节点 B 的 0 分支节点 E 无条件进队列，如图 13.3(d)所示。节点 C 出队列，该节点为

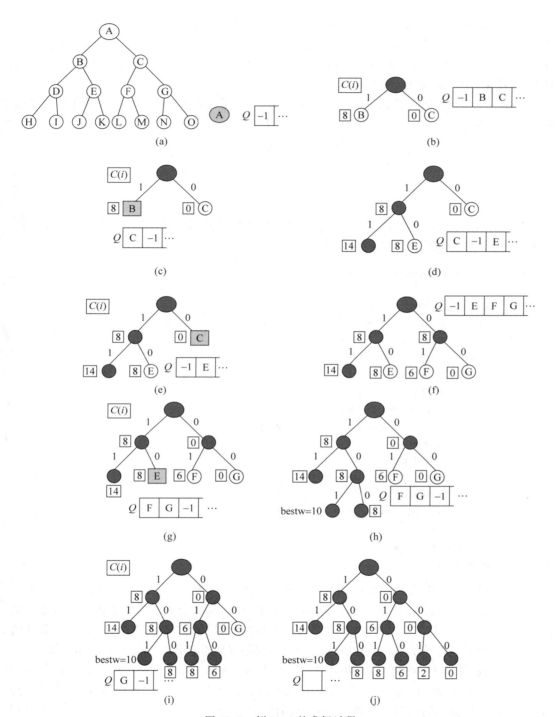

图 13.3　例 13.1 的求解过程

扩展节点，如图 13.3(e)所示。展开节点 C，节点 C 的两个分支节点 F 和 G 均可以进入队列，如图 13.3(f)所示。接下来从队列中取出扩展节点 E，如图 13.3(g)所示。将节点 E 展开，其两个分支节点 J 和 K 均为叶子节点都不放入队列中，故不再展开，如图 13.3(h)所示。

此时,节点 E 的 1 分支节点 J 的约束函数值为 10,表示当前目标函数值的下界更新为 10,得到一个解(1,0,1),其重量为 10。从队列中取出扩展节点 F 并展开,其分支节点为叶子,如图 13.3(i)所示。然后再扩展节点 G,其分支节点为叶子都不放入队列中,不再展开,此时队列为空,搜索停止,如图 13.3(j)所示。

上述 FIFO 分支限界算法只采用了约束函数,如果采用限界函数,则可以提高算法的效率。考虑限界函数

$$B(i) = C(i) + r(i)$$

其中,$r(i)$ 为剩余集装箱的重量,为

$$r(i) = \sum_{j=i+1}^{n} w_j$$

如果 $B(i) \leqslant \text{best}w$,那么当前第 i 层节点不放入活节点表,否则放入。下面给出采用限界函数的 FIFO 分支限界算法的伪代码。

```
ImprovedFIFOMaxLoading(w, W, n)
1      i←1
2      Enqueue(Q, -1)
3      cw ← 0; bestw ← 0; r ←0
4      for j ← 2 to n do r ← r + w_j
5      while Q≠∅ do
6          if C(i)≤W then
7              if C(i)> bestw then bestw←C(i)
8              if i <n then Enqueue(Q, C(i))
9          if B(i)> bestw and i <n then Enqueue(Q, cw)
10         cw←Dequeue(Q)
11         if cw = -1 then
12             if Q = ∅ then return bestw
13             Enqueue(Q, -1)
14             cw←Dequeue(Q)
15             i ← i +1
16             r ← r - w_i
17     return bestw
```

其中,第 4 行从第二个物品开始计算下界。根节点为 A,其两个分支节点,考虑第一个物品的重量,装还是不装。第 15~16 行,考虑下一层节点时,其剩余重量要减去该层所考虑物品的重量。第 6 行判断 1 分支的约束条件是否满足,如果满足,则更新当前最好的重量值 bestw。如果不是叶子节点,则进队列。第 9 行,当限界函数值比当前最好的重量值大时,表示有希望找到更好的解。如果该节点不是叶子节点,则进队列。ImprovedFIF-OMaxLoading(w,W,n)与 FIFOMaxLoading(w,W,n)算法不同的是前者引入了限界函数,并且在算法伪代码的第 7 行更新 bestw 的值,这是因为 bestw 更新得越大,在第 9 行利用限界函数剪枝的时候,就可以更早更多地剪掉一些无效的分支,从而提高搜索的效率。

利用算法 ImprovedFIFOMaxLoading(w,W,n)求解例 13.1,其搜索过程如图 13.4 所示。子集树和初始化队列 Q 如图 13.4(a)所示,此时队列为非空,节点 B 进队列。值得注意的是,与 FIFOMaxLoading(w,W,n)的分析一样,实际进队列的是数值 8,这里用节点 B 代

替 8,每个节点代表的数值见其旁边矩形中左斜线前的数字,也就是约束函数值。左斜线后的数字是限界函数值。当节点 B 进队列的时候,已经得到目前最好的载重量 $bestw=8$,而且其限界函数值为 16,其中,前者是目标函数的下界,后者是目标函数的上界。对于节点 A 的 0 分支,由于其限界函数值(即上界)为 8,不会比目前得到的 $bestw$ 值大,因此被杀死,得到图 13.4(b)。-1 出队列,此时队列非空,因而 -1 进队列,同时节点 B 出队列,成为扩展节点,如图 13.4(c)所示。展开节点 B,由于节点 B 的 1 分支节点违反约束条件,1 分支被剪枝;节点 B 的 0 分支节点 E 的限界函数值为 10,有希望得到更好的解,因此无条件进队列,如图 13.4(d)所示。-1 出队列,此时队列非空,因而 -1 再进队列,从队列中取出节点 E,节点 E 成为扩展节点,如图 13.4(e)所示。将节点 E 展开,其分支节点 J 的约束函数值和限界函数值均为 10,已经是叶子节点,不再进入队列 Q,而节点 K 的限界函数值为 8,没有超过当前最好的 $bestw$,也不再进入队列,如图 13.4(f)所示。此时,得到一个解 $(1,0,1)$,其重量为 10,搜索很快停止。由此可知,在搜索的过程中,节点目标函数值的上下界是不断变化的,其中,下界会不断地增加,上界会不断地减少。

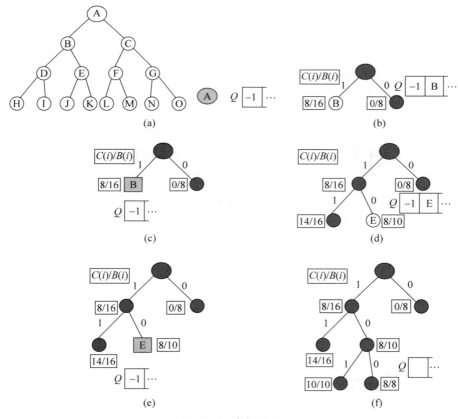

图 13.4　求解过程

上述两种分支限界算法都是只算出最优解的值。如果要构造最优解的值,还必须保存有关解的信息。保存最优解的算法 SolutionFIFOMaxLoading() 详细的伪代码如下。

```
SolutionFIFOMaxLoading()
```

```
1    i ← 1
2    Enqueue(Q, -1)
3    cw ← 0; bestw ← 0; r ← 0
4    for j ← 2 to n do r ← r + w_j
5    while Q ≠ ∅ do
6        if C(i) ≤ W then // x_i = 1
7            SaveQueue(Q, C(i), i, bestw, E, bestE, bestx, 1)
8        if B(i) > bestw then
9            SaveQueue(Q, cw, i, bestw, E, bestE, bestx, 0)
10       E ← Dequeue(Q)
11       if E = -1 then
12           if Q = ∅ then return bestw
13           Enqueue(Q, -1)
14           E ← Dequeue(Q)
15           i ← i + 1
16           r ← r - w_i
17       cw ← E.weight
18   for j ← n - 1 down to 1 do
19       best x_j ← bestE.Lchild
20       bestE ← bestE.parent
21   return bestw
```

与前面介绍的两个分支限界算法不同,算法 SolutionFIFOMaxLoading()不仅保存当前最好的装载量 $bestw$,而且记录最好的叶子节点 $bestE$,以及每个节点是从哪个分支过来的。SaveQueue 函数详细地记录与每个扩展节点有关的信息,例如,该节点的限界函数值或者约束函数值(wt)、该节点的父节点及该节点是其父节点的哪一个分支(ch)。算法的第 18 ~20 行从当前具有最大载重量的节点出发,沿着找其父节点的路线,完成对解的构造。SaveQueue 函数的伪代码如下。

```
SaveQueue(Q, wt, i, bestw, E, bestE, bestx, ch)
1    if i = n then
2        if wt > bestw then
3            bestE ← E
4            bestw ← wt
5            bestx[n] ← ch
6    else
7        b.weight ← wt
8        b.parent ← E
9        b.LChild ← ch
10       Enqueue(Q, b)
```

其中,b 可用一个结构体数据类型实现,表示活节点表中节点的数据类型。

前面介绍了 FIFO 队列形式的分支限界算法,该算法在选择节点进行扩展时,只是按照活节点进入活节点表的先后顺序来扩展节点,并没有利用每个活节点的限界函数值。事实上,活节点的限界函数值越大,越有希望更快地找到最优解。

下面介绍基于最大收益的分支限界算法。活节点表是一个最大优先队列,每个节点 i

有一个限界函数值,即上界重量 $B(i)$。这个上界重量是与节点 i 相关的重量加上剩余集装箱的重量,即 $B(i)=C(i)+r(i)$。每个活节点有 $B(i)$ 值,并按照 $B(i)$ 值递减的顺序成为扩展节点。值得注意的是,根据上界重量 $B(i)$ 的计算可知,节点 i 的子树中没有节点的限界函数值比 $B(i)$ 还大。

特别地,如果一个叶子节点 L 的装载重量等于它的上界重量,那么当该叶子节点 L 以最大收益分支限界方式成为扩展节点时,没有其他活节点能产生一个叶子节点 M,M 获得的装载重量比 L 的装载重量更大,因此,可以提前结束分支限界搜索。下面给出最大收益分支限界算法 MaxCostLoading( ) 求解装载问题的伪代码。

```
MaxCostLoading( )
1     i ← 1
2     r[n] ← 0
3     for j ← n−1 down to 1 do r[j] ← r[j+1] + w_{j+1}
4     while i ≠ n+1 do
5         if C(i) ≤ W then
6             AddLiveNode(Q, E, C(i)+r[i], 1, i+1)
7         AddLiveNode(Q, E, cw+r[i], 0, i+1)
8         N ← ExtractMax(Q)
9         i ← N.level
10        E ← N.ptr
11        cw ← N.weight − r[i−1]
12    for j ← n down to 1 do
13        best x_j ← E.Lchild
14        E ← E.parent
15    return cw
```

伪代码中第 3 行的 $r[j]$ 表示物品 $j+1$ 到物品 n 的重量和,即剩余集装箱的总重量。第 5 行判断第 $i-1$ 层的 1 分支节点 A 是否满足约束函数,如果满足,则将该节点 A 插入活节点表中,此时,节点 A 的限界函数值为 $cw+w_i+r[i]$。0 分支的节点 A 总是可以加入活节点表,此时节点 A 的限界函数值为 $cw+r[i]$。第 8 行从最大堆中选择一个具有最大收益值(最大重量值)的活节点。第 12～14 行构造最优解。往活节点表中加入节点的算法 AddLiveNode(Q,E,wt,ch,lev) 的伪代码如下。

```
AddLiveNode(Q, E, wt, ch, lev)
1     b.parent ← E
2     b.LChild ← ch
3     N.weight ← wt
4     N.level ← lev
5     N.ptr ← b
6     Insert(Q, N)
```

算法 AddLiveNode(Q,E,wt,ch,lev) 的传递参数包括最大堆 Q,扩展节点 E,扩展节点的上界值 wt,1 分支或 0 分支的标记 ch,节点的层标记 lev,其中,b 是一个结构体数据类型,N 是一个最大堆数据类型。

对于例 13.1,最初解空间树如图 13.5(a)所示。在图 13.5(b)中节点 B 和 C 是活节点。节点 B 具有最大收益值 16,因此是扩展节点,进行优先扩展,得到图 13.5(c)。节点 D 不满足约束条件,因此不会放入活节点表,即被杀死。当前活节点为 C 和 E,由于 E 具有更大的上界函数值,被优先扩展。当前活动节点为 J、K、C,节点 J 具有最大限界函数值,因此被优先扩展,得到图 13.5(d)。此时节点 J 获得的载重量为 10,等于其上界函数值 10。J 的上界函数值是当前活节点中上界值最大的,因此扩展其他节点不会得到比 10 还大的载重量。因此分支限界搜索被终止,获得最优解(1,0,1),其最优载重量为 10。

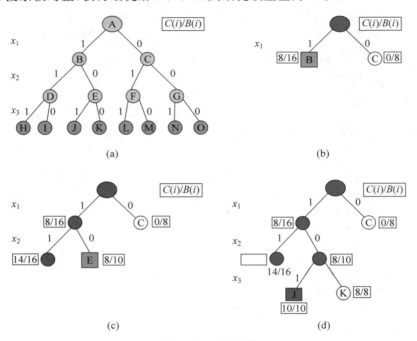

图 13.5　求解过程

视频讲解

13.3　0/1 背包问题

上一章已经介绍了求解 0/1 背包问题的回溯算法,现在介绍求解 0/1 背包问题的分支限界算法。0/1 背包问题的解空间为一棵子集树,这在上一章已经介绍。令 $\mathrm{cw}(i)$ 表示到第 i 层扩展节点的总重量,即

$$\mathrm{cw}(i) = \sum_{j=1}^{i} w_j x_j$$

那么第 $i-1$ 层节点 1 分支节点的约束函数为 $C(i)=\mathrm{cw}(i-1)+w_i$,如果 $C(i)>W$,则不用将 1 分支节点放入活节点表,否则放入。下面考虑限界函数,对于第 i 层上的节点 A,估计其收益的上界值为 $B(A)=\mathrm{cv}(i)+r(i)$,$\mathrm{cv}(i)$ 和 $r(i)$ 的定义与前文相同。如果 $B(A)\leqslant \mathrm{best}v$,那么就不用将 A 放入活节点表,否则放入,其中,$\mathrm{best}v$ 表示目前为止所找到的最大价值。根据上述描述,类似于最优装载问题,可以得到 FIFO 分支限界算法 FIFOKnapsack(),其伪代码如下。

```
FIFOKnapsack()
1    Enqueue(Q, -1)
```

```
2       i ← 1; cw ← 0; cv ← 0; bestv← 0; r ← 0
3       for j ← 2 to n do r ← r + v_j
4       while Q ≠ ∅ do
5           if C(i) ≤ W then
6               SaveQueue(Q, cv + v[i], cw + w[i], i, bestv, E, bestE, bestx, 1)
7           if B(i) > bestv then
8               SaveQueue(Q, cv, cw, i, bestv, E, bestE, bestx, 0)
9           E ← Dequeue(Q)
10          if E = -1 then
11              if Q = ∅ then return bestv
12              Enqueue(Q, -1)
13              E ← Dequeue(Q)
14              i ← i + 1
15          r ← r - v_i
16          cw ← E.weight
17          cv ← E.value
18      for j ← n - 1 down to 1 do
19          best x_j ← bestE.Lchild
20          bestE ← bestE.parent
21      return bestv
```

如果将有着最大收益上界的活节点优先扩展，则可以得到最大收益分支限界算法 MaxProfitKnapsack()，其伪代码如下。

```
MaxProfitKnapsack()
1       i ← 1
2       uv ← B(1); bestv ← 0
3       while i ≠ n + 1 do
4           if C(i) ≤ W then
5               if cv + v_i > bestv then bestv ← cv + v_i
6               AddLiveNode(uv, cv + v_i, C(i), 1, i + 1)
7               uv ← B(i)
8           if B(i) > bestv then
9               AddLiveNode(B(i), cv, cw, 0, i + 1)
10          N ← ExtractMax(Q)
11          E ← N.ptr
12          cw ← N.weight
13          cv ← N.value
14          uv ← N.upvalue
15          i ← N.level
16      for j ← n to 1 do
17          best x_j ← E.LChild
18          E ← E.parent
19      return best
```

其中，SaveQueue(Q, cv$+v_i$, cw$+w_i$, i, bestv, E, bestE, bestx, 1) 和 AddLiveNode(E, uv, cv, wt, ch, lev) 函数与前面类似。下面给出 MaxProfitKnapsack() 运行的例子。

例 13.2 给定一个背包实例：$n=3$，$W=30$，$w=(20,15,15)$，$v=(40,25,25)$。图 13.6 给出了最大收益分支限界算法运行的过程，其中，图 13.6(a) 已经扩展了根节点，得到两个活节点 B 和 C。由于节点 B 的上界值比 C 的大，优先扩展 B 节点。同时，B 的 1 分支节点 D 不满足约束条件，因此 D 不会被放入活节点表，而 0 分支节点 E 可以放入，得到图 13.6(b)。对于当前活节点 E 和 C，E 的上界值比 C 的大，因此 E 被优先扩展。由于 E 的 1 分支节点 J 不满足约束条件，因此 J 不会被放入活节点表，而 0 分支节点 K 可以放入活节点表，此时 bestv 更新为 40，得到图 13.6(c)。当前活节点表为 C，K，但是 C 的上界值比 K 大，将 C 扩展，由于其 0 分支节点 G 的上界值比 bestv 小，G 不会放入活节点表，即被杀死，得到图 13.6(d)。此时活节点为 F，K，但是 F 的上界值比 K 大，因此 F 被优先扩展，将其展开，其 1 分支节点 L 放入活节点表，更新 bestv=50，考虑 0 分支节点 M，由于 B(M)<bestv，因此 M 不会被放入活节点表，如图 13.6(e) 所示。此时活节点表里有 K，L，但是 L 的上界值=bestv，因此算法结束，找到最优解 (0,1,1)，其价值为 50，如图 13.6(f) 所示。

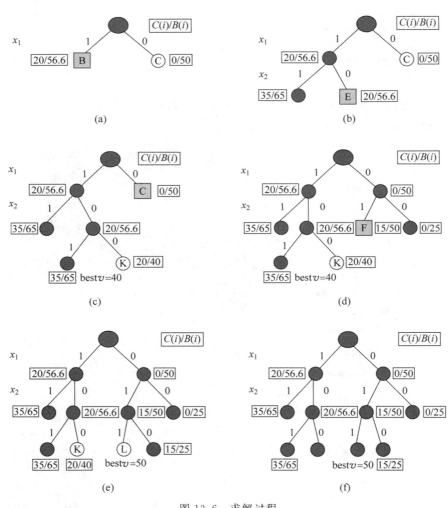

图 13.6 求解过程

13.4　可满足性问题

NP 完全理论一节已经介绍过可满足性问题及 3-CNF-SAT 问题，下面考虑更一般的 k-CNF-SAT 问题。

考虑 CNF

$$\phi = C_1 \wedge \cdots \wedge C_i \wedge \cdots \wedge C_n$$

子句 C_i 具有如下形式

$$x_{i1} \vee \neg x_{i2} \vee \cdots \vee \neg x_{ij} \vee \cdots x_i(k-1) \vee \neg x_{ik}$$

x_{ij} 为命题变元集 $X = \{x_1, x_2, \cdots, x_m\}$ 中的一个变元，其中，x_{ij} 称为正文字，$\neg x_{ij}$ 称为负文字。子句 C_i 中的文字是两两不同的。m 表示命题变元的个数，n 表示子句的个数。每个子句 C_i 的长度，即子句中文字的个数为 k。对于一个子句 C_i，只要其中一个文字为真，则称该子句是可满足的。

一个判定形式的 k-CNF-SAT 问题是指：对于给定的 CNF，是否存在一组关于命题变元的真值赋值，使 $\varnothing$ 为真。

对于每个变元 x_i，有两个取值，分别为真或者假，这里用 1 或 0 相应地表示，因此整个解空间的大小为 2^m。解空间可以组织成一棵有 2^m 个叶子的子集树。4 个变元的子集树如图 13.7 所示。

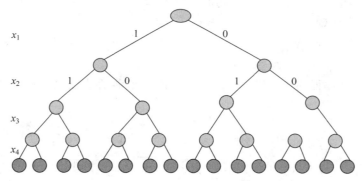

图 13.7　4 个变元的子集树

k-CNF-SAT 问题的求解过程可以从第 1 个变元开始，逐个变元进行赋值。约束函数为：当前部分变元 $(x_1, x_2, \cdots, x_{i-1})$ 的赋值已经确定时，对当前变元 x_i 赋值，如 $x_i = 1$。如果某个子句在当前赋值下，该子句为假(0)，则可以剪掉该分支。类似于 0/1 背包问题，可以用 FIFO 分支限界算法求解。但是这种算法的效率不高，因此可以利用最大收益分支限界算法求解，即计算每个活节点的收益，活节点的收益值为在当前赋值下，能满足的子句数，其目标是满足所有的子句，因此，当前收益大的活节点被优先扩展。算法 MaxProfitSAT() 的伪代码如下。

```
MaxProfitSAT()
1    i ← 1
2    while i ≠ m + 1 do
```

```
3          x_i ← 1
4          cv←ok(i)
5          if cv > 0 then
6              AddLiveNode(cv, 1, i+1)
7          x_i←0
8          cv←ok(i)
9          if cv > 0 then
10             AddLiveNode(cv, 0, i+1)
11         N←ExtractMax(Q)
12         i ← N.level
13    for j ←m down to 1 do
14         bestx_j←E.LChild
15         E ← E.parent
```

其中 AddLiveNode(cv,1,i+1)过程类似 0/1 背包问题,ok(i)函数如下。

```
ok(i)
1     cn←0
2     for j←1 to n do
3         if C_j = 0 then return 0
4         else if C_j = 1 then cn←cn+1
5     return cn
```

其中,cn 表示在当前赋值下,可满足子句的个数。

下面给出一个 3-CNF-SAT 例子。

$$\phi = (x_1 \lor \lnot x_2 \lor \lnot x_3) \land (x_2 \lor x_3 \lor x_4) \land (\lnot x_1 \lor \lnot x_3 \lor \lnot x_4)$$
$$\land (\lnot x_1 \lor x_3 \lor \lnot x_4)$$

该问题的求解过程如图 13.8 所示。子集树和当前活节点表中的节点为 B 和 C,如

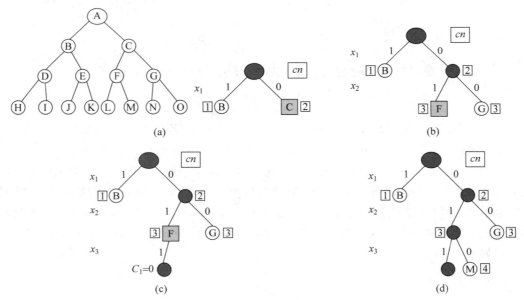

(a)　　　(b)

(c)　　　(d)

图 13.8　求解过程

图 13.8(a)所示。由于 C 满足的子句数为 2，C 被优先扩展。节点 F 和 G 被放入活节点表，其满足的子句数均为 3，如图 13.8(b)所示。F 被优先扩展，由于其 1 分支节点使第 1 个子句为 0，该节点不放入活节点表，即被剪枝，如图 13.8(c)所示。扩展 F 的 0 分支节点，这时已经找到了一个可满足的赋值 $(0,1,0)$，使 $\phi=1$，算法终止，如图 13.8(d)所示。

对于 k-CNF-SAT，是否可以设计更好的限界函数呢？是否可以优先选择满足最多子句的变元呢？这些见习题 13-5。

13.5　旅行商问题

上一章已经介绍了旅行商问题的回溯算法，现在介绍求解旅行商问题的最小权值分支限界算法。前面已经介绍了限界函数，令扩展节点 i 的权值为 $\mathrm{cw}(i)=\sum_{j=2}^{i} w(x_{j-1},x_j)$。

假设第 $i-1$ 层节点选择顶点 x_i 往下走的限界函数为

$$B(i)=\mathrm{cw}(i-1)+w(x_{i-1},x_i)$$

若 $B(i)\geqslant bestw$，则不用把 x_i 放入活节点表，否则放入，其中，$bestw$ 表示目前为止找到的最佳回路的权和；同时，具有最小下界 $B(i)$ 的活节点优先扩展。上述限界函数值只考虑已搜索路径的权值，并没有考虑后续路径的权值。如果能够构造出更大的 $B(i)$，则显然可以剪掉更多分支。

令扩展节点 i 的权值为 $B(i)=\mathrm{cw}(i)+\mathrm{rw}(i)$，$\mathrm{rw}(i)$ 表示从每个剩余节点出发的权值最小边的权值总和，即

$$\mathrm{rw}(i)=\sum_{j=i+1}^{n} \min_{j<k<n,k\neq j}\{w(x_j,x_k)\}$$

如果 $B(i)\geqslant bestw$，则不用把 x_i 放入活节点表，否则放入。同时，具有最小下界 $B(i)$ 的活节点优先扩展。下面给出按照上述改进思路设计的基于优先队列的分支限界算法 MinWeightTSP()，其伪代码如下。

```
MinWeightTSP()
1    MinSum ← 0
2    for i ← 1 to n do
3        Min ← ∞
4        for j ← 1 to n do
5            if w_{i,j} ≠ ∞ and w_{i,j} < Min then
6                Min ← w_{i,j}
7        if Min = ∞ then return ∞
8        MinOut[i] ← Min
9        MinSum ← MinSum + Min
10   for i ← 1 to n do
11       E.x_i ← i
12   E.s←1; E.cw←0; E.rw←MinSum; bestw←∞
13   while E.s < n do
14       if E.s = n-1 then
15           if w(E.x_{n-1}, E.x_n) ≠ ∞ and w(E.x_n, E.x_1) ≠ ∞ and E.cw + w(E.x_{n-1}, E.x_n) +
    w(E.x_n, E.x_1) < bestw then
```

```
16              bestw←E.cw + w(E.x_{n-1},E.x_n) + w(E.x_n,E.x_1)
17              E.cw ← bestw
18              E.lw ← bestw
19              E.s ←E.s + 1
20              Insert(Q, E)
21          else
22              for i ← E.s + 1 to n do
23                  if w(E.x_{E.s}, E.x_i) ≠ ∞ then
24                      cw ← E.cw + w(E.x_{E.s}, E.x_i)
25                      rw ← E.rw - MinOut[E.x_{E.s}]
26                      B(i) ← cw + rw
27                      if B(i) < bestw then
28                          for j ← 1 to n do
29                              N.x_j ← E.x_j
30                          N.x_{E.s+1} ← E.x_i
31                          N.x_i ← E.x_{E.s+1}
32                          N.cw ← cw
33                          N.s ← E.s + 1
34                          N.lw ←B(i)
35                          N.rw ← rw
36                          Insert(Q, N)
37          E←ExtractMin(Q)
38      if bestw = ∞ return ∞
39      for i ←1 to n do best x_i←E.x_i
40      return bestw
```

算法 MinWeightTSP()在第 1～8 行计算每个顶点最小出边的权和。第 10～12 行初始化扩展节点的有关信息,到扩展节点为止路径的权和 $E.cw$,扩展节点剩余路径的最小权和 $E.rw$,以及当前为止,最佳路径的权和 bestw。第 13～37 行重复扩展节点,直到叶子节点 $E.s = n-1$ 为止。第 15 行,判断扩展节点的分支顶点与前面路径,以及与出发顶点是否相通,如果相通,比较该回路的权和与目前最佳回路的权和。如果该回路的权和更小,则更新最佳回路,然后将该分支叶子节点插入最小堆,否则删除该叶子节点。如果该节点不是叶子节点,则考虑扩展节点的分支顶点 $E.x_i$ 与到扩展节点的路径的末端顶点是否相通,如果相通,则估计扩展节点的权值 $B(i)$,如果 $B(i) \geqslant$ bestw,则将该扩展节点的分支剪掉,即分支节点不会插入最小堆。第 39 行将最优路径保存到解向量 bestx。最后,将最优回路的权和返回。

13.6　流水作业调度问题

前面已经介绍了流水作业调度问题的回溯算法,现在介绍求解流水作业调度问题(Flow Shop Problem)的分支限界算法。虽然回溯算法中已经介绍了一个限界函数,但是其效率不高,下面对其进行改进。

令 $(x_1,x_2,\cdots,x_i)$ 表示到扩展节点 i 为止已经处理过的部分作业,那么有

$$f = \sum_{j=1}^{i} F(x_j,2) + rf(i)$$

其中，$rf(i) = \sum_{j=i+1}^{n} F(x_j, 2)$。要精确计算 $rf(i)$ 是非常困难的，那么能估计出它的下界吗？

考虑以下两种情形。

（1）每个剩余的作业可以在机器 1、机器 2 上连续地进行处理，也就是说一个作业在机器 1 上处理完后，可以不需要等待，继续在机器 2 上进行处理，此时有

$$rf1(i) = \sum_{j=i+1}^{n} (F(x_j,1) + (n-j+1)t(x_j,1) + t(x_j,2))$$

显然有 $rf(i) \geq rf1(i)$。

（2）机器 2 没有等待时间，即机器 2 在完成某个作业后，可以不用等待地处理下一个作业，此时有

$$rf2(i) = \sum_{j=i+1}^{n} (\max\{F[x_i,2], F[x_i,1] + \min_{i \leq k \leq n} t[x_k,1]\} + (n-j+1)t[x_j,2]$$

显然，$rf(i) \geq rf2(i)$。

对于第一种情形，若将作业按 $t[j,1]$ 非递减的顺序排列，那么可得到更小的 $rf1(i)'$，即

$$rf1(i)' \leq rf1(i)$$

对第二种情形，如果将作业按 $t[j,2]$ 非递减的顺序排列，则可得到更小的 $rf2(i)'$，即

$$rf2(i)' \leq rf2(i)$$

所以有

$$f = \sum_{j=1}^{i} F[x_j,2] + rf(i)$$
$$\geq \sum_{j=1}^{i} F[x_j,2] + \max\{rf1(i), rf2(i)\}$$
$$\geq \sum_{j=1}^{i} F[x_j,2] + \max\{rf1(i)', rf2(i)'\}$$

令节点 i 的下界为 $B(i) = \sum_{j=1}^{i} F[x_j,2] + \max\{rf1(i)', rf2(i)'\}$，若 $B(i) \geq \text{best}f$，则不用将节点 i 放入活节点表，否则放入。与此同时，下界 $B(i)$ 最小的活节点优先扩展。下面给出基于上述限界函数的分支限界算法 MinCostFlowShop()，其伪代码如下。

```
MinCostFlowShop()
1    E.s←-1; E.f ← 0; E.f2 ← 0; E.f1 ← 0
2    for j←1 to n do E.x_j←j
3    bestf←∞
4    while E.s≤n do
5        if E.s = n then
6            if E.f < bestf then
7                bestf←E.f
8                for i←0 to n do bestx_i←E.x_i
9                return bestf
```

```
10        else
11            for i←E.s + 1 to n do
12                for j←1 to n do
13                    N.x_j ← E.x_j
14                    N.x_{E.s + 1} ← E.x_i
15                    N.x_i ← E.x_{E.s + 1}
16                f1 ← E.f1 + t[N.x_{E.s+1}, 1]
17                if E.f2 > f1 then
18                    f2 ← E.f2 + t[N.x_{E.s + 1}, 2]
19                else
20                    f2 ← f1 + t[N.x_{E.s + 1}, 2]
21                N.f ← E.f + f2
22                N.s ← E.s + 1
23                N.f2 ← f2
24                N.f1 ← f1
25                if B(i) < bestf then
26                    Insert(Q, N)
27            E←ExtractMin(Q)
28    return bestf
```

其中,优先队列仍然用最小堆来实现,N 是一个最小堆节点。第 10 行对当前扩展节点 $E.s$ 的每个子节点,依次判断,看能否加入最小堆中。MinCostFlowShop() 的过程与求解旅行商问题的算法 MinCostTSP() 的过程类似,这里就不再详细描述。

对于图 12.16 给出的调度实例,图 13.9(a)给出了排列树的初始状态。在图 13.9(b)中的 3 个活节点中,节点 B 和 D 的 $B(i)$ 最小,因此 B 为扩展节点并进行展开,得到图 13.9(c)。在图 13.9(c)的活节点中,节点 F 具有最小的 $B(i)$ 值,因此为当前扩展节点并进行展开,得到一个叶子节点 L,其 $B(i)$ 值为 18,插入最小堆。由于节点 L 的 $B(i)$ 值最小,优先扩展,但已是叶子节点。此时 $bestf=18$ 等于其下界值,因此,算法直接终止。

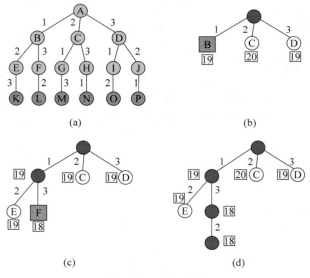

图 13.9　求解过程

13.7 0/1 背包问题实验

前面已经介绍了求解 0/1 背包问题的 DPKnapsack 算法(DPK)、BacktrackKnapsack 算法(BK)和 MaxProfitKnapsack 算法(MPK)。为了比较这 3 种算法的效率,本节将 3 种算法用 C++ 语言编程实现,并在 CPU 为 2.4GHz,内存为 512MB 的计算机上进行测试。其中,测试实例的问题规模 n 分别为 1000、1200、1400、1600、1800、2000、2200、2400,这些实例均为随机生成,其最大价值依次为 282 000,414 610,455 339,607 732,748 955,940 129,1 305 502,1 312 372。3 种算法的执行时间分别如表 13.1 和图 13.10 所示,其中,时间的单位为秒。图 13.10 清楚直观地表示随着问题规模 n 的增大,3 种算法执行时间的增长趋势。虽然 3 种算法都能找到最大价值的物品的子集,但是从表 13.1 和图 13.10 可以看出,DPKnapsack 算法随着问题规模的增大,需要的时间越来越多,BacktrackKnapsack 算法的计算速度比动态规划算法快。虽然 BacktrackKnapsack 算法与 MaxProfitKnapsack 算法的计算速度差不多,但是后者相对更快,因此 MaxProfitKnapsack 算法的效率更高。前面已经分析过,DPKnapsack 算法的时间复杂度为 $O(nW)$,算法的计算速度取决于背包的载重量 W,因此该算法的效率还与具体的实例有关。MaxProfitKnapsack 算法是用空间换时间,从而计算速度更快,这与前面对 3 个算法的理论分析一致。

表 13.1 3 种算法的执行时间

算法 \ n	1000	1200	1400	1600	1800	2000	2200	2400
DPK	0.109	0.187	0.203	0.296	0.421	0.578	1.125	1.218
BK	0.031	0.063	0.078	0.063	0.11	0.14	0.14	0.109
MPK	0.015	0.015	0.031	0.031	0.031	0.062	0.046	0.046
最优价值	282 000	414 610	455 339	607 732	748 955	940 129	1 305 502	1 312 372

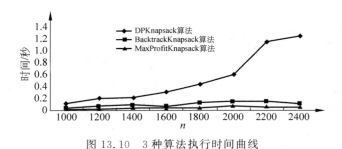

图 13.10 3 种算法执行时间曲线

13.8 小结

本章内容主要参考文献[7,16],介绍了分支限界算法限界函数的设计及其应用。

从前面的分析可知,回溯算法一般适于求解要找出所有满足约束条件的解的问题,有通用的解题方法之称，而分支限界法一般适于求解最优化问题。回溯算法以深度优先的方式搜索一棵解空间树，而分支限界算法以宽度优先的方式或者宽度优先结合深度优先的方式搜索解空间树。一般来说，回溯算法需要更多的时间，基本不需要什么空间，而分支限界法需要更多的空间，但效率更高。特别是，采用优先队列的分支限界法，可以看作是对回溯算法求解最优化问题的一个改进，通常具有更高的效率。

此外，回溯算法和分支限界算法基本上都用到了剪枝函数，剪枝函数的好坏，直接关系到算法的性能。然而，不是所有的分支可以被剪掉，这就需要设计出合理的剪枝函数。在设计剪枝函数时，一般需要注意不能剪去含有正确解的分支，如果不能保证这一点，那么剪枝也就失去了意义。在此基础上，应该具体问题具体分析，设计有效的剪枝函数以提高搜索的效率。

习题

13-1   对于旅行商问题，应用分支限界算法求解图 13.11 所示实例。

$$\begin{pmatrix} \infty & 5 & 2 & 10 \\ 2 & \infty & 5 & 12 \\ 3 & 7 & \infty & 5 \\ 8 & 2 & 4 & \infty \end{pmatrix}$$

图 13.11

13-2   对于习题 12-10，应用分支限界算法求解以下实例：给定 4 个雇员和 4 件工作，其代价矩阵如图 13.12，其中，第 i 行对应第 i 个雇员，第 j 列对应第 j 项工作。

$$\begin{pmatrix} 3 & 5 & 2 & 4 \\ 6 & 7 & 5 & 3 \\ 3 & 7 & 4 & 5 \\ 8 & 5 & 4 & 6 \end{pmatrix}$$

图 13.12

13-3   利用分支限界法求解习题 12-11。

13-4   设计一种求解 n 皇后问题的分支限界算法。

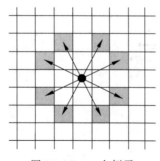

图 13.13   一个例子

13-5   为 k-CNF-SAT 问题设计更好的剪枝函数。

13-6   设计一种求解 Partition 问题的分支限界算法。

13-7   设计一种求解 SubsetSum 问题的分支限界算法。

13-8   设计一种求解 BinPacking 问题的分支限界算法。

13-9   设计一种分支限界算法重解习题 12-12。

13-10   给定一个 $n \times n$ 的正方形棋盘，以为马的起始位置和目标位置，试设计一种算法，求解马从起始位置跳到目标位置需要的最少步数。在任意一个位置，马跳一步，可以从该位置跳到如图 13.13 所示的 8 个可能位置中。

实验题

13-11 动态规划算法、回溯算法与分支限界算法各有什么优缺点？编程实现这 3 种算法，并求解旅行商问题，用实验分析方法说明你的结论。

13-12 利用分支限界算法求解石材切割问题。

第14章

启发式搜索

14.1　算法思想

在搜索过程中，没有利用任何的启发式信息，而是按照预定的搜索策略进行搜索，这种搜索方式称为盲目搜索，反之，称为启发式搜索（Heuristic Search）。前面介绍的深度优先搜索及宽度优先搜索都属于盲目搜索，而回溯算法和分支限界算法属于启发式搜索，这是因为它们利用启发式信息构造约束函数和限界函数，实现更多的剪枝，使搜索更有效率。

本章提及的启发式信息，也称为中间信息或者面向问题领域的知识，常常是一种经验或者直觉。借助启发式信息，可以避免盲目搜索，提高搜索的效率。启发式搜索一般有两类：一类是借助于启发式信息，一步一步地构造出问题的近似解或者最优解；另一类是从一个初始解（一般是随机产生的初始解）出发，借助于启发式信息，不断迭代改进问题的解，直到找到合乎问题要求的近似解。前者包括回溯及分支限界算法，后者包括现代启发式算法，例如遗传算法、模拟退火、禁忌搜索等。现代启发式算法非常依赖启发式信息，不管如何设计，都有可能找不到问题的最优解，有时甚至连可行解也找不到。本章主要介绍第一类启发式搜索算法，这类启发式算法如果设计得当，通常能在合理的时间范围内找到问题的最优解。

前面介绍过，为了方便搜索，常将搜索空间组织成一棵树或者图的形式。在搜索树或者图时，启发式信息主要用来控制搜索的过程，例如：

（1）如何选择当前要展开的节点；

（2）如何展开，是部分展开还是全部展开；

（3）如何决定舍弃还是保留新生成的节点；

（4）如何决定停止或继续搜索；

（5）如何定义启发式函数；

（6）如何决定搜索的方向。

上述问题主要通过一个评估函数解决，因此，启发式搜索与盲目搜索最大的区别，就是选择当前要展开的节点，是根据一个评估函数，对节点进行评估，然后根据节点评估值的大小来进行选择，选择评估值最优的节点进行展开。如果有几个节点，其评估值相同，则一般根据深度信息来选择。

一般地,节点 n 的评估函数 $f(n)$ 可表示为

$$f(n)=h(n)+d(n) \qquad (14.1)$$

其中,$h(n)$ 是启发式函数,与启发式信息相关;$d(n)$ 是开始节点到节点 n 的深度信息。启发式函数 $h(n)$ 的设计非常重要,该函数无固定的设计模式,主要取决于面向具体问题结构的知识和求解的技巧。要设计出满足式(14.1)所示的启发式函数,需要很高的技巧。其实 $f(n)$ 类似于回溯算法是要估计的上界(对最大值问题)或下界(对最小值问题)。前面在回溯及分支限界算法中提到的剪枝函数都利用到了启发式信息,而且设计剪枝函数的技巧性很强。特别地,剪枝函数设计的好坏,直接影响算法的效率。

启发式搜索在游戏、理论证明、问题求解等领域都有大量的实际应用,启发式搜索包括很多的算法,例如,局部搜索、最好优先搜索、A^* 搜索、博弈搜索等。这些算法都使用了启发式信息,但是在具体选取最佳搜索节点时的策略却有不同。下面介绍常用的 A^* 搜索和博弈搜索算法。

14.2 A^* 搜索算法

A^* 搜索算法,是一种著名的启发式算法,已经被广泛应用于求解组合优化问题,特别是求解图的搜索问题。A^* 搜索算法最为核心的部分,就是评估函数的设计。在 A^* 搜索算法的评估函数 $f(n)$ 中,$d(n)$ 表示从起始节点到当前节点的代价,通常用当前节点在搜索树中的深度表示。启发式函数 $h(n)$ 表示当前节点到目标节点的评估值,是启发式搜索算法最为关键的部分。$h(n)$ 设计的好坏,直接影响着启发式算法能否找到问题的最优解,这是因为对于宽度优先搜索来说,$h(n)=0$,没有利用一点启发式信息,虽然能找到最优解,但是运行时间代价太大。$h(n)$ 的启发式信息越多,则剪掉的节点也越多,其设计也更复杂,更讲究技巧。

一般地,求解最小化问题的 A^* 搜索算法的评估函数包括以下两个约束条件。

(1) $h(n)$ 不大于节点 n 到目标节点 t 的实际最小代价 $h^*(n)$,即 $h(n) \leqslant h^*(n)$。

(2) 任意节点的评估值 f 必须不小于父辈节点的 f 值,即 f 单调递增。

当评估函数 $f(n)$ 满足上述两个约束条件时,按正确的启发式搜索算法,在合理的限制条件下,可证明 A^* 搜索算法能够获得问题的最优解,这就是常说的 A^* 搜索算法具有的优势。

由于节点 n 到目标节点 t 的实际最小代价 $h^*(n)$ 是无法知道的,因此要设计出满足条件(1)的启发式函数是很难的,但是一般希望设计的 $h(n) \leqslant h^*(n)$,并且尽量接近 $h^*(n)$。例如,对于图 14.1 所示的有向图,要寻找从 s 到 t 的一条最短路径,$d(n)$ 表示从起始顶点 s 到当前顶点 n 的距离。从 s 出发可以到达 3 个顶点,分别是 v_1,v_2,v_4,因此 $d(v_1)=3$,$d(v_2)=4,d(v_4)=5$。对于顶点 v_1,从该顶点到目标顶点的实际最短距离 $h^*(v_1)$ 是多少呢?事实上,从 v_1 到 t 有 5 条路径:第一条路径为 $\langle v_1,v_3,t \rangle$,其长度为 7;第二条路径为 $\langle v_1,v_3,v_5,t \rangle$,其长度为 11;第三条路径为 $\langle v_1,v_2,v_3,t \rangle$,长度为 11;第四条路径为 $\langle v_1,v_2,v_3,v_5,t \rangle$,其长度为 15;第五条路径为 $\langle v_1,v_2,v_5,t \rangle$,其长度为 13。因此可知,$h^*(v_1)=7$。由此可见,$h^*(n)$ 在通常情况下是很难知道的,即使知道怎么求解,求解过程也相当复杂。事实上,从顶点 v_1 出发到 t 有两条可能的路径,从顶点 v_1 出发,或者到 v_2,或者到 v_3,这

表示从顶点 v_1 出发到 t，其距离最小为 3（从 v_1 到 v_3），这个距离可以作为 $h^*(v_1)$ 的估计，即 $h(v_1)=3$。关于距离的估计，接下来会详细给出。

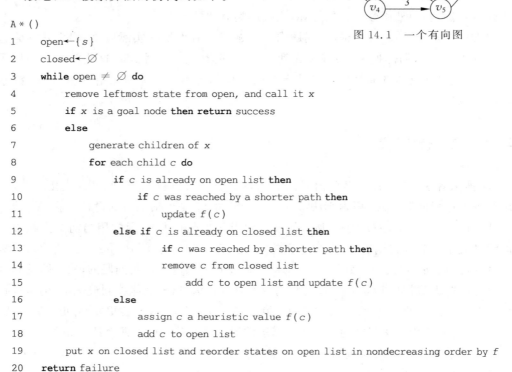

图 14.1　一个有向图

对于许多问题而言，例如，下面介绍的图的最短路径问题和八数字问题，一般容易设计出相应的满足约束条件(1)和约束条件(2)的启发式函数，因而启发式搜索算法在这些问题中得到了成功的应用。

一般地，A^* 搜索算法的伪代码如下。

```
A * ( )
1      open←{s}
2      closed←∅
3      while open ≠ ∅ do
4          remove leftmost state from open, and call it x
5          if x is a goal node then return success
6          else
7              generate children of x
8              for each child c do
9                  if c is already on open list then
10                     if c was reached by a shorter path then
11                         update f(c)
12                 else if c is already on closed list then
13                     if c was reached by a shorter path then
14                         remove c from closed list
15                         add c to open list and update f(c)
16                 else
17                     assign c a heuristic value f(c)
18                     add c to open list
19         put x on closed list and reorder states on open list in nondecreasing order by f
20     return failure
```

对于求解最小值问题，类似于分支限界算法，A^* 搜索算法采用最小代价优先的策略，即在所有将要扩展的节点中，选择具有最小代价的节点作为下一个扩展节点。其终止准则是如果选择的节点是目标节点，即停止 A^* 搜索。算法 A^*()中 open 表是一个优先队列，保存即将要展开的节点。closed 表是一个数据结构，如数组或者链表，保存展开过的节点。s 是开始节点。A^* 搜索算法在第 3 行判断 open 表是否为空，如果不为空（open$\neq\varnothing$），那么意味着当前有可以扩展的节点，算法在第 4 行选择 open 表中最左的节点，即代价最小的节点 x，如果 x 是目标节点，则返回成功，否则产生 x 的孩子节点。在第 8 行，对 x 的每个孩子节点，依次执行第 9～18 行。对 x 的某个孩子节点 c，如果该节点在 open 表中，且有一条更短的路径搜索到节点 c，则更新 $f(c)$；如果该节点在 closed 表中，且有一条更短的路径搜索到节点 c，则从 closed 表中移走 c，将其重新放入 open 表，并更新 $f(c)$；否则，将 c 放入 open 表。如果 x 的所有孩子已经被搜索，则将其放入 closed 表，然后对 open 表中的节点按照代价 f 进行排序，使代价最小的节点在最左边。显然，open 表可用数据结构最小堆实现。

下面介绍 A^* 搜索算法的应用。

14.2.1　最短路径问题

给定一个有向图 $G=(V,E)$ 及所有边 (u,v) 的非负权值 $w(u,v)$，要寻找给定顶点 s 到 t 的最短路径问题，可以利用图算法一节介绍的 Dijkstra 算法求解。由于 Dijkstra 算法的时间复杂度是 $O(|V|^2)$，虽然能够在多项式时间内找到最短路径，但是当顶点很多且需要实时计算时，Dijkstra 算法就无法满足要求了。而 A^* 搜索算法在处理这类有实时需求的问题时，则显示出独特的优势。

前面一节已经分析了对于最短路径问题，求一个顶点 n 到目标顶点的最短路径的权和 $h^*(n)$ 是非常复杂的，因此只要给出它的一个估计 $h(n)$。由于一个顶点 n 到目标顶点的最短路径的权和不会少于顶点 n 的出边的最小权值，因此令

$$h(n)=\min_{v\in V}\{w(n,v)\}:(n,v)\in E$$

上述估计满足约束条件(1)，因此，顶点 n 的评估函数可以构造为

$$f(n)=h(n)+d(n)$$

其中，$d(n)$ 表示从起始顶点 s 到当前顶点 n 的距离，即路径的权和。

上述评估函数也满足约束条件(2)，因此，利用 A^* 搜索算法能够找到最短路径。

图 14.2 展示了 A^* 搜索算法找最短路径的过程。初始 open 表包含一个顶点 s，取出它并将其展开，得到图 14.2(a)，此时 open$=\{v_1,v_2,v_4\}$，closed$=\{s\}$。将评估值最小的顶点 v_1 取出，将其展开，得到图 14.2(b)，此时 open$=\{v_2,v_4,v_3\}$，closed$=\{s,v_1\}$。将评估值最小的顶点 v_2 取出，将其展开，由于 v_2 的孩子顶点 v_3 已经在 open 表中，而且其路径 $\langle s,v_2,v_3\rangle$ 的长度不会比原来的路径长度更短，因此不需要更新。对于另一个孩子顶点 v_5，其不在 open 表中，也不在 closed 表中，因此将其添加到 open 表中，得到图 14.2(c)，此时 open$=\{v_4,v_3,v_5\}$，closed$=\{s,v_1,v_2\}$。将评估值最小的顶点 v_4 取出，将其展开，由于 v_4 的孩子顶点 v_5 已经在 open 表中，而且其路径 $\langle s,v_4,v_5\rangle$ 的长度不会比原来的路径长度更短，因此不需要更新各表。同时，将顶点 v_4 放入 closed 表中，得到图 14.2(d)，此时 open$=\{v_3,v_5\}$，closed$=\{s,v_1,v_2,v_4\}$。将评估值最小的顶点 v_3 取出，将其展开，由于 v_3 的孩子顶点 v_5 已经在 open 表中，而且其路径 $\langle s,v_4,v_5\rangle$ 的长度不会比原来的路径长度更短，因此不需要更新。对 v_3 的另一个孩子顶点 t，由于其不在 open 表中，也不在 closed 表中，因此将其添加到 open 表中，得到图 14.2(e)，此时 open$=\{v_5,t\}$，closed$=\{s,v_1,v_2,v_4,v_3\}$。将评估值最小的顶点 t 取出，由于该顶点是目标顶点，A^* 搜索算法终止，得到图 14.2(f)。

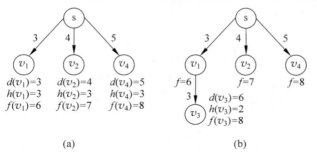

(a)　　　　　　　　　　(b)

图 14.2　A^* 搜索算法找最短路径的过程

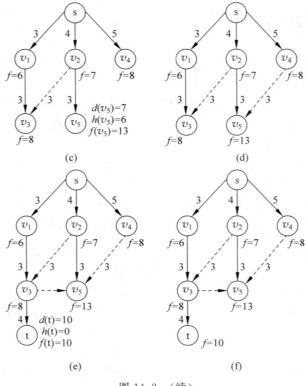

图 14.2 （续）

14.2.2 八数字问题

给定一个 3×3 的棋盘，棋盘除了一格没有数字外，其他 8 个格子都放有一个数字，空格周边的格子中的数字可以移到该格中。已知一个目标格局，八数字问题的目标就是找到一个数字移动序列，使初始的棋盘格局尽快地变为一个目标格局。

在问题描述中，数字的移动可看成空格的左、右、上、下移动。图 14.3 给出了一个初始格局、目标格局，以及从初始格局出发，移动一步能到达的格局。

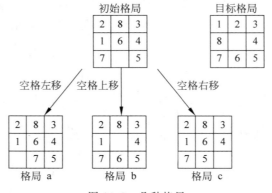

图 14.3 几种格局

对于八数字问题,可以设计出几种评估函数,一种直观的启发式信息,是把当前格局 n 与目标格局相比,不在正确位置的数字个数作为启发式函数值,这里不考虑深度信息,即

$$f(n) = 位置不正确的数字个数。$$

随着 $f(n)$ 的减少,搜索越来越逼近目标格局。但是,这种评估函数没有利用距离的信息,也容易使搜索陷入"死胡同"。另外一种是只考虑距离信息,即当前格局中,不在正确位置的数字,到达目标格局必须移动的次数,这种评估函数计算相对比较麻烦。

上述两种评估函数都不是很理想。我们的目标是希望利用有限的启发式信息,更快地找到目标格局。

为了避免由于过分的优化试探而陷入"死胡同",可以把上述两种启发式信息结合起来,即在第一种评估函数中,同时考虑深度信息,构造出一种新的评估函数

$$f(n) = h(n) + d(n)$$

其中,$h(n)$ = 位置不正确的数字个数(与目标格局相比),$d(n)$ = 搜索图中从初始格局到当前格局 n 的深度。值得注意的是,评估函数 $f(n)$ 满足两个约束条件(1)和(2),因此,按照上述评估函数进行启发式搜索,可以尽快地找到目标格局。

在图 14.3 中,格局 a 的启发式值 $h(a)=5$,深度值 $d(a)=1$,因此评估值 $f(a)=6$。类似地,可以计算出格局 b 的启发式值 $h(b)=3$,深度值 $d(b)=1$,评估值 $f(b)=4$;格局 c 的启发式值 $h(c)=5$,深度值 $d(c)=1$,评估值 $f(c)=6$。

给定初始格局 s 和目标格局 t,整个 A^* 搜索算法的搜索过程如图 14.4 所示。

A^* 搜索算法具体执行过程中,open 表及 closed 表的变化情况如下。

(1) open = {s},closed = {}。

(2) open = {b4,a6,c6},closed = {s}。

(3) open = {d5,e5,a6,c6,f6},closed = {s,b4}。

(4) open = {e5,a6,c6,f6,g6,h7},closed = {s,b4,d5}。

(5) open = {i5,a6,c6,f6,g6,h7,j7},closed = {s,b4,d5,e5}。

(6) open = {k5,a6,c6,f6,g6,h7,j7},closed = {s,b4,d5,e5,i5}。

(7) open = {l5,a6,c6,f6,g6,h7,j7,m7},closed = {s,b4,d5,e5,i5,k5}。

(8) success,m = t。

其中,对于 open 表和 closed 表中的格局 n_i,n 表示格局,i 表示格局 n 的评估函数值,例如,b4 表示格局 b 的评估函数值为 4。open 表中的格局按照评估值的大小排序,评估值小的排在表的前面,则 open 表中位于最左的格局被优先展开。

从上述例子可以看出,在评估函数中,启发式函数值能够使当前的搜索朝着目标格局前进,而深度信息能避免搜索陷入看不到希望的"死胡同"。对于新产生的格局,要检查该格局是否以前访问过,从而避免循环搜索。

从八数字问题的例子也可以看出,搜索路径的深度及展开的格局数、启发式函数 $h(n)$ 的设计及计算量,均会影响 A^* 搜索算法的效率,如何平衡这些因素,提高搜索的效率,是值得考虑的问题,设计合适的评估函数,无疑是其中最关键的地方。

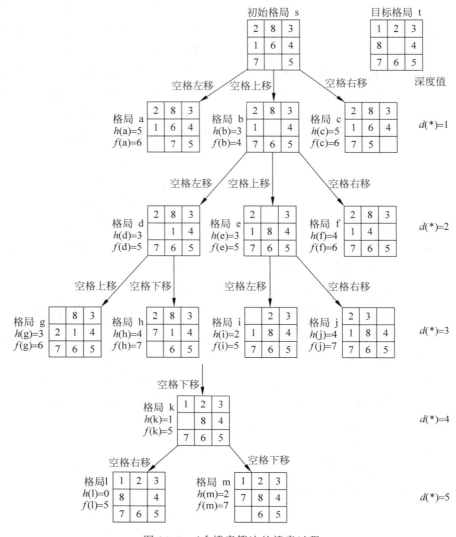

图 14.4　A* 搜索算法的搜索过程

14.3　博弈搜索算法

博弈（Game）是启发式搜索算法最重要的一个应用领域。无论是下棋游戏，还是世界大战，它们都为启发式算法的设计者提供了展示自己的舞台。设计博弈算法，既有趣又充满挑战。博弈是两方或多方的一种竞争。为了方便研究，下面假设博弈的各方清楚地了解自己的目标和利益所在。在竞争中，各方总是力图采用最佳策略，以便更好地实现自己的目标和利益。

由于博弈双方完全熟悉自己所处的环境，并且知道自己和对方可能的移动方式及其所带来的影响，因此，博弈者为了取胜，必须针对竞争中可能出现的各种情况制订相应的对策，从而做出对自己有利的决策。这些对策常称为博弈策略，一个完整的博弈策略应该包括以下内容。

（1）能够对竞争中可能出现的情况进行估计和分析。

（2）针对竞争中可能出现的每一种情况，博弈者可能采取的一系列决策。

许多博弈问题往往包含着多个回合的交锋，因此包含着一系列的决策。为了便于搜索，常常把一系列的决策（解空间）构造成一棵博弈树。博弈树由一系列的节点和分支组成。下面只讨论两方博弈，并令博弈一方为 MAX，令一方为 MIN。之所以这样取名，是因为随后可以看到，站在 MAX 角度来看，MAX 总想使自己的好处最大化，而 MIN 则总想使对方的好处最小化。假设 MAX 先移动，在双方博弈中，MAX 和 MIN 轮流移动，直到其中一方获得胜利，另一方失败，或者双方出现和局为止。

通常用层数表示博弈树的搜索深度，表示出向前预测的 MAX 和 MIN 交锋的回合数。博弈树的根节点深度为 0，即 0 层。层数为偶数的节点，称为 MAX 节点，轮到 MAX 移动；层数为奇数的节点，称为 MIN 节点，轮到 MIN 移动。因此，双方博弈树具有如下特点。

（1）奇层节点，即 MIN 层节点，是 MAX 移动后的格局，下一步轮 MIN 移动。偶层节点是 MIN 移动后的格局（除了初始格局外），下一步轮 MAX 移动。

（2）博弈树的叶子节点表示双方交锋的最终结果，即终止格局，表示要么取胜，要么和局。如果奇层节点是叶子节点，则 MAX 胜或和局。如果偶层节点是叶子节点，则 MIN 胜或和局。

因此，博弈双方的目的就是设计出合适的博弈策略，在博弈树的每一个分支中，做出合适的决策，使博弈一方尽快使对手处于叶子节点，从而击败对手。

现在的任务是为博弈者找到最佳的移动方式。假设 MAX 先移动，那么 MAX 的最佳首次移动如何确定？博弈树中每一层的节点，如何评估？MAX 和 MIN 如何移动？都是博弈搜索需要考虑的非常关键的问题。虽然博弈双方知道自己和对方可能的移动方式及其所带来的影响，但是，对节点进行评估，特别是设计出有效的评估函数，还是非常困难的。一般地，设计静态评估函数是比较容易的。静态评估函数通过对博弈树的叶子节点进行评估，然后倒推出其父节点的评估值。这种评估值常常由影响这个值的许多不同特性决定。通常在分析博弈树时，对 MAX 有利的格局，其评估函数值常为正数；对 MIN 有利的格局，其评估函数值常为负数，接近零的值表示该格局对 MAX 和 MIN 都一样。

一个最佳首次移动可以由一个最大最小化过程产生。假设轮到 MAX 从搜索树的 MIN 叶子节点中选取，这时 MAX 肯定选择拥有最大值的节点，这是因为节点的评估函数值越大，对它越有利。因此，MIN 叶子节点的 MAX 父节点的倒推值就等于叶节点的最大静态评估值。另一方面，MIN 从 MAX 叶节点中选取时，必然选值最小的节点，即 MAX 叶子节点的 MIN 父节点的倒推值等于叶子节点静态评估值的最小值。在所有叶子节点的父节点的倒推值确定后，开始倒推上一层。当整棵博弈树中每个节点的倒推值确定后，MAX 将选择具有最大倒推值的 MIN 节点，作为其移动方式，而 MIN 会选择有最小倒推值的 MAX 节点，作为其移动方式。假定 MAX 先移动，MAX 将选择有最大倒推值的节点作为它的首次移动。

整个最大化和最小化过程的有效性基于这样的假设：博弈树内部节点的倒推值比直接从静态评估函数中得到的评估值更可靠。这是因为倒推值基于在博弈树中的预先推算，并且取决于在博弈结束时发生的一些特性，这些值往往更加切合实际。

整个最大最小化过程的伪代码如下所示。

```
MinMax(d)
1    if mode = MAX then return Max(d)
2    else return Min(d)
```

其中，Max 函数的伪代码如下所示。

```
Max(d)
1    best ← − ∞
2    if d≤0 then return Evaluate()
3    generate successor node Successor[1…n]
4    for i←1 to n do
5        move to Successor[i]
6        v←Min(d−1)
7        unmove to Successor[i]
8        if v > best then best←v
9    return best
```

其中，Max 函数中，best 记录节点的最大倒推值。伪代码的第 2 行判断是否搜索到深度为 0 的节点，如果是，则执行 Evaluate()，直接计算该节点的评估值。第 3 行产生后继节点 (Successor Node)。第 4 行对每个后继节点，在第 5 行试着移动到后继节点 Successor[i]。由于其父节点是求最大倒推值，因此在第 6 行，调用 Min(d−1)，执行完后，退回到父节点。如果节点 Successor[i] 的倒推值比当前最大的倒推值 best 大，则更新 best，然后考虑下一个后继节点。Min 函数的伪代码如下所示。

```
Min(d)
1    best←∞
2    if d≤0 then return Evaluate()
3    generate successor node Successor[1…n]
4    for i←1 to n do
5        move to Successor[i]
6        v←Max(d−1)
7        unmove to Successor[i]
8        if v < best then best←v
9    return best
```

Min 函数的分析和 Max 函数类似，这里就不再分析。

上述最大最小化过程中，博弈树的深度变量 d 直接影响博弈搜索的效率。对于搜索空间比较小的博弈问题，可以直接对博弈树的叶子节点进行评估，然后进行倒推，逐步获得内部各节点的评估值。当博弈树非常大时，如果从叶子节点进行倒推，计算速度将会很慢。因此，确定 d 的值非常关键，必须综合考虑时间及存储空间的限制。

14.3.1 α 和 β 剪枝

在最大最小化过程中，需要确定博弈树的深度及如何计算倒推值。搜索过程需要展开整棵博弈树，博弈树的产生和节点的评估完全分离，只有在博弈树完全产生后才能对节点进行评估,这种分离导致算法烦琐,而且搜索效率低。如果将叶子节点的评估、计算倒推值与博弈树的产生同时进行,那么可能大量减少搜索空间,提高搜索的效率。

α 和 β 剪枝过程是一种智能搜索技术,采用深度优先的方式进行搜索,通过剪枝,能够大量减少搜索的节点的数目。其中,α 表示 MAX 节点的下界,等于其所有后继节点最终倒推值的最大值,在搜索的过程中,α 的值(包括开始节点)决不会减小;β 表示 MIN 节点的上界,等于其所有后继节点中最终倒推值的最小值,在搜索的过程中,β 的值(包括开始节点)决不会增加;假定一个 MAX 节点的 α 值为 5,则 MAX 不需要考虑任何其后继 MIN 节点中值小于或等于 5 的其他节点。类似地,如果 MIN 节点的 β 值为 5,则 MIN 不需要考虑任何其后继 MAX 节点中值大于或等于 5 的其他节点。通常,当一个节点的后继节点有了倒推值之后,其倒推值的界限就会被修改,通过记录倒推值的界限达到减少搜索的目的。

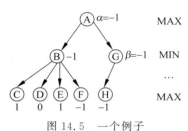

图 14.5 一个例子

如图 14.5 所示,假设有一棵博弈树,只展开 3 层,现在节点 B 及其后继节点 C、D、E、F 都已产生,而节点 G 还未产生,节点 B 的倒推值为 −1。由此可知,开始节点 A 的倒推值不小于 −1。也就是说,不管节点 A 的其他后继节点的倒推值如何,节点 A 的倒推值的下界值 $\alpha = -1$。继续深度优先搜索,直到产生节点 G 及其第一个后继节点 H。如果节点 H 的评估值为 −1,则可知节点 G 的倒推值不会比 −1 大,因而节点 G 倒推值的上界 $\beta = -1$。此时可以看出节点 G 的最终倒推值不会超过 A 节点的值。因此,可以终止节点 G 以下的搜索,达到剪枝的目的。

根据以上分析,可以得出如下有用的剪枝规则。

(1) α 剪枝:当任何 MIN 节点的值不大于父节点 MAX 的值,则可中止该 MIN 节点以下的搜索。该 MIN 节点的最终倒推值即为它的 β 值。

(2) β 剪枝:当任何 MAX 节点的值不小于它的父节点 MIN 的值时,则可中止该 MAX 节点以下的搜索,该 MAX 节点的最终倒推值等于它的 α 值。

利用以上规则对博弈树剪枝的过程,常称为 α 和 β 剪枝。当开始节点的所有后继节点得到倒推值后,过程终止,最佳首次移动即往具有最大倒推值的后继节点移动。该过程产生的移动方式与简单使用最大最小化过程搜索相同深度得到的移动方式是相似的。唯一不同的是,由于 α 和 β 剪枝可以减少搜索的数目,通常可以更快地找到最佳首次移动。

图 14.6 展示了一个利用上述规则剪枝的例子。在图 14.6 中,叶子节点评估值给定后,首先进行深度优先搜索,得到 MAX 节点 C 的倒推值 3,从而可以得出 MIN 节点 B 的 $\beta = 3$,由于节点 D 的倒推值不会比 5 小,按照 β 剪枝,就可以停止节点 D 以下的搜索。由于节点 B 的倒推值为 3,节点 A 的 $\alpha = 3$(其倒推值不小于 3),而 MIN 节点 E 和节点 G 的倒推值分别不大于父节点 MAX 节点 A 的值,因此产生 α 剪枝,停止节点 E 和节点 G 以下的搜索。

为了完成 α 和 β 剪枝,α 和 β 过程通常利用深度优先搜索,至少将部分博弈搜索树产生至最大深度处,然后利用静态评估函数对最大深度处的叶子节点进行评估,因此,α 和 β 剪枝过程的搜索效率取决于早期 α 和 β 的值与最终倒推值的近似程度。下面,给出几个博弈搜索的例子。

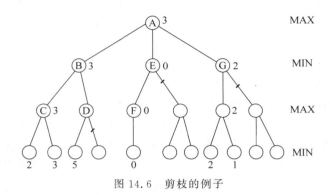

图 14.6　剪枝的例子

14.3.2　分硬币游戏

给定 n 个硬币，游戏者 MAX 和 MIN 轮流分硬币，直到某一方不能再分时，该方便输掉游戏。博弈双方分硬币的规则是：每次分的两堆硬币大小不等，而且任意一堆不能为空。

图 14.7 给出了分 7 枚硬币的博弈树。从图 14.7 可以看出，MAX 先移动，并沿着最左边的分支进行移动，最终会获胜。

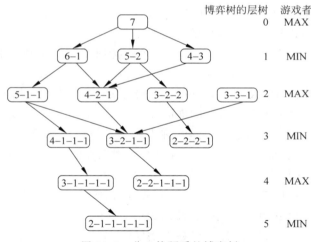

图 14.7　分 7 枚硬币的博弈树

假定 MAX 和 MIN 用同样的信息，显然，MAX 总是试图划分硬币，使产生的格局对 MIN 来说，是最坏的格局。为了实现这种博弈策略，将博弈树的叶子节点的评估值直接定义为：如果是 MAX 节点，则定义其值为 1；如果是 MIN 节点，则定义其值为 -1。

按照最大最小化过程：如果父节点是 MAX 节点，则取其儿子节点中，倒推值最大的；如果父节点是 MIN 节点，则取其儿子节点中，倒推值最小的。从叶子节点直接往上逐层倒推各内部节点的倒推值如图 14.8 所示。从图 14.8 可以看出，MAX 先移动，并沿着粗线移动，MIN 将获胜。如果开始走最左边的，则 MAX 获胜。

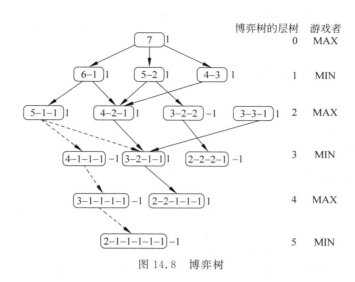

图 14.8 博弈树

14.3.3 井字博弈

给定一个井字形的 3×3 棋盘，博弈者 MAX 和 MIN 在棋盘中轮流标记，一个标记"X"，一个标记"O"。先用同样标记填满一行、一列或一条对角线的博弈者，将获得胜利。下面假设 MAX 标记"X"，MIN 标记"O"，MAX 先开始标记。

对于这个问题，如果与分硬币游戏一样，构造整棵博弈树，则搜索空间太大。那么可以构造深度为 d（有限的整数）的博弈树，对这棵树进行宽度优先搜索，直到搜索完深度为 d 的节点为止，然后对这些节点代表的格局采用静态评估函数进行评估。

格局 n 的静态评估函数 $f(n)$ 如下。

（1）假如对任何一方，n 都不是获胜格局，则

$f(n)=$ MAX 可能获胜的（行数＋列数＋对角线数）－MIN 可能获胜的（行数＋列数＋对角线数）

（2）假如对 MAX 来说，n 是获胜格局，则 $f(n)=\infty$

（3）假如对 MIN 来说，n 是获胜格局，则 $f(n)=-\infty$

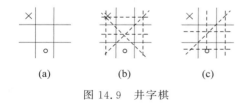

图 14.9 井字棋

其中，∞ 表示一个非常大的正数。

图 14.9(a)给出了一个格局 n，MAX 可能获胜的（行数＋列数＋对角线数）＝2＋2＋2＝6，如图 14.9(b)所示。MIN 可能获胜的（行数＋列数＋对角线数）＝2＋2＋1＝5，如图 14.9(c)所示。因此，格局 n 的静态评估函数值 $f(n)=6-5=1$。

图 14.10 展示了一棵深度为 2 的博弈树，并演示了井字棋的最大最小化过程。

图 14.10 中，在产生任意一个格局的后继节点时，采用了对称法，即对称的节点中，只留下一个节点。通过排除对称格局，能够大大缩小搜索空间。叶子节点的评估值被显示在格局的下面，而节点的倒推值显示在节点的右边。节点 A 的倒推值为 1，在其后继节点 B、C、D 中，节点 D 具有最大的倒推值，因此 MAX 的最佳首次移动是选择到节点 D。这时轮到 MIN 移动，假设 MIN 在 X 的左边标记"O"（对 MIN 来说，这可能不是一种好的移动方式，

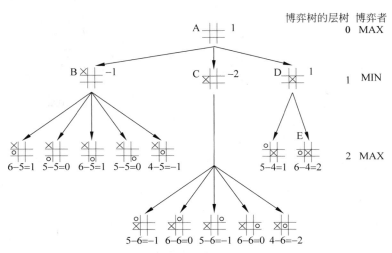

博弈树的层树　博弈者

图 14.10　深度为 2 的博弈树及井字棋的最大最小化过程

因为它可能没有利用好的搜索策略），如图 14.10 中节点 E 所示。这时为了确定 MAX 的最佳移动方式，同样产生一棵深度为 2 的博弈树，如图 14.11 所示。

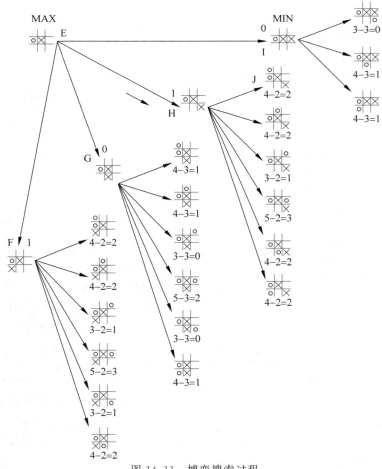

图 14.11　博弈搜索过程

图 14.11 中节点 F 和 H 都有最大倒推值 1，因此是最佳移动，不妨 MAX 向节点 H 移动。MIN 为了避免失败，马上移动到节点 J。接下来为了给 MAX 找到一种好的移动方式，同样可以构造一棵深度为 2 的博弈树，如图 14.12 所示。

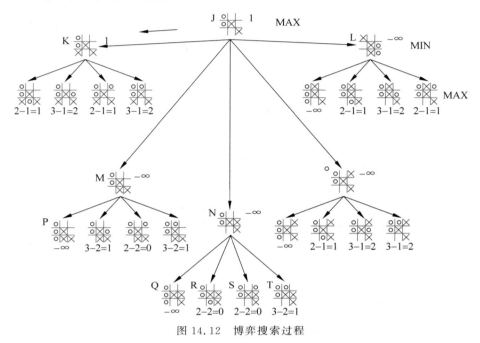

图 14.12　博弈搜索过程

图 14.12 中一些 MIN 节点的后继节点，例如节点 P 和 Q 的评估值为 −∞，因此是 MIN 必胜节点。节点 J 的倒推值为 1，因此 MAX 选择往节点 K 移动，这是 MAX 避免失败的一步，同时这将是 MAX 必胜的一步。

上面的分析可知，如果采用最大最小化过程，必须展开深度为 d 的博弈树，这种搜索效率是非常低下的。如果将叶子节点的评估、计算倒推值与博弈树的产生同时进行，则可能大量减少搜索空间，提高搜索的效率。例如，对于图 14.12，如果叶子节点 Q 一产生便评估其值为 −∞，则 MIN 节点肯定选择往节点 Q 移动，因此不用评估其他节点 R、S、T，而且 MAX 的移动也不会受其影响。当博弈树的深度比较深时，剪掉的分支节点会更多。

下面给出井字棋的带 α 和 β 剪枝过程的博弈搜索算法 Ticktacktoe()，其伪代码如下。

```
Ticktacktoe()
1    mode←MAX
2    s.value←−∞
3    while Goal(s) = 0 and step < maxstep do
4        if mode = MAX then MAXgo()
5        else
6            repeat
7                output " MIN go!"
8                input information of MAX go
9            until going is feasible
10           s.state←new state
11           mode←MAX
12       step ←step + 1
```

```
13      if Goal(s) = - ∞ then output "MIN win"
14      else
15          if Goal(s) = ∞ then output "MAX win"
16          else "A draw"
```

算法 Ticktacktoe()是博弈搜索的主过程，其中，mode 表示博弈者 MAX 或者 MIN，step 表示博弈的步数。算法的第 2 行初始化初始格局的倒推值，第 3 行 Goal()过程表示博弈者输赢的值，其伪代码如下。

```
Goal(q)
1      if q. state is win for MAX then return ∞
2      else
3          if q. state is win for MIN then return - ∞
4          else return 0
```

MAXgo()过程表示如何决定 MAX 移动，其详细过程的伪代码如下。

```
MAXgo()
1      compute successor and save subnode into successor[1 ⋯ n]
2      value← - ∞
3      for i←1 to n do
4          successor[i]. value←Search(successor[i], MIN, value, 0)
5          if value≤successor[i]. value then
6              value←successor[i]. value
7      for i←1 to n do
8          if value = successor[i]. value then
9              s←successor[i]
10             mode←MIN
11             output "MAX has put a chess"
12             break
```

其中，n 表示当前 MAX 后继节点的数目，对每个后继节点计算其倒推值，然后选择具有最大倒推值的节点进行移动。search(q, mode, oldvalue, d)是一个带 α 和 β 剪枝规则的最大最小化过程。通过后序遍历的方法构造以 q 节点为根的博弈树，详细过程的伪代码如下。

```
Search(q, mode, oldvalue, d)
1      if d < maxd and Goal(q) = 0 then
2          if mode = MAX then value← - ∞
3          else value ←∞
4          while q is not completely extend do
5              if ((mode = MAX and value > oldvalue) or (mode = MIN and value < oldvalue)) is false
                    then
6                  extend node q according to mode value and obtain subnode successor
7                  if mode = MAX then
8                      temp←Search(successor, MIN, value, d + 1)
9                  if value≤temp then value←temp
10                 else temp←Search(successor, MAX, value, d + 1)
11                 if value≥temp then value←temp
12     else
13         if Goal(q)≠0 then value←Goal(q)
14         else
```

```
15          value←f(q)
16    ruturn value
```

其中,q 表示当前节点,mode 表示当前谁移动,oldvalue 表示当前节点其父节点的倒推值,value 表示当前节点的倒推值,d 表示当前节点的深度,$f(q)$ 给出节点的静态评估函数值。(mode=MAX and value>oldvalue) or (mode=MIN and value<oldvalue)是剪枝条件,如果条件成立,则剪枝,否则,继续往下搜索。在算法的第 1 行,如果当前深度 d<maxd 且 q 不是必胜节点,则继续执行第 2~11 行,否则执行第 12 行。第 2 行判断如果当前节点的移动对象 mode=MAX,则必须找后继节点的最大倒推值,并初始化 value=-∞,否则初始化 value=∞。在第 4 行,当节点 q 没有被完全扩展,则继续执行第 5 行。在第 5 行,如果剪枝条件不成立(is false),则执行第 6 行,扩展节点 q 以获得后继节点,然后在第 7 行,根据移动对象是 MAX 还是 MIN,决定倒推值的计算及 q 节点倒推值的更新。如果 mode=MAX,则从后继节点中选择大的倒推值,否则从后继节点中选择小的倒推值。在第 12 行,如节点 q 为一方获胜的状态,则返回最大值或最小值,如果扩展到了最大深度节点,则计算该节点的评估函数值。

14.4　小结

本章内容主要参考文献[17,18],介绍了 A* 搜索算法和博弈搜索算法。关于启发式搜索的一些最新进展,例如,迭代加深策略、最佳搜索策略、beam 搜索等,感兴趣的读者可以阅读文献[18]。此外,本章介绍的启发式搜索在通常情况下是能够得到问题的最优解。关于启发式算法的理论分析,例如在什么情况下会得到最优解,这里就不再详细叙述,有关内容,可以参考人工智能的图书[17,18]。此外,对于不能保证得到最优解的启发式搜索算法,例如,模拟退火算法、遗传算法、禁忌搜索等,读者可以参考文献[1]。

习题

14-1　A* 算法直到一个目标节点被选择扩展才会终止,然而,到达目标节点的一条路径可能在那个节点被选择扩展前就找到了。一旦目标节点被发现,为什么不终止搜索呢?用一个例子说明你的答案。

14-2　考虑四皇后问题,假设用下面的问题空间解决这个问题:开始节点由一个空的 $4×4$ 数组表示,后继函数产生新的 $4×4$ 数组,该数组包含一个皇后的附加合法放置,它可在数组的任何位置,预计目标是只要 4 个皇后在数组中的位置合法即可。

(1)根据皇后到达目标的剩余步数,为该问题设计一个启发式函数 h,注意所有的目标节点离开始节点恰好 4 步!

(2)使用基于该启发式函数的 A* 搜索算法搜索一个目标节点,画出包含搜索产生的所有 $4×4$ 数组的搜索树,用 g 和 h 标出每一个数组。注意考虑对称性,只要产生开始节点的 3 个后继就可以了。

14-3　为什么在博弈算法中搜索总是从当前位置向前而不是从目标向后搜索?

14-4　考虑图 14.13 的博弈树,叶子节点的静态评估值都是从第一个博弈者的角度得出的,假设第一个博弈者为 MAX 一方。

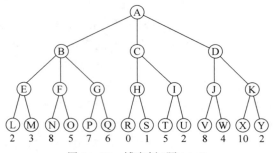

图 14.13　博弈树(题 14-4)

(1) 第一个博弈者将怎样移动?

(2) 假设节点按从左到右顺序搜索,考虑 α 和 β 剪枝过程,哪些节点不需要搜索?

14-5　对图 14.14 所示的博弈树:

(1) 执行最大最小化过程;

(2) 分别执行从左到右及从右到左的 α 和 β 剪枝过程,讨论为什么出现不同的剪枝?

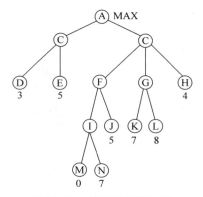

图 14.14　博弈树(题 14-5)

14-6　假设用 α 和 β 剪枝过程来决定博弈树中的移动值,而且已断定节点 n 及其后继节点可被截断。假如博弈树实际上是一个图,并且有另一条路可到达节点 n,那么该节点还能被删除吗? 如果能,请给出证明,否则,请给出一个反例。

14-7　对图 14.10～图 14.12 分别执行 α 和 β 剪枝过程,在每种情形下,有多少叶子节点被剪掉?

14-8　给定一个数字棋盘,如图 14.15 所示。对弈双方各执黑白棋子,某方子落入的那格中的数字为某方所占有。黑方先下。黑方落子后,若黑棋占有的所有数字之和小于白棋占有的所有数字之和,则黑方接着下;若黑棋占有的所有数字之和大于或等于白棋占有的所有数字之和,则轮到白方下。同理,白方落子后,若白棋占有的所有数字之和小于黑棋占有的所有数字之和,则白方接着下;若白棋占有的所有数字之和大于或等于黑棋占有的所有数字之和,则轮到黑方下。双方按照上述规则轮流下子,直到 32 个数均被占为止。最终局中所占数字的总和较大的一方为胜方。上述问题能用博弈搜索算法解决吗? 如果能,请设计相应的博弈搜索算法;如果不能,请设计一种有效算法求解。

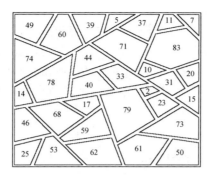

图 14.15　数字棋盘

14-9　三三棋是一种流传很广的游戏。棋盘由 3 个不同的正方形,并由 8 条线段连接在一起,共有 24 个连接点,如图 14.16 所示。游戏规则是:一方执黑,一方执白,双方轮流在棋盘 24 个点上放子,先放子者后走。在放子时,某方棋子(没有被压住的棋子)放成三点一线,就叫"三",并用棋子压住对方一棋子,使之不能成三。双方被压住的棋子,在走子前都拿掉。在走子时,棋子只能从一个点走到相邻的没有棋子的点上,一方棋子走成三点一线,就叫"三",可拿掉对方一子。如果一方无子可走或者棋子无法走成三子一线,则输。当然,还有更复杂的规则,这里就不再介绍,请按照上述游戏规则设计一种博弈算法。

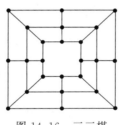

图 14.16　三三棋

实验题

14-10　编程实现井字棋游戏。

14-11　分别用回溯算法、分支限界算法,以及 A* 搜索算法求解旅行商问题,用实验分析方法比较算法的效率。

参 考 文 献

[1] 张德富.算法设计与分析(高级教程)[M].北京：国防工业出版社,2007.

[2] CORMEN T H,LEISERSON C E,RIVEST R L,et al. Introduction to algorithms[M]. 2nd ed,英文影印版. 北京：高等教育出版社,2003.

[3] LEE R C T,TSENG S S,CHANG R C,et al. 算法设计与分析导论[M]. 王卫东,译. 北京：机械工业出版社,2008.

[4] HOROWITZ E,SAHNI S,RAJASEKARAN S. 计算机算法(C++版)[M]. 冯博琴,叶茂,高海昌,等译. 北京：机械工业出版社,2006.

[5] ALSUWAIYEL M H. 算法设计技巧与分析[M]. 吴伟昶,方世昌,等译. 北京：电子工业出版社,2004.

[6] GOODRICH M T,TAMASSIA R. 算法分析与设计[M]. 霍红卫,译. 北京：人民邮电出版社,2006.

[7] SAHNI S. 数据结构、算法与应用：C++语言描述[M]. 汪诗林,译. 北京：机械工业出版社,2003.

[8] KARGER D R,KLEIN P N,TARJAN R E. A randomized linear-time algorithm for finding minimum spanning trees[J]. Journal of the ACM,1995,42(2)：321-328.

[9] AHUJA R K. 网络流：理论,算法与应用[M]. 英文版. 北京：机械工业出版社,2005.

[10] ROBERT S. 算法 V(C++实现)：图算法[M]. 3rd ed,影印版. 北京：高等教育出版社,2002.

[11] EVEN S,TARJAN R E. Network flow and testing graph connectivity[J]. SIAM Journal on Computing,1975,4(4)：507-518.

[12] MICALI S,VAZIRANI V V. An O($\sqrt{|V|} |E|$) algorithm for finding maximum matching in general graphs[C]//21st Annual Symposium on Foundation of Computer Science. New York,IEEE,1980：17-27.

[13] GASS S I. Linear programming methods and applications[M]. New York：Oversea Publishing House,2003.

[14] HOCHBAUM D S. Approximation algorithms for NP-hard problems[M]. 影印版. 北京：世界图书出版公司,1998.

[15] 堵丁柱,葛可一,王洁. 计算复杂性导论[M]. 北京：高等教育出版社,2002.

[16] 王晓东. 计算机算法设计与分析[M]. 北京：电子工业出版社,2005.

[17] NILSSON N J. 人工智能[M]. 郑扣根,庄越挺,译. 北京：机械工业出版社,1999.

[18] LUGER G F. Artificial intelligence：Structures and strategies for complex problem solving[M]. 4th ed. 北京：机械工业出版社,2003.

[19] BEASLEY J E. OR Library[DB/OL]. http://people. brunel. ac. uk/～mastjjb/jeb/info. html.

图 书 资 源 支 持

感谢您一直以来对清华版图书的支持和爱护。为了配合本书的使用，本书提供配套的资源，有需求的读者请扫描下方的"书圈"微信公众号二维码，在图书专区下载，也可以拨打电话或发送电子邮件咨询。

如果您在使用本书的过程中遇到了什么问题，或者有相关图书出版计划，也请您发邮件告诉我们，以便我们更好地为您服务。

我们的联系方式：

清华大学出版社计算机与信息分社网站：https://www.shuimushuhui.com/

地　　　址：北京市海淀区双清路学研大厦 A 座 714

邮　　　编：100084

电　　　话：010-83470236　010-83470237

客服邮箱：2301891038@qq.com

QQ：2301891038（请写明您的单位和姓名）

资源下载： 关注公众号"书圈"下载配套资源。

资源下载、样书申请

书 圈

图书案例

清华计算机学堂

观看课程直播